Clare Milsom
Sue Rigby

FOSSILS at a Glance

ひとめでわかる 化石のみかた

クレア・ミルソム
スー・リグビー
著

小畠郁生
監訳

舟木嘉浩
舟木秋子
訳

朝倉書店

Translated from Fossils at a Glance by Clare Milsom and Sue Rigby

© 2004 by Blackwell Science Ltd
a Blackwell Publishing company

The right of Clare Milsom and Sue Rigby to be identified as the Authors of this Work has been asserted in accordance with the UK Copyright, Designs, and Patents Act 1988.

All rights reserved. No part of this publication may be reproduced, stored in a retrieval system, or transmitted, in any form or by any means, electronic, mechanical, photocopying, recording or otherwise, except as permitted by the UK Copyright, Designs, and Patents Act 1988, without the prior permission of the publisher.

First published 2004 by Blackwell Science Ltd, a Blackwell Publishing company

This edition is published by arrangement with Blackwell Publishing Ltd, Oxford.
Translated by Asakura Publishig Co. from the original English language version.
Responsibility of the accuracy of the translation rests solely with the Asakura Publishing Co. and is not the responsibility of Blackwell Publishing Ltd.

The author asserts the moral right to be identified as the author of this work.

監訳者まえがき
Foreword by translation supervisor

　私が大学の地質学教室に入った昭和24年(1949年)頃には，古生物学実習といえば，貝化石のクリーニングと鑑定作業がもっぱらで，そのとき助手の先生方からは，Zittelによる分厚い"Handbuch der Paläontologie"を1冊ずつ手渡され，ドイツ語が苦手の人のためにはEastmanによる翻訳の英書2～3冊が貸し出されたものである．

　そのうち，朝倉書店からは『古生物学』(上・下)や『日本化石図譜』，そして『新版古生物学』(I～IV)などが出版された．さらには，築地書館からも『古生物学各論』(全4巻)や『日本化石集』(全58集)が刊行されるにいたった．

　今日では化石を調べるための手段や機器も開発されて対象物も多様化したし，地球科学関係の学生数も増加した．それに伴い，古生物学実験の内容もかなり様変わりしたはずであるが，化石の種類を調べるための日本語の本は書店から影をひそめてしまった感がある．もちろん専門の古生物学者なら"Treatise on Invertebrate Palentology"や"Traité de Paléontologie"などの全巻か必要な巻を所持するであろうが，一般市民や学生の目に触れる機会はほとんどないだろう．

　代わりに店頭でよく見かけるのは，化石採集の旅シリーズや各都道府県別の地学ガイド，自然探究のためのフィールドガイドなど，野外観察と採集を兼ねたハンディな図書である．観察・採集の次には化石の種類調べの楽しみがあるはずなのに，参考となるハンディな好著が現れないことに私は素朴な疑問を感じており，それが現れてほしいと期待していた．

　そういうときにたまたま巡り合ったのが，Milsom and Rigby (2004): Fossils at a Glance, 155pp., Blackwellである．本書は化石として多産する生物を13章にわたって取り上げ，それぞれの章で基本的な解剖図や術語が示され，化石に残されている形態が生物が生きていたときにはどのような役目を果たしていたのかというような解説がなされている．また，各章では特記すべき古生物学的事項が要約され，最後にスケッチ入りで属の数例が示されている．加えて，残りの章では各論とは別に古生物学の現代の水準がまとめられており，各論・総論を通じて項目が1ページないしは見開きなどにレイアウトされている．

　これならば，化石愛好家が1冊所持し，また古生物学実験で学生各自が，化石の種類を調べるためのハンディな参考書として活用できるにちがいないと思い，本書の訳出を企画するに及んだ．幸いに本書の刊行に先がけて，『化石鑑定のガイド』(朝倉書店)が新装版として復刊されたので，ともに化石の種類を同定するときの参考書として活用していただければありがたい．

本書の訳出にあたっては，舟木嘉浩氏，舟木秋子氏の手を煩わした．両氏は古生物学の専攻者ではないにもかかわらず翻訳のための努力を惜しまれなかった．本書で扱っているタクサはもちろん古生物学全般にかかわるものである一方，監訳者の専門は分類のごく狭い範囲に限られている．そのため各分類群での訳語などで至らぬ点や誤訳などの心配なしとは断言できない．これについては，あらかじめおわびするとともに，それぞれのご専門の立場からのご指摘やご教示をいただければ幸いである．

　2005 年 2 月

小 畠 郁 生

目　次
Contents

1　序　論 ··· 1
　　化石とは?／化石のタイプ／年代と化石／化石から得られる情報／情報の損失／化石の
　　保存／化石記録の偏り／異例な保存状態の化石／保存ラーガーシュテッテンの例

2　化石の分類と進化 ·· 10
　　分類学／分岐論／自然選択による進化／進化の遺伝学的基盤／小進化／大進化

3　海綿動物 ·· 15
　　海綿動物の形態／造礁生物としての海綿動物／生物起源の二酸化ケイ素

4　サンゴ類 ·· 19
　　形態と進化／床板サンゴ類／四放サンゴ類／四放サンゴ類の隔壁／古生代前期の礁／イ
　　シサンゴ類と礁／気候の指標としてのサンゴ類

5　コケムシ類 ··· 28
　　コケムシ類の形態／コケムシ類の生態／コケムシ類の進化／環境の指標としてのコケム
　　シ類

6　腕足動物 ·· 32
　　内部形態／外部形態／腕足動物の生態と古生態／群集古生態学／腕足動物の進化

7　棘皮動物 ·· 39
　　水管系と棘皮動物の生活様式／分類／進化史／ウミユリ類の形態／ウミユリ類の進化／
　　ヒトデ類／クモヒトデ類／ウニ類の形態／ウニ類の生態／ウニ類の進化

8　三葉虫類 ·· 48
　　三葉虫類の形態／三葉虫類の生活様式／三葉虫類の進化

9　軟体動物 ·· 55
　　基本的な形態／軟体動物の起源／分類／軟体動物の殻の成長／腹足類／二枚貝類／頭足
　　類

10　筆石類 ·· 72
　　形態／翼鰓類／筆石類の生活様式

11　脊椎動物 ··· 79
　　魚類／両生類／羊膜類／無弓類／単弓類／双弓類／鳥類

12　陸生植物 ·· 93
植物の分類／植物の生活史／植物進化の主要段階／最も初期の陸生植物／陸上への住みつき／初期の維管束植物／胞子をもつ植物／石炭紀の石炭森林／種子をもつ植物－裸子植物／種子をもつ植物－被子植物

13　微化石 ·· 104
植物的な原生生物／動物的な原生生物／微小無脊椎動物／微小脊椎動物／植物

14　生痕化石 ·· 117
保存／動物行動学的分類／海成生痕相の分類／生痕化石の進化

15　先カンブリア時代の生物 ··· 121
初期生物の証拠／複雑さの起源／多細胞生物／動物の分類／エディアカラ動物相

16　顕生代の生物 ··· 127
カンブリア紀の爆発的進化／顕生代の多様性／多様化／大量絶滅／陸上の生物

地質年代表 ··· 137
用語解説 ·· 138
参考図書 ·· 146
謝辞 ··· 147
索引 ··· 151

1 序論
Introduction

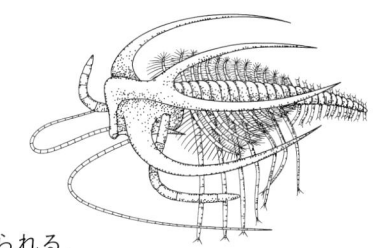

- 化石から地質年代や，進化史，古環境に関する情報が得られる．
- 化石には体化石と生痕化石の，主として2つのタイプがある．
- 化石として保存される見込みは生物によって異なり，一般に，化石記録は殻をもつ海生生物に偏る．
- ラーガーシュテッテン（ラーゲルシュテッテン．化石鉱脈という訳語もある）は例外的に保存のよい標本を伴う堆積物で，過去の生物について他に類をみない観察が得られる．

　化石は生物の遺物であり，過去の生物の証拠でもある．それらはおそらく35億年以上に及ぶ地球史の一部で，地質学的な過去についての情報を提供する大きな可能性をもっている．古環境の指標として，また，相対的な時間尺度を高い精度で明確にする能力があることで，化石は地球科学と環境科学に極めて重大な貢献を果たしている．生物科学では，進化過程および進化速度の理論を本当に検証できるのは化石だけであり，化石は極めて重要である．さらに，化石は地球上の生物について物語り，生物が異なる環境にどのように適応し，絶えず変化する自然界の脅威にいかに反応したかを明らかにしてくれる．地球上の生物による自然過程での実験は，外圧に応じて生物が変化する方法を現在知るための唯一の手段であり，生物がどのようにひとつの惑星を変えうるかを知るうえで唯一の手段でもある．

　この本では化石に関する情報を16の短い章に配列した．この章では化石とは何かを説明し，その用途の概略を示す．2章では進化と分類，および時とともに変化するその生物学的な基礎を扱う．3章〜10章では，最も単純な海綿動物から脊椎動物に最も近縁な筆石類まで，最も重要な個々の無脊椎動物グループを順に扱う．無脊椎動物をこのように強調したのは，古生物学課程の大部分でこれらのグループに比重が置かれることの反映である．その後に，脊椎動物，陸生植物，微化石および生痕化石の各章が続く．最後の2つの章である15章と16章では，先カンブリア時代および顕生代に起こった主要な生物学上の事件について述べ，地球の進化と一連の生物の進化との関連を概説する．

　本書は古生物学の豊富な情報を入手する助けになるよう構成されている．各章は独立し，特定の話題は1〜2ページにおさまるように配置した．例えば，四放サンゴ類に関するすべての情報は22〜23ページにまとめられている．このような構成で，実習室での講義の際，本書の図と実物標本の形態を比較することができる．さらに，情報を細分したことで，その大部分を個別に選んで読むことができ，一時に本全体や章全体を読む必要もない．これが本書の書名を「ひとめでわかる化石のみかた」とした理由である．

化石とは？

　化石(fossil)という単語は，地中から掘り出された物を意味するラテン語の「fossilis」に由来する．化石はかつて生息した動植物の存在についての証拠で，生物の遺物が保存された場合と活動証拠の場合がある．

化石のタイプ（図 1.1）

生痕化石（trace fossil）

生痕化石は生物的な活動を示す印象の保存されたものである．この化石は過去の生物の存在に対する間接証拠で，化石を残した生物の行動を直接示すものは生痕化石だけである．通常，生痕化石はもとの場所に保存されるため，過去の堆積環境の指標としても極めて有効である．三葉虫類が残した生痕化石から，その生活習性——特に歩行，採餌，穴掘りや交尾行動に関する洞察が得られている．

糞石（coprolite）

糞石は動物の糞が化石化したものである．糞石は生物の活動を記録した一種の生痕化石とも考えられる．糞石には動植物の識別可能な部位が保存されていることもあり，採餌習性や共存生物の存在についての情報が得られる．

化学化石（chemical fossil）

一部の生物が腐敗する際，化学的に固有な特徴が残る．このような化学的な痕跡から，過去の生物が存在したことについての間接証拠が得られる．例えば，植物が腐敗する際には，葉緑素が分解し，特徴的で化学的に安定した有機分子になる．このような分子は 20 億年以上前の岩石からも知られており，非常に初期の植物の存在を示している．

体化石（body fossil）

体化石は生物の遺物で，過去の生物の直接証拠である．通常は殻，骨，甲皮などの硬組織だけが保存される．特定の環境条件では軟組織の保存されることもあるが，一般的にはほとんど産出しない．大部分の体化石は死んだ動物の遺物であるが，動物が生きている間に欠落した部分を示す体化石もあり，その動物の死が条件ではない．例えば，三葉虫類は成長するにつれて外骨格を脱皮し，その抜け殻が化石記録に保存されることもある．

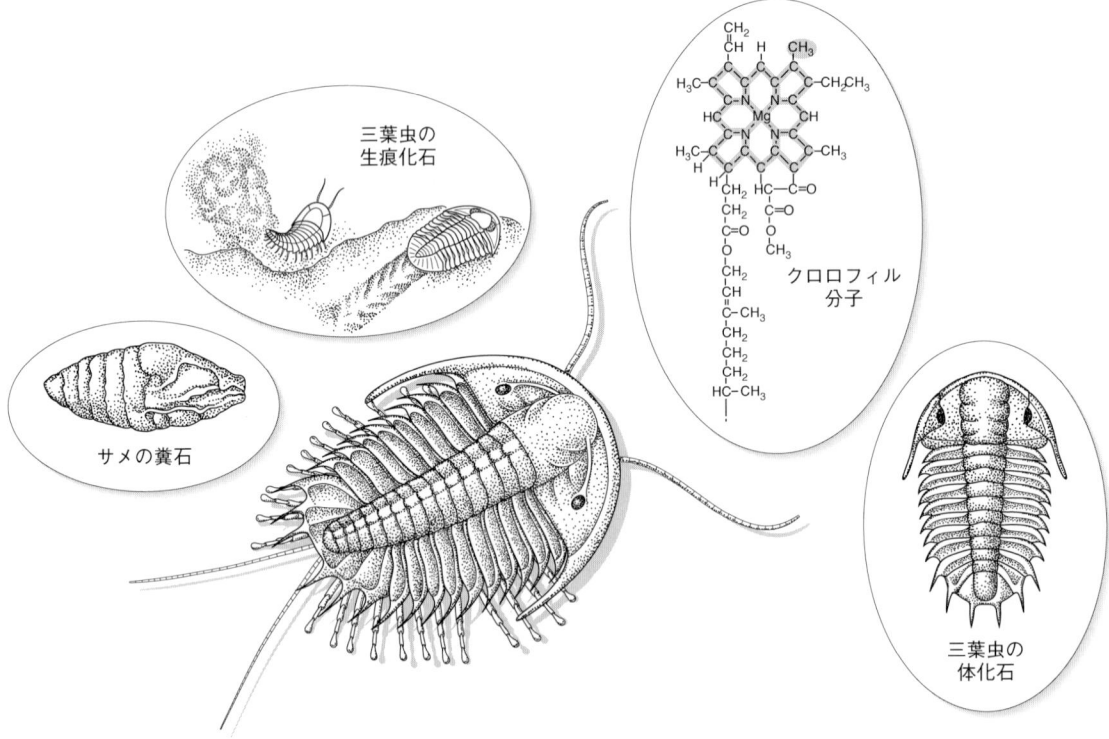

図 1.1　化石のタイプ．

年代と化石

地質年代は絶対年代または相対年代で決めることができる．岩石の年代は特定の岩石や鉱物に微量に存在する放射性元素を用いて数値的に推測される．岩石類の異なる単位の相対年代は，岩石の順序と示帯化石を利用して設定される．堆積物は**地層累重の法則**（principle of superposition）に従って層状に堆積する．この法則は，単に，順序が乱されていない場合は，より古い岩石上により新しい岩石が載ることを示したものである．

示帯化石（zone fossil）は相対年代のわかっている化石である．示帯化石が世界的に適用されるためには，世界的な規模で豊富でなければならない．このような分布を伴う大部分の生物は漂泳性であり，外洋に生息する．生物が保存される可能性も高い必要がある．つまり，保存されやすい，何らかの硬組織をもっていた方がいい．

層序学（stratigraphy）

岩石の順序の研究は**層序学**とよばれる．この研究には年代層序，岩相層序，生層序という主として3つの局面がある（図1.2）．

年代層序（chronostratigraphy）は岩石の順序の年代とその時代的関係を確立する．しばしば，**模式断面**（type section）が設けられる．模式断面は特定の時代区間に該当する岩石の順序で，最も完全で典型的なものである．例えば，英国シュロップシア（Shropshire）のウェンロック・エッジ（Wenlock Edge）沿いに露出するウェンロック統は，シルル紀ウェンロック統の模式断面である．

層序中から，地質年代中のある瞬間を表すとともに，一連の特徴的な示帯化石のメンバーの初出に対応する時点を選ぶ．次いで，相対的な時間尺度がまさにこの時点に関して設定されるようになる．このような時点は**ゴールデンスパイク**（golden spike）とよばれている．

岩石を物理的な特徴が類似している区分単位——通常，**累層**（formation）とよばれる——に弁別するのが**岩相層序**（lithostratigraphy）である．層厚には関係なく，広い地域にわたって地質図が作られる模式地の模式断面に関して区分単位を記載する．

生層序では，岩石の層によって表される地質年代の隔たりは，特徴的な化石タクサと化石群集で特徴づけられる．例えば，古生代の岩石に顕著な化石は腕足動物，三葉虫類と筆石類である．

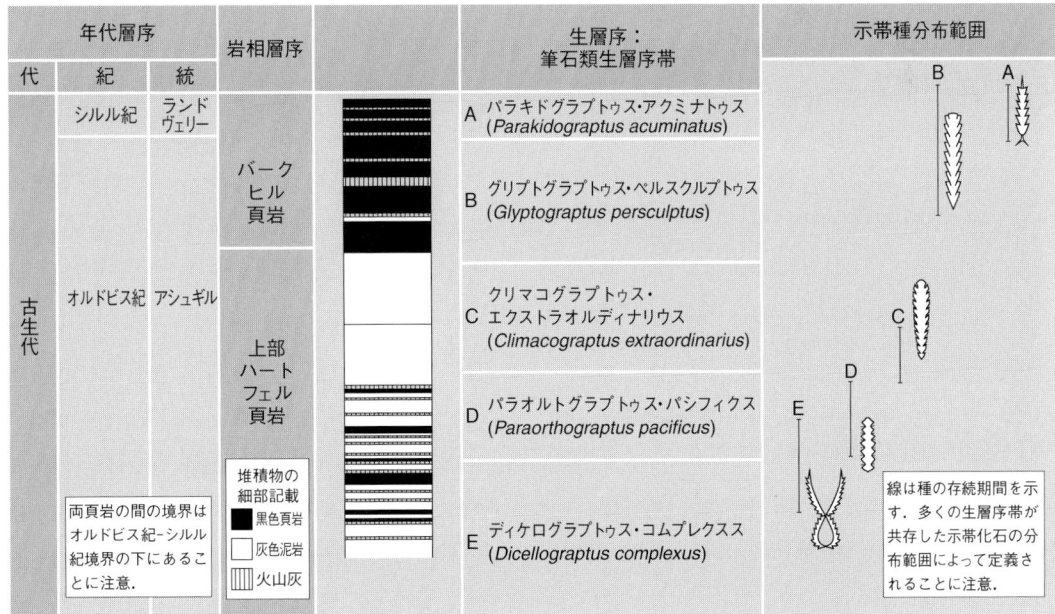

図1.2 スコットランド，サザン・アップランズ（Southern Uplands），ドブズ・リン（Dobb's Linn）でのオルドビス紀-シルル紀境界にまたがる岩石の順序の層序的解説．地質年代は分析方法しだいで異なって分割される．年代層序では区画は2つの紀に分けられる．岩相層序の分析では系列が2種類の頁岩に分けられている．示帯化石によって決定される生層序では，順序のより詳細な説明が得られる．

化石から得られる情報

時　代

すでに述べたように，化石の順序を利用することは地質年代を決定するうえで最も実際的な方法である．ある種は，その起源から絶滅まで，ある特定の期間に生息する．時代のこの縦のつながりを利用して，地理的に異なる地域の岩層(地層)を年代で対比することができる．この手法を**生層序**(biostratigraphy)とよぶ．

特徴的な化石集団を伴う岩石の層は**生層序帯**(biozone)とよばれる．よい示帯化石は同定が簡単で，時代的な生息期間が短い必要がある(理想的には約100万年)(図1.3)．

古生態学(palaeoecology)

古生態学は太古の生物およびその環境との関係を研究する(図1.4)．古生態学の研究の大部分は，類似した現生生物の群集との比較に基づいている．進化古生態学は，時間を通しての，生態学的過程における大きな尺度での傾向を研究する．

この情報から，生態学的な過程に対する洞察が得られる．例えば，中生代と古生代の群集構造を大尺度で比較すると，中生代の新しい生態的地位の発達は，より多様な動物相の準備を整え，そして，中生代の被捕食者が新しい捕食者から逃れるための新戦略を発達させたことを示唆している．

進化との関係

化石は地球における生物の進化史について，重要で正確な情報を提供してくれる．大部分の情報は種レベルのものだが，化石記録は進化上の変化における大尺度のパターン，および，時間を通しての生物の様子を示し，これに**種形成**(speciation)と**絶滅**(extinction)の割合が含まれる(図1.5)．新しい生態的地位への新しい種の急速な進化，つまり**適応放散**(adaptive radiation)は，通常，**大量絶滅**(mass extinction)事件の後に起こる．

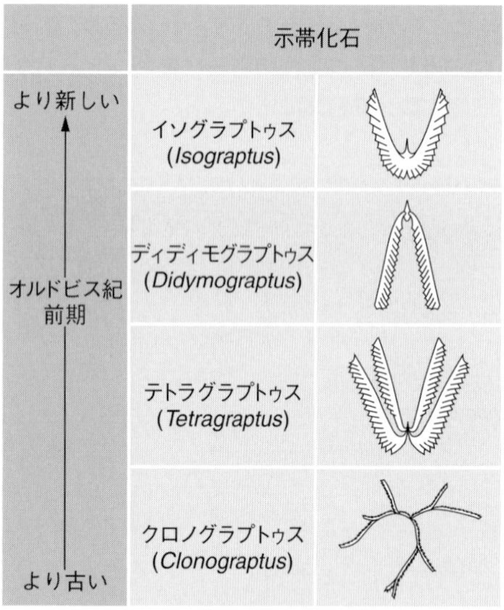

図1.3　北アメリカとスコットランドのオルドビス紀前期の年代決定に使われた筆石類の示帯化石．

図1.4　オルドビス紀後期の三葉虫類と腕足動物の群集．

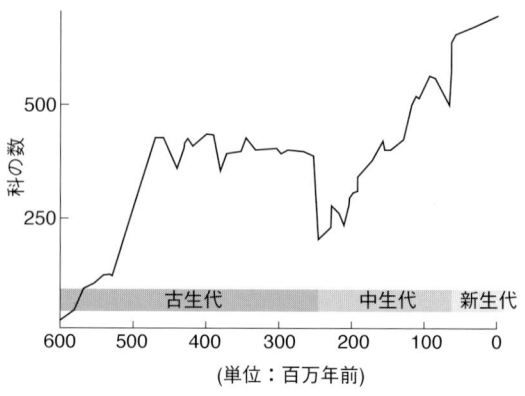

図1.5　化石記録の示す大量絶滅のパターン．

古環境 (palaeoenvironment)

化石からは，時を通しての地球の物理的な性質に関する情報が得られる．光合成による酸素の生産で大気中の酸素量が増加し，生物の初期放散の一部が促進された可能性がある．古生物学的情報から気候の状態を推定することも可能だろう．世界的な温暖気候は石灰化した**シアノバクテリア**(cyanobacteria)の広域にわたる発達で特徴づけられる．

諸大陸の分布に関する情報も化石から得られる．生物地理学では動植物の地理的分布を研究する．化石記録から，動物地理区の様式が時とともに変化したことが明らかになり，諸大陸の移動を地図化することが可能になる(図1.6)．

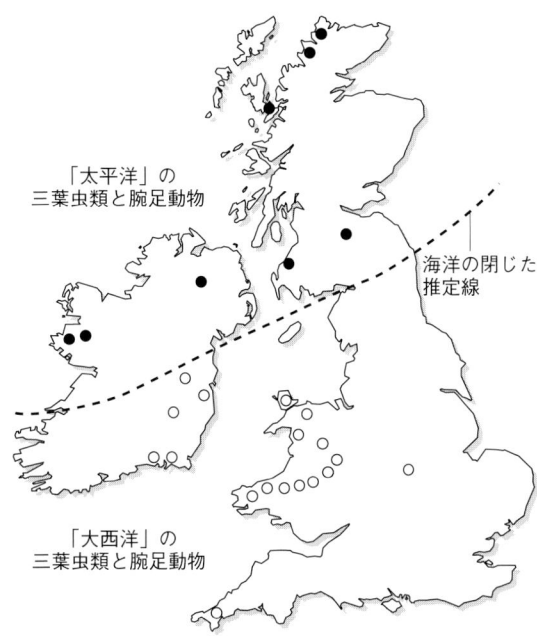

図 1.6 英国のオルドビス紀前期の岩石には2つの異なったグループの腕足動物と三葉虫類が発見される．この場合は2つの動物相間に，その後閉じた深い海洋という「障壁」があったことを思わせる．

情報の損失

生息域

大部分の物質は運搬されるため，その生物本来の生息域に関する情報は失われる．極めてまれに，動植物が生きていた場所に埋まることがある．特に，巣穴を掘る生物や固着した生物にみられる．

群集の構成

個体の運搬は，化石記録に生物の再配置という結果も生じる．通常，運搬中に物理的な損傷を受けるため，別の所へ移された化石は見分けることができる．例外的に化石群集が本来の場所にいっしょに保存されることがあり，太古の群集構成についての洞察が得られる．

行動

化石動物の行動の唯一の直接証拠は生痕化石からのものである．痕跡を残した生物が痕跡とともに保存されることはまれなため，化石を残した生物の行動の大部分は，類似の現生生物との比較，および，痕跡がどのようにして作られたかを解釈し，推論される．

形態

生物全体が化石化することは極めてまれである．通常，軟組織は腐敗し，骨格はばらばらになる．一般に生時の形態は，それが可能な場合には，類似の現生生物との比較により解釈する．

化石の保存

化石記録は不完全である．大部分の生物は化石にならず，大部分の化石はかつて生きていた生物の部分的な遺物にすぎない．化石化したこれらの生物には，通常，何らかの変化が生じる．大部分の動植物は生時の姿勢では保存されず，通常，配置が変化している．

生物が死んでから岩石中あるいは堆積物中で発見されるまでの経緯の研究は**タフォノミー**(taphonomy)として知られる(図1.7)．生物の死後，物理学的・生物学的過程が生物の遺物と相互作用する．これにより，生物が化石化する程度と化石の性質が決まる．

化石の一般的な生成史は下記のようになる．死後，生物の軟組織は腐敗する．その後，残った硬組織が運搬され，その結果，関節で分離，ばらばらになることがある．次にこわれた硬組織は埋まり，物理的あるいは化学的に変化する．埋没後の変化を**続成作用**(diagenesis)という．この一連の出来事の結果，生物とその生物の生時の習性についての多くの情報は失われる．

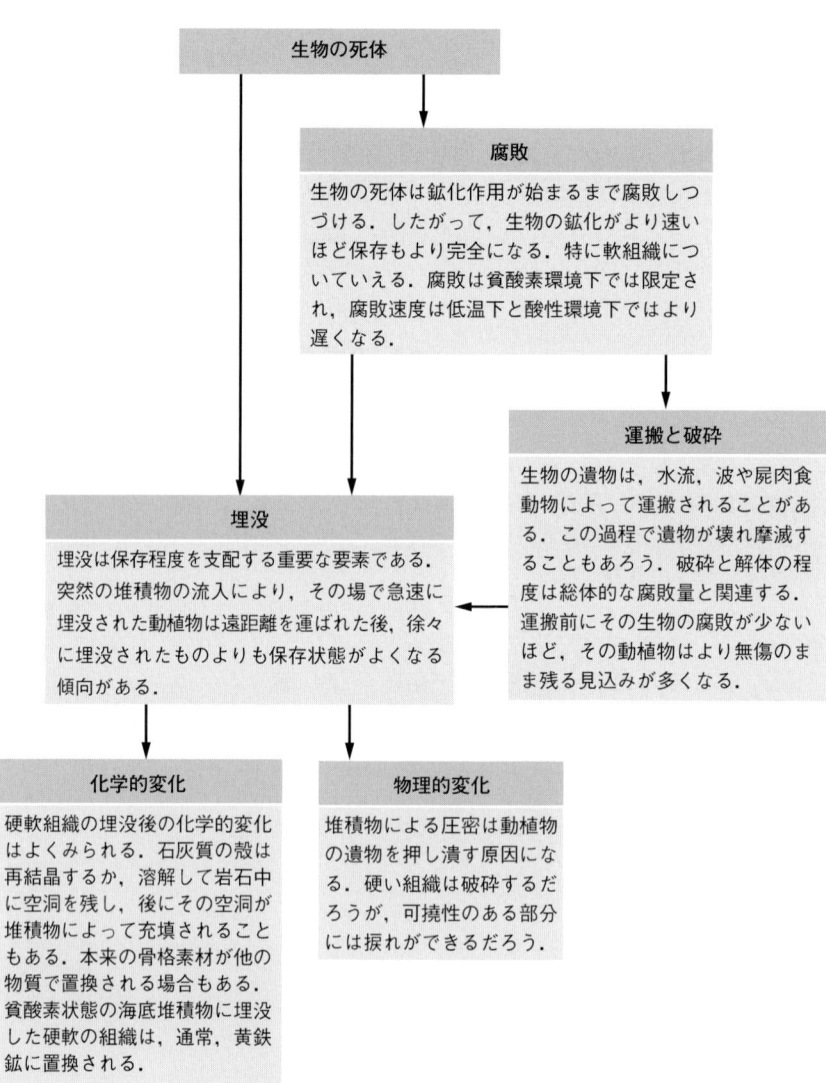

図 1.7　化石化の過程(タフォノミー)．

化石記録の偏り

化石記録は極めて選択的である．生物が化石化する見込みを記述するには**保存可能性**(preservation potential)という語を用いる．保存可能性の高い生物が，よくみられる化石になる．生物の形態の特質とその生物の生息した環境は，生物が保存されるかどうかが決まるうえで重要な要素である．このような内在する偏りから，過去の生物についての考察がゆがめられる．一般的に，化石記録は以下の方向に偏る．
- 腐敗しにくい組織をもつ生物
- 海生生物
- 低エネルギー環境に生息する生物

腐敗しにくい組織をもつ生物

腐敗しにくい身体の部位がある生物は，軟らかい身体の生物より化石記録に保存されやすい．脊椎動物では歯と骨が最もよく化石になる部分である．無脊椎動物には腐敗しにくい殻や甲皮があることが多い．植物の木質組織，植物の胞子と花粉は，植物の部位としては最も化石記録に保存されやすい．

最もよくみられる無脊椎動物の殻は，方解石あるいは霰(あられ)石といった形の炭酸カルシウムで形造られている．霰石は化石の続成作用の間に，方解石に変わることがある．これは殻の結晶構造が，針状結晶の層から，大きくずんぐりした結晶に変わっていることで見分けられる．化石記録に保存される無脊椎動物には，海綿動物のように骨格が二酸化ケイ素でできているものもある．筆石類の骨格(胞群)はコラーゲン——非常に耐久性があり，腐敗しにくい蛋白質——でできていた．外骨格のある動物は成長するにつれて脱皮し，化石になる可能性を増す．植物素材は特に腐敗しやすいが，茎と葉をつくる木質組織，また，抵抗力のある蝋質被膜をもつ胞子と花粉は，化石記録に保存されることがある．

生物の骨格構造が保存の完全さを決める．単一の構成要素という形をとる硬組織は全体が化石記録に保存されやすい．腹足類やアンモナイト類の殻が例である．

海生生物

海生生物は陸生生物より保存されやすい．陸上の方は浸食が多く，堆積物の堆積が少ない．結果として埋まる機会も少なくなる．例えば，湖畔など堆積地域近くに生息する陸生動植物は，高地などの実質的には浸食地域に生息する生物より保存される可能性が大きい．

生物が生息する底質の性質は，海生動物が保存される可能性を左右しないように思われる．しかし，海生動物の生態は化石になる見込みに影響する．定着している動物(sedentary animal)や**濾過摂食動物**(filter-feeder)，植物食動物は肉食動物より化石記録に保存されることが多い．サンゴ類のような固着動物は重くがっしりした傾向があるからで，これに対し，活動的な捕食動物は骨格のつくりがより軽くなる．さらに，移動性の動物は堆積物による埋没を回避できるからである．

低エネルギー環境に生息する生物

低エネルギー環境では，動植物の遺物を破壊する水流，波，風などの物理的な作用が弱い．その結果，このような環境に生息する生物は保存されやすくなる．しかし，この見方は以下に述べる理由から，単純化しすぎてみている可能性もある．高エネルギー環境に生息する生物はより発達し，より耐久性のある骨格をもつため，それに伴い保存の可能性も増すことがある．また，より急速に埋まることで死後の損傷を免れることもある．

異例な保存状態の化石

注目すべき化石堆積物は**化石ラーガーシュテッテン**（ラーゲルシュテッテン Lagerstätten, 化石鉱脈）として知られている．ラーガーシュテッテンは経済的に重要な堆積物に使われるドイツ語である．化石ラーガーシュテッテンという用語は，特に古生物学的情報に富んだ化石を含む地層の描写に用いられる．化石ラーガーシュテッテンには**集中ラーガーシュテッテン**（Konzentrat-Lagerstätten）と**保存ラーガーシュテッテン**（Konservat-Lagerstätten）の2つのタイプがある（図1.8, 1.9）．保存されている化石の産出数が並外れて多いものを集中ラーガーシュテッテン，すなわち集中堆積物と名付けている．保存ラーガーシュテッテン，すなわち保存堆積物では，保存の質が例外的で軟組織さえ化石化しており，骨格も関節している．保存ラーガーシュテッテンは古生物学の豊かな情報源である．軟組織が保存されていることは絶滅動物の古生態を解明するのに役立ち，保存された群集全体から太古の生態系の構造に対する洞察が得られる．保存ラーガーシュテッテンは過去の生物の例外的な展望の得られる「保存窓口」とも考えられる．

一般的に，保存ラーガーシュテッテンは生物に都合の悪い環境，または堆積速度が極めて速い環境に生じる．非常に塩度が高い，あるいは酸素欠乏のため腐食者のいない湖に死体が運ばれることがある．このような場合，**停滞堆積物**（stagnation deposit）が生じる．急速に埋まった場合も，腐食者による影響は最小になる．突然，混濁流が大量の堆積物を堆積させる深海環境や，大量の物質が海に放出されつつある三角州でも，このような急速な埋積が起きることがある．このような堆積物は**埋積堆積物**（obrution deposit）とよばれる．保存ラーガーシュテッテンは即時保存の原因になる状況とも関連している．このような状況は**保存トラップ**（conservation trap）として知られ，琥珀（化石化した樹脂）中に保存された昆虫や，泥炭地にはまり込んだ動物などが含まれる．

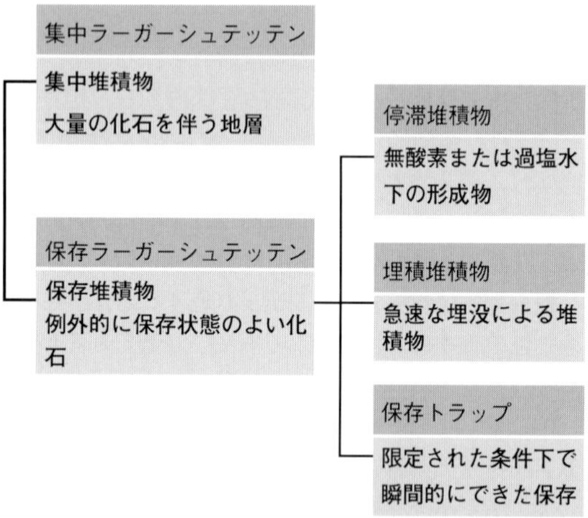

図 1.8 化石ラーガーシュテッテンの分類．

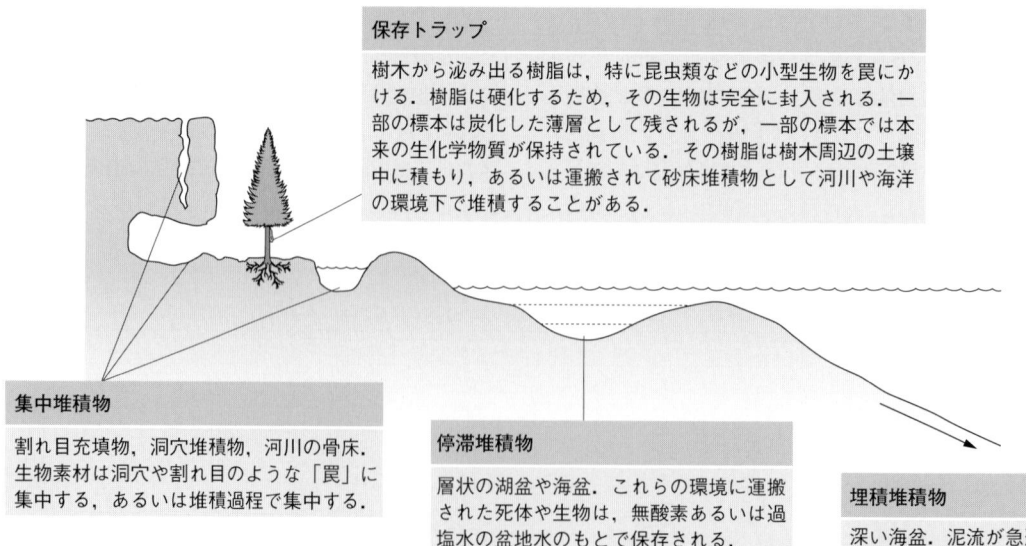

図 1.9 化石ラーガーシュテッテンの成因．

保存ラーガーシュテッテンの例

バルト海琥珀(第三紀，ロシア)

琥珀は植物の樹脂が化石化したものである．バルト海琥珀は，その名前が意味するように，バルト海の海岸沿い，特にロシアのサムランド岬(Samland Promontory)周辺に豊富である．

第三紀初期，サムランド地域南方の陸塊にピヌス・スクキニフェラ(*Pinus succinifera*，絶滅種)の木々が繁茂していた．第三紀中期，この地域は氾濫し，木々の樹脂は洗い流されてサムランド地域の海成堆積物に再堆積した．この堆積物が再浸食され，その後，バルト海の海岸沿いの地域に琥珀が再堆積した．琥珀は密度が低いため水に浮いて運ばれることがあり，一般的には湖，海底盆地，河口などの低エネルギー環境に堆積する．

バルト海琥珀生物相の約98％は飛行性の昆虫である．バルト海琥珀の動物相で優勢なのは，2枚の翅をもつ飛行性昆虫の双翅類で，生物のほぼ半分を占めている(図1.10)．極めてまれな哺乳類の体毛やほぼ完全なトカゲ，カタツムリ，また鳥類の羽が残りの2％を占めている．

バルト海琥珀の化石は重要である．飛行性昆虫の形態を非常に細部までみることができ，飛行性昆虫の分散と発達および昆虫が生息していた気候条件についての情報も得られるからである．

ゾルンホーフェン石版石石灰岩(ジュラ紀，ドイツ，バイエルン)

羽毛恐竜アルケオプテリクス(*Archaeopteryx*，始祖鳥)が保存されていたことで最もよく知られるゾルンホーフェン石版石石灰岩(ジュラ紀)は，バイエルンの広域にわたってその露頭がみられる．この石灰岩は淡黄褐色，細粒，極めて均質で，数十 km 以上にわたって追跡できる薄層を形成している．この石灰岩は礁の背後にできた一連の潟湖に堆積した．高い蒸発率と，外海との海水の入れ替わりが限定された結果，潟湖の海水はより塩分濃度の高い海水と層を成し，生物に不適な海底の環境を形成する原因になった．

600種以上の動・植物が石灰岩中に保存されている(図1.11)．大部分の動物は漂泳性だった．この地域から知られる底生生物は少数である．これら動物の大部分は外洋から流入したと考えられている．一部の生物は塩分濃度があまり高くない，海表面に近い海水中で短期間生息することができた．陸生動植物は雨季の間に押し流され，昆虫類は風に吹き飛ばされて，潟湖に入ったのかもしれない．

バージェス頁岩(カンブリア紀中期，カナダ，ブリティシュ・コロンビア)

バージェス頁岩は最も名高い化石ラーガーシュテッテンのひとつで，カンブリア紀の生物の性質と多細胞動物の進化に対する無類の洞察を得ることができる．カナダのロッキー山脈にある数個所の小規模な採石場から，これまでに6万5000点以上の標本が採集されている．

最もよくみられるのは節足動物および軟らかい身体をもつ蠕虫類の化石だが，現代には似たものが全くない奇妙な身体のつくりの動物も多数いる．これらの奇怪な動物は，カンブリア紀の生物に爆発的に起こった適応放散の程度が極めて高かったことを示している．

これらの生物の異例な保存状態は海底地滑りの結果で，動物は生息していた浅瀬から酸素欠乏の深い海に運ばれた．その生物は急速に細粒の泥に埋まり，腐敗は妨げられた．その後，軟組織は珪酸塩鉱物に置換され，非常に細部にわたるまで保存された．

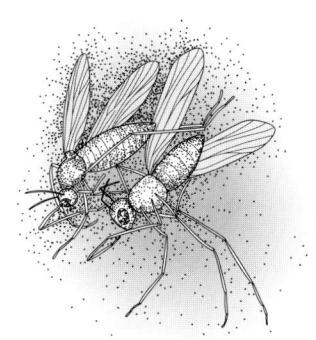

図 1.10 バルト海地方から出た琥珀に保存されたハエ．

図 1.11 ゾルンホーフェン石灰岩中の最も一般的な大型化石：ウミユリ類，サッココマ(*Saccocoma*，直径 5cm)．

2 化石の分類と進化
Fossil classification and evolution

- 生物を同定し，あるいは生物の進化史を理解するため，分類学で生物を類別することができる．
- 地球上の生物の多様性は，自然選択による進化過程の反映である．
- 小進化は新しい種の起源を説明する．種形成の主要モデルには漸増によるものと突然の進歩によるものの2つがある．
- 大進化は種より大きいグループの起源を扱い，化石記録における傾向を説明する．

生命は，おそらく，単一の生物から始まり，今日の多様性は200万〜2000万種と見積もられている．この多様性の増大を明確にし，理解する必要がある．最初の目的は生物を分類することで，2番目の目的は進化を研究することで達成される．

分類学の最も一般的な単位は種である．種は交配が可能な集団として定義され，種の個体はその集団以外の他の生物とは繁殖できない．種は構成員が共有できるすべての遺伝子の総和と考えていいだろう．実際には，相互の肉体的類似性によって種を定義するのが通常である．DNAと酵素を抽出する現代技術により，一部の分類に生化学的特徴を利用することも可能になった．

複数の種はいくつかの属にまとめられ，その属はいくつかの科にまとめられる等々，最終的に，すべての生物は一連の入れ子の組の中で関連づけられる．通常，分類学の目的は入れ子になったこれらの組が時代を通しての，それぞれの種の歴史を反映し，それらの種の進化上の類縁関係を示す「自然な」分類を作り出すことである．時によっては，分類には違う目的もある．同定を容易にしたり，あるグループの進化を理解するのに先だって，多様性についての実用的な記載を提示するといった目的である．この場合には，分類は有益だが**人為分類**（artificial classification）になる（図2.1）．伝統的な分類方法は**分岐論の手法**（cladistic technique）で補われる．分岐論では，生物が共有する形質を考慮し，生物間の最も単純，かつ，可能性ある類縁関係を示す図をつくる．

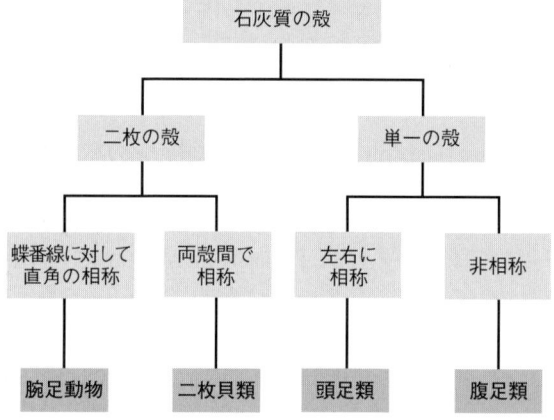

図2.1 最少の形質数を使い，軟体動物と腕足動物の主要な種類を分けた人為分類．

自然分類（natural classification）は種が時代を通してどのように変化したか，目などのより大きいグループがどのように起こったかを反映する．このような出来事がいかにして起こったかを理解することは進化の研究領域で，2つの極めて重大な要素に依拠している．ひとつはダーウィンが提唱した自然選択によって進む変化の認識であり，もうひとつはこのような変化に対する遺伝学的基盤の理解である．変化の仕組みを研究することに加え，変化の速度を研究することも重要である．一般的に種は400万〜1000万年間生存するので，変化速度の研究には化石記録を利用するのが最良である．

分 類 学

　現代の分類学の2つの目的は，生物の実用的な分類を提供して種の同定を可能にすることと，一連の生物における進化上の類縁関係を精密に描き出すことである．このような位置づけの過程が系統発生の研究である．

　すべての生物は一連の入れ子集団に属するものとして分類され，この最小の単位が種である．関連のある種は属に，属は科に，科は目に，目は綱に，綱は門に，そして門は界にまとめられる．亜綱や上科などの中間段階に同定されることもある．通常，生物には2つの名前が与えられる．大文字で始まる最初の名前は生物の属名，小文字で始まる2番目の名前が種名である．属名と種名は斜体あるいは下線を引いて書かなければならない．分類学上，属より上の階層の名称には普通の字体を使う．この階層の例をアンモナイトのアステロケラス・オブトゥスム（*Asteroceras obtusum*）に関して図2.2に示した．

　ある種の全構成員は多くの特徴を共有する．次に，ある属に含まれるすべての種はかなりの数の共有形質をもつ．階層が上がるにつれ共有形質の数は少なくな

区分	タクソン
界	動物界 Animalia
門	軟体動物門 Mollusca
綱	頭足綱(イカ綱) Cephalopoda
目	アンモナイト目 Ammonitida
科	アリエティテス科 Arietitidae
属	アステロケラス Asteroceras
種	アステロケラス・オブトゥスム Asteroceras obtusum

図2.2 アンモナイト類アステロケラス・オブトゥスム（*Asteroceras obtusum*）の分類学的解説．

るが，その重要性——特に初期成長，相称や身体の型に関しての重要性は増す傾向がある．理想的な例では，ある生物の分類学上の階層はその系統発生を定義づけるだろう．言いかえると，その進化史の図化になるであろう．ある属に含まれるすべての種はある共通の祖先をもつはずで，ある目に含まれるすべての属はより遠い共通祖先をもつはずである．二枚貝類などの一部のグループでは，系統発生の理解が進んでいる．しかし，筆石類など他のグループでは，大部分の構成員の系統発生の確立には問題があり，その分類は部分的に人為的なものになっている．

分 岐 論

　生物のグループが分岐した時点を決めるのは難しい．**分岐論**(cladistics)による分析はこのような分岐点を突き止め，生物の多様なグループ間の進化上の類縁関係の確立を試みている．近縁なグループは**共有派生形質**(shared derived character)とよばれる共通の形質をもつ．生物の全グループにより共有される特徴は原始的といわれる．形質は分類レベルにより原始的とか派生的とかよばれる．例えば，羽毛は脊椎動物では派生形質と考えられるが，鳥類では原始形質と考えられる．**共有形質**(shared character)は，**分岐図**(cladogram)とよばれる枝分かれした図に示される（図2.3）．個々の共有形質はその状態が原始的か派生的かについては，より遠縁のもの（**外群** outgroup という）と照合することによって評価し，決定される．次に，コンピュータープログラムを使って分岐図が作成される．プログラムは可能性のある分岐図を多数産み出すだろうが，次に，分岐論の研究者がこれらを評価する．

　分岐図は，表面的には進化の系統樹に似ているが，生物どうしの類縁関係だけを示し，生物の時代上の分布は示さない．タクサは個々の枝の末端に示される．

ただひとつの共通祖先をもつグループは**姉妹群**(sister group)として知られる．個々の枝は，ひとつの仮説的共通祖先からの，ある共有形質によって支持される．祖先が有形的に明かされることはほとんどない．その一因は化石記録の不完全さにある．また，祖先を探求するより，進化上の共有形質に焦点を合わせることで，生物グループ間の類縁関係のパターンがわかるからでもある．

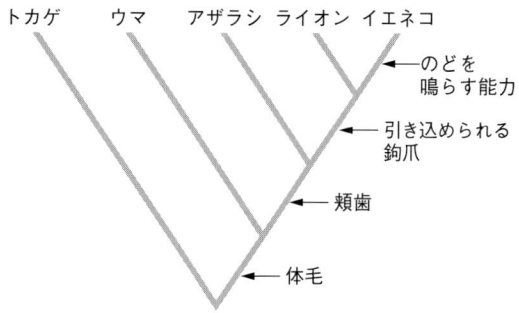

図2.3 単純化した分岐図．矢印の右の形質は分岐点を定義する共有形質である．この分岐図はライオンとイエネコが共通の祖先を分けもち，したがって姉妹群であることを示している．

自然選択による進化

進化は**自然選択**(natural selection)によって起こるという考えは，1859年，ダーウィンによって提唱された．本質において，ダーウィンの主張は次のように要約することができる．

① 種には環境がその数を支えられなくなるほど多くの子孫を産み出す可能性がある．
② 種の中の個体は少ない資源をめぐり競争しなければならない．
③ 種内には個体間である程度の変異があり，この変異の一部は遺伝によって受け継がれる．
④ 競争上で有利な形質を備えた個体の方が，生き延び，繁殖する可能性が高く，その子孫が生き延びる可能性も高くなる．

時が経つにつれ，その環境に最も「適した」生物の自然選択過程で，その種がもつ全形質の集合に変化が生じる．このことが時とともに形態が変化するうえで，すなわち進化のうえで，単純だが強力な手段を提供することになる．

ダーウィンの考えを研究することで，いくつかの興味深い疑問が生じてくる．第一に，変異はどのように生じ，また遺伝されるのか？ 第二に，何が選択を押し進めるのか――物理的環境か，それとも他の種との生物の相互作用か？ 第三に，進化はどのような速度で起こるのか――継続的か，それとも断続的か？ 最初の疑問がダーウィンを最も悩ませた問題だった．ダーウィンの死後，生命の遺伝学的基礎が発見されてはじめて，この疑問に対する解答が発見された．

進化の遺伝学的基盤

親から子孫へ遺伝する生物を形づくるための情報は，細胞内のDNA(デオキシリボ核酸)またはRNA(リボ核酸)に保持されている．高等な動物ではDNAは細胞核内で折りたたまれている．DNAのらせん構造はアデニン，シトシン，グアニン，チミンの4分子の配列でできており，これらの分子が3塩基の暗号を形成する3つのグループにまとまっている．この暗号中，特定の機能を果たす分断された部分が遺伝子として知られ，ひとそろいの遺伝子全体が**ゲノム**(genome)とよばれる．DNAの中には，使われていない暗号の長い配列があり，生物を形成するより短い暗号の配列がこれを分断している．さらに，特定の遺伝子が発現するタイミングとレベルを調節遺伝子が調整する．

突然変異はDNAを構成する分子配列の変化で，不完全な細胞分裂，紫外線放射などの環境変化や有毒化学物質に起因することがある．染色体の構成の変化は性的過程を通して自然に生じることもある．調節遺伝子が変化したり，ゲノムの全体または一部の複製が作られすぎて，生物の形状に根本的な影響を及ぼすこともある．

遺伝学の研究の中で思いがけない収穫があった．ある生物の歴史における各進化段階は，その種の現生各構成員のDNA中のどこかに記録されていることがわかったのである．しかし，遺伝学者はこの物語の大部分をまだ解読していない．

さらに，時に伴う遺伝子の変化は，生物が進化する間に経過した時間のひとつの測定手段を提供してくれる．この時間の測定法は**分子時計**(molecular clock)として知られている．ゲノムの一部は時が経つとともに急速に変化したようにみえるのに対し，他の配列はよりゆっくり変化したように思える(これらは保守的な遺伝子配列とよばれる)．時間を正確に測定するには，遺伝子を適切に選択することが重要である．保守的な配列は，遠い昔の主要な生物グループが分岐した時期の推測に利用でき，一方，より変異の速い組織はしばらく前の種が分岐した時期の推測に利用することができる．比較する集団から得た多数の遺伝子配列を利用することで正しい推測の可能性は増すが，しかし，進化した時期の推測範囲は，しばしば広がることにもなる．例えば，分子の証拠によると，多細胞動物の起源は16億〜8億年前に起こったことを示している．また，分子時計は，化石記録に認められる既知の進化上の諸事件に対応させることが必要で，あるグループの化石記録が貧弱だとすると，分子時計との対応は不適当な関連づけになるかもしれない．

小　進　化

　新しい種の進化は**小進化**(microevolution)として知られている．種はその交配可能な生物，および共有される遺伝子プールによって定義される．しかし，実際には，種は各種の群れのような下位構成単位で成り立っている．このような個体群が隣接集団と交配することはあっても，遠く離れて生息する動物と交配する見込みはかなり低く，実際上，大部分の交配は集団内で続いている．このことが新しい種の発生できる体系を提供する．その集団が距離的に，あるいは行動の変異によって相互に分離されるからである．この考えに立つと，小進化とは主として生物集団はいかに環境と相互作用し，いかに環境内を移動するかの研究になる．そして，新種が出現するためには**異所的種形成**(allopatric speciation)によるか，**同所的種形成**(sympatric speciation)によるかの2つの方法があるように思われる．

　異所的種形成では，生物の一集団がその個体群の残り集団から物理的に切り離される．おそらく両者の間に物理的障壁，例えば新しい海路が出現したなどである．隔離されたその個体群は親集団が経験したものとは異なる環境的・生物学的な圧力を経験するようになり，そのため，異なる形質の組み合わせが有利になる．時が経つとともに，この新しい形質は親集団の形質とは極めて明らかに分化したものになり，たとえ移動上の障壁が取り除かれたとしても，その集団は交配できなくなっている．新しい種が創られたのである．隔離された個体群が携えている形質の集合は，親集団が携えていたものよりはるかに小さいため，**劣性遺伝子**(recessive gene)が発現する見込みはより大きくなる．新しい種への動向は，単に隔離された「標本」が種全体の代表者ではないという理由からだけでも，「はずみ」がつくだろう．そのかわり，たとえその隔離された個体群が，種全体に対して極めて類似した遺伝子プールをもてるほど十分に大きいとしても，その個体群がその新しい場所で経験する新しい諸条件は種形成の原因になりうるだろう．

　同所的種形成では個体群の一部が物理的に分離することなく，1つの種が2つに分かれる．物理的に分離するかわりに，分離は行動，餌や生息地の選択の変化によって達成されることがある．この場合もまた，2つの個体群に作用する選択圧が異なるため，2つの集団は時とともに身体的に異なるものになり，結局は交配できなくなってくる．

　地理的・行動的な単一の単位集団に止まっている種でも，遭遇する諸条件が変化するにつれて進化することがある．この場合，新種は形成されないが，このような集団の化石記録には形状の変化がみられる．このような化石を研究する際，結局，分類学者はその新しい諸形質の基盤の上に立って，このような変化はその種に対し新しい名称をつけることが相応であるとする段階を明らかにする．親種は絶滅し娘種が生じたようにみえるが，これは実際には生物を別の集団に分類するための必要からきた人為的なものである．これは**擬似絶滅**(pseudo-extinction)として知られることがある．

　新種が出現する速度は，長年にわたって古生物学の主要な研究主題になっている．当初，ダーウィンの考えの最初の解釈から，進化に伴う変化は継続的だが緩やかで安定したものと想定されてきた．種は時を通して絶えず形態が変化し，その結果，親個体群から1つあるいはいくつかの新種が出現するものと期待された．この考えは**系統漸進説**(phyletic gradualism)として知られる．

　しかし，この変化の安定した速度が化石記録に保存されることはほとんどない．これは化石記録の不完全さによる見せかけかもしれない．大部分の環境では，保存された化石の連続物は時間的に遠く隔てられた個体群の一組の「スナップ写真」に相当する．このような断続的な記録は形状変化の評価に「気まぐれな」影響を生む傾向がある．しかし，一部の深い湖など，堆積が急速で継続的な場所のまれな一連の岩石にさえ，この「断続性」が記録されているように思われる．

　この観察は，**断続平衡**(punctuated equilibrium)として知られる，進化の速度に関する代替仮説の発展をもたらした．この模式的な仮説では，種はかなり長期間安定している傾向があり，娘種は形態的変化の急激な発露で突然爆発的に進化すると提唱する．この仮説は実際上，ある種が経験するその選択圧は一定ではなく，断続的であることを意味している．種のその他の集団からのある個体群の物理的な分離は，気候の突然の変化と同様に，選択圧を突然変化させる．

　漸進説と断続平衡説は，生物の連続変化についての両極端な観察事実から導き出された，進化速度に関する2つの仮説である．両方とももっともらしい根拠をもち，結着はついていないが，この議論によって進化過程についての洞察が深められたことは確かである．

大　進　化

　種の新しいグループ，すなわち新しい属・科・目などの出現についての研究が**大進化**(macroevolution)の分野である．この段階は，選択の単位は個体ではなく種であり，新種産出の速度が子孫産出の速度と入れ代わる．大進化の例としては，三畳紀のいわゆる「槽歯類」からの恐竜類の出現や，ジュラ紀に起こった竜盤類恐竜類からの鳥類の進化があげられる（図2.4）．

　新しい属・科・目あるいは門でさえ，化石記録を通じて一様には広がっていないように思われる．そのかわりに，多くの新しいグループが進化した先カンブリア時代-カンブリア紀境界ごろの期間など，分類学上の革新の顕著な期間があったように思われる．このような新しい生物グループが出現するとき，それらは非常に様々な型に急速に放散する．この初期の爆発的な段階は**適応放散**(adaptive radiation)として知られる．分類群のその後の歴史は革新が縮小された歴史のように思われる．

　このような新しいグループを生み出すのに必要な，形態の大規模な変化はどのように働くかという問題は，遺伝子の働き方の理解が進んだことにより，部分的に解決された．今では，遺伝子には機能の階層構造があり，一部の遺伝子は特定の分子の生産を暗号化し，一部の遺伝子はそれらの遺伝子の活動タイミングと持続期間を制御することがわかっている．調節遺伝子への変化は形態の大きな変化につながりうる．例えば，性的成熟のタイミングの変化で繁殖する生物の全体像が変わりうるし，節足動物の体節配置を制御する指示の変化では，結果としての動物は根本的に変わりうる．

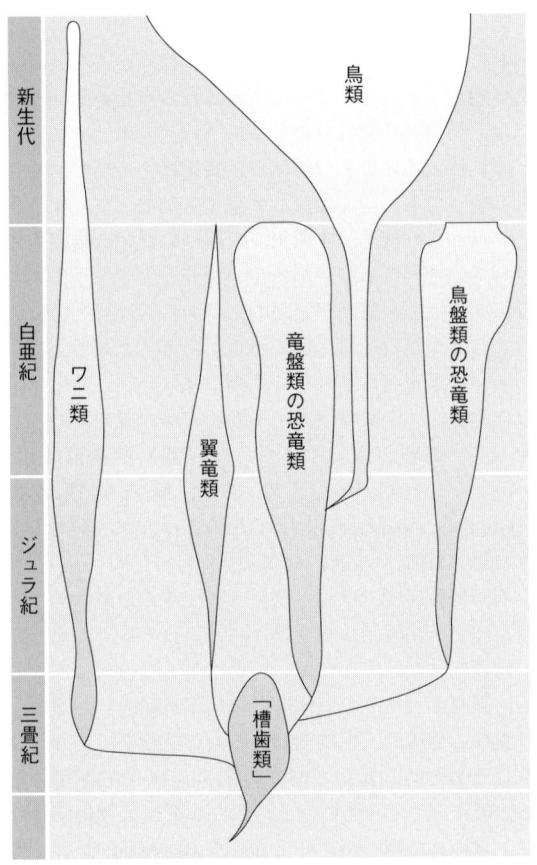

図2.4　化石記録によって示される鳥類・恐竜類・翼竜類・ワニ類間の進化上の類縁関係．

3 海綿動物
Sponges

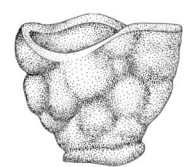

- 海綿動物は多細胞生物の中で最も単純な型である．
- 一部の現生海綿動物は篩で漉しても生き残り，個々の細胞に分割されても新しい個体に再生する．
- 海綿動物は顕生代を通して礁環境で重要だったが，特にデボン紀とペルム紀で重要だった．
- 海綿動物は主要な大量絶滅事件の影響を比較的に受けなかった．

海綿動物とその類縁動物は最も原始的な多細胞動物である．単独では長期間生きられない細胞の集合で構成されており，真の組織や総合的な感覚機能は全くない．極めて単純な内部構造は部分が全体と相似となるフラクタルで，相称を欠く傾向がある．海綿動物の細胞の位置は不定で，その構造が損傷しても，それが目の細かい篩で漉された場合でさえ，海綿動物は再生する．こわれた断片がどんな大きさでも，完全な個体に再生するのである．

海綿動物はおおまかにはカップ型の体をつくり，有機物質，方解石と霰(あられ)石(共に$CaCO_3$)，二酸化ケイ素(SiO_2)やこれらの物質の混合物を分泌する．骨格素材は個々の骨片として分泌されるのが通例だが，融合していることもある．その多孔性の構造で水を濾過し，その際，鞭のような鞭毛のある細胞を使って水流を起こす．その後，排泄水はカップの主要な開口部を通して排出される．すべての海綿動物は濾過食者で，底生の習性をもっている．約1万の現生種の大部分は海生だが，一部は淡水生で，数種は時々大気にさらされても生き延びられる．

海綿動物は**海綿動物門**(phylum Porifera)を形成する．この門には骨格組成に基づいて海綿動物の3つの綱が認められている(表3.1)．これらの綱は進化上の真の構成単位というよりは，分類に都合のいい「集まり」を表していると考えられる．異なった海綿動物のグループは組成の違う骨格要素を1回ならず身につけたと思われるため，その組成は進化上の類縁関係についての信頼できる指標にはならない．

これまでに概略したグループに加え，2つの主要な化石グループが知られている，**層孔虫類**(stromatoporoids)と**古杯動物**(archaeocyathids)である．層孔虫類は古生代の主要な造礁動物で，現在では普通の海綿動物(**普通海綿綱** demosponges)に属すると考えられている．古杯動物は単純な生物を形成するうえでの独自の「実験」だったと思われ，系統上，海綿動物とは関係がないかもしれない．古杯動物はカンブリア紀初期に進化し，カンブリア紀末までに完全に絶滅した．しかし，形状と複雑さの類似度は，大部分の主要点に関して，海綿動物のようだったと考えられることを示している．

海綿動物の主要なグループはすべてカンブリア紀に進化し，それ以来，海底底生生物の一部になっている．一般に，**石灰海綿類**(calcareous sponges)は浅い水深の環境，特に高エネルギーの地域を好む．**六放海綿類**(hexactinellid sponges)はより深いところでより多くみられ，現在では深海底の深みでも見つかっている．海綿動物化石は，少なくとも，完全な化石としては比較的まれである．死後，その骨片はばらばらになり，別々に保存される傾向がある．最も容易にみられるのは薄片中で，その頻度は海綿動物が歴史的に現在より重要だったことを示している．この貧弱な保存状態の例外は比較的数の少ない造礁性海綿動物の型で，生物起源の密集した方解石の蓄積を残している．

表 3.1 現生海綿動物のグループとその骨格組成．

綱	骨格の組成
石灰海綿類	方解石の骨片または壺状の壁．
普通海綿類	海綿質または珪質の骨格，時に石灰質基盤をもつ．
六放海綿類	6軸相称の珪質の骨片．

海綿動物の形態

海綿動物は4種類の重要な細胞で特徴づけられる．**原始細胞**(archaeocyte)はアメーバのような形状の細胞で，群体中を移動でき，不定形である．この細胞は摂食細胞で，必要が起こると他の種類の細胞に変わることもできる．**骨片形成細胞**(sclerocyte)は骨格の無機的要素を分泌し，一方，**海綿繊維形成細胞**(spongocyte)は骨格の有機的部分を分泌する．**襟細胞**(choanocyte)は摂食のための水流を体内に起こす細胞である．この細胞の先端はじょうご形で，鞭のような繊維状の長い1本の鞭毛があり，じょうごの部分を通って，先の水中までのびている．多数の襟細胞の，多数の鞭毛運動が群体中の水を動かす助けになる．

海綿動物の体の形状は単純で，濾過食生物としての機能上の必要性で特徴づけられている（図3.1）．海綿動物は水の入口になる**小孔**(ostia)とよばれる細い**開口部**と，水の出口になる**大孔**(osculum)と呼ばれる広い**開口部**のある骨格をつくる．この水力学的効果が良好な水流を促し，鞭毛のある襟細胞の働きは少なくてすむ．摂食は群体の壁の中で起こる．最も単純な場合，原始細胞はカップ型海綿動物の壁にある**開口部**沿いに並んでいる（**アスコン級**(ascon-grade)の組織として知られる）．より複雑な形態では，摂食細胞と水を運ぶ細胞は多数の室に配置され，この室が共通の中央部である**胃腔**(paragaster)につながる（**サイコン級**(sycon-grade)の組織）．最も一般的なものでは，このような室の網状組織が海綿動物の厚い壁内部に発達し，一連の管で胃腔につながる（**リューコン級**(leucon-grade)の組織）．

石灰海綿類は有機基質中に散在する骨片あるいは固い方解石で構成された骨格を発達させる．骨片の型はグループ内で変化に富む．最もよくみられる現生の普通海綿類は，通常，鉱化していない骨格をもつが，珪質の骨片や群体の石灰質基部をつくることもある．六放海綿類は一連の六放射の骨片から骨格をつくり，各骨片は隣のものと直角に並んでいる．これらは三次元相称性の骨組につくられている．化石群集中，海綿動物の存在に対する証拠として最も一般的に保存されるのが骨片で，薄片にすると容易に同定できる．

海綿動物は根あるいは一連の細い毛に似ているともいえる**固着器官**(holdfast)で海底に付いている．この固着器官はサンゴ礁や巨礫などの硬い底質，あるいは砂粒や深海底の泥に海綿動物を付着させる．

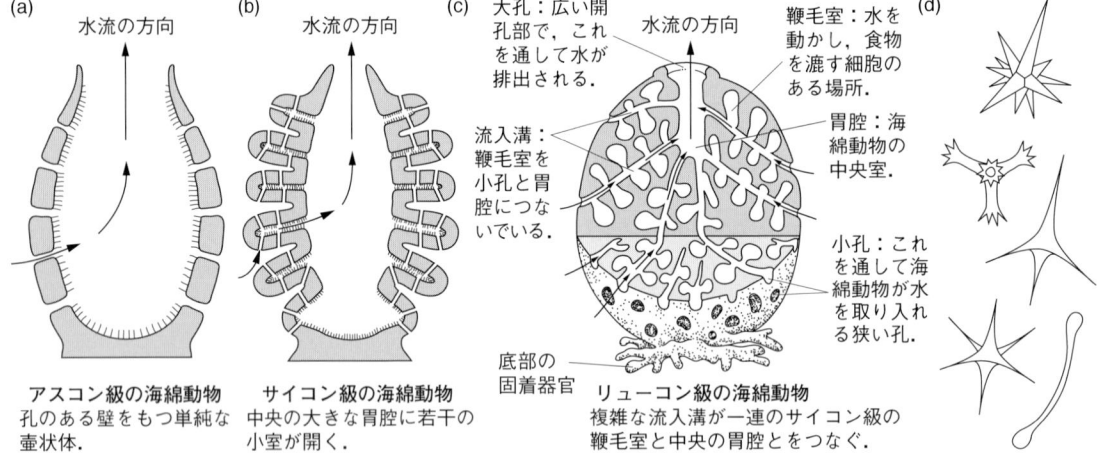

図3.1 海綿動物形態の主要特徴．3主要綱の各海綿動物は，大まかには類似した形状に成長し，内部組織で3等級に分けられる．(a) アスコン級の組織．通常これらは小型海綿動物で，直径が10cm未満．(b)サイコン級の組織．(c)リューコン級の組織．これらの複雑な海綿動物は単純な型のものよりかなり大きく成長することができ，時に直径が50cmまたはそれ以上に達することがある．(d)海綿動物の骨片，長さ約1mm．6軸の骨片には，常時6本の突端がある．

造礁生物としての海綿動物

最も保存のよい海綿動物化石は造礁性のものである傾向があり，顕生代を通して，このグループは礁を築き，礁に住みつくうえで重要な役割を果たしてきた．すべての造礁海綿動物は主に石灰質の骨格をもっていた．古杯動物(図3.2)はカンブリア紀初期の短期間に，最初の造礁生物の一部に進化した．これらは小型で，一般的には高さ10cm程度，カップのような形状だった．この基本設計の構成単位が変化したことで，大型化と礁の枠組形成が可能になり，主に熱帯性で，30m未満の水深に生息した．層孔虫類の礁はシルル紀とデボン紀によくみられた．また，海綿動物が礁を形成した短いが重要な期間がペルム紀，三畳紀とジュラ紀に発生した．一般に，海綿動物の重要性は中生代と新生代の間に減少したが，**共生藻類**(symbiotic algae)を伴う群体性サンゴ類の出現と関連があるかもしれない．しかし，造礁性の海綿動物はこの時代でも依然として礁群集の重要なメンバーで，特に洞穴や礁の張り出し部に生息していた．このような隠生的環境は化石礁に良好に保存されており，石灰海綿類の多数の種を産出している．

現代の礁の大部分は，海洋中央部の島々周辺など，

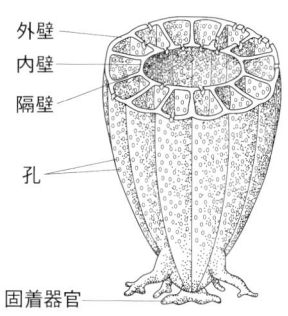

図3.2 一般化した古杯動物．間に隔壁のある二重の壁，および骨格要素全体にある多数の孔に注意．典型的な古杯動物の個体は高さ5〜20cm．

養分に乏しい海域で繁栄している．これは現代のサンゴ類の共生藻類が食物連鎖の植物基盤を形成していることによる．しかし，地質学で礁と認めた大部分は，おそらく養分がそれほど限られていない海域で成長していた，骨組になる生物が濾過食者だったからで，海綿動物の礁の大部分はこの範疇に入ってくる．この一般的な規則にとって例外になるのが，古生代前期の層孔虫類の礁の一部であり，このグループもその細胞内に共生藻類をもっていた可能性が暗示されてくる．

生物起源の二酸化ケイ素

カンブリア紀を通じて，**珪質海綿類**(siliceous sponges)は生物的に二酸化ケイ素を分泌する主要な存在で，主に浅海に限られていた．珪質海綿類はこの重要な地球化学的循環にとって，主要な生物的**流動作用**(flux)をなしていた．しかし，カンブリア紀以降，2つの重要な要素によって，この重要な流動作用の場が浅海から深海に移動した．この2つの要素とは，珪質海綿類の生息地の変化および珪質の骨格をつくる浮遊生物，**放散虫類**(radiolarians)と**珪藻類**(diatoms)の進化である．

珪質海綿類の地質学的記録は乏しく，進化上の重要な出来事を見逃す可能性もある．しかし，白亜紀の間，珪質海綿類はチョークの海の重要な構成要素を形成し，その二酸化ケイ素は埋没過程でしばしば再沈殿し，フリント(燧石)を形成した．フリントの団塊は浅海のチョーク中に最もよくみられ，水深100m未満に堆積する．現生の六放海綿類(ガラス海綿類)の大部分は大陸棚の水深200〜600mという深い所にみられる．この海綿類は深海底からも浚渫されている．このことは深海への主要な移動が新生代に起ったことを示唆し

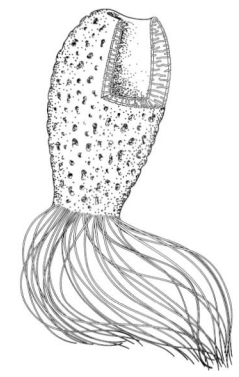

図3.3 深海で発見された現代のガラス海綿類．

ている．

現代の海洋において，珪質プランクトンと深海の珪質海綿類の組み合わせは，生物起源の二酸化ケイ素のほとんどすべてが深海堆積物に保存されることを意味している．カンブリア紀とは対照的に，大陸棚にはオパールのような二酸化ケイ素が比較的不足しており，主要な生物地球化学的循環における進化の重要性を強調している．

シフォニア(*Siphonia*)

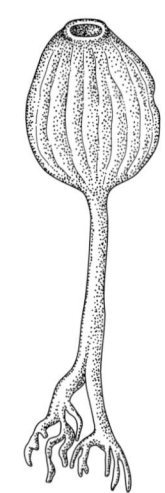

普通海綿類　白亜紀～新生代

長い茎の上に発達した球状のカップをもつチューリップ型の海綿動物で，根系によって底質にしっかり固着する(高さ約10cm)．チョーク中のフリント団塊によくみられる．この海綿動物の最も一般に保存される要素は，不規則な形状の珪質骨片である．リューコン級の組織で，チューリップ型頭部の厚い壁の中に一連の管があり，複雑な一連の濾過細胞を収容したらしい．

ラフィドネマ(*Rhaphidonema*)

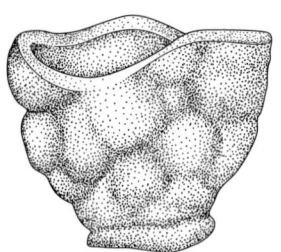

石灰海綿類　三畳紀～白亜紀

不規則な形状をした，おおまかには壺型の海綿動物で，石灰質の単純な骨片で構成されている(直径約10cm)．あまり発達していない内部の管系はリューコン級の組織を示す．骨格は頑丈で，化石記録によく保存される．標本はしばしば大量に見つかり，現代の海綿動物と同様，この種は群生で，適切な高エネルギーの底質に大きな群れで生息する傾向があったことを示唆している．

4 サンゴ類
Corals

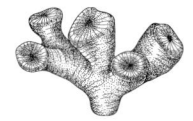

- サンゴ類は最も単純な多細胞動物のひとつである．
- サンゴ類はクラゲ類やイソギンチャク類とともに刺胞動物門に含まれる．
- 軟体の祖先から床板サンゴ類，四放サンゴ類，イシサンゴ類という，3種の多様なサンゴ類のグループが独自に生じた．
- 四放サンゴ類と床板サンゴ類は古生代群集の重要なメンバーで，その礁の主要な貢献者だった．
- イシサンゴ類は現代の最も重要な造礁生物のひとつである．

刺胞動物門はクラゲ類，イソギンチャク類やサンゴ類を含む門である．**刺胞動物**(cnidarians)は先カンブリア時代に進化し，化石記録にみられる最も初期の多細胞動物のひとつである．刺胞動物は単純な後生動物で，原始的な段階の体制を備えている．

刺胞動物の身体は組織で構成されているが，器官はない．通常，そのボディプランは放射状だが，一部のグループでは変化した．カップ状の身体は細胞の2層構造で，その間に支持の働きをする充填物がある．食物はカップ部の中で消化され，通常，カップ部の唯一の開口部周囲に触手がある．触手と外側の細胞壁を特徴づける刺胞細胞は防御や採餌に用いられる．

刺胞動物の生活サイクルは独特で(図4.1)，浮遊期と定着期がある．自由遊泳する幼生は海底に定着し，ポリプを形成する．ポリプは発芽して無性のクローンをつくり，クローンは親に付いたままでいる場合と分離する場合がある．プランクトンで浮遊する有性段階を形成することもでき，これは種の分散を促進する．次に，この有性段階で，定着する幼生が生産される．クラゲ類はこのようなグループのひとつの有性段階であり，イソギンチャク類は他のグループの底生段階である．生活サイクルの各要素の継続期間は様々で，海底での生存期間が長いグループと，プランクトンでの生存期間が長いものがいる．サンゴ類はプランクトン段階を完全に放棄しており，海底で**有性生殖**(sexual reproduction)によって繁殖する．

サンゴ類の**無性生殖**(asexual reproduction)は寿命に対して重要な結果をもたらしている．各ポリプはクローンで，単一の遺伝子型を共有している．このことはある時点で生きているすべてのポリプにあてはまり，時の経過とともに群体をつくるすべてのポリプにもあてはまる．さらに，個々のポリプは次々に死んでいくだろうにもかかわらず，ひとつのサンゴ群体はいつまでも生きられる．カリブ海のサンゴ類は数千年の古さであることが示されており，後氷期の海水準上昇による氾濫の際，海底にコロニーをつくったのかもしれない．

刺胞動物の中で地質学的に最も重要な綱は花虫綱で，骨格を形成するサンゴ類の3つの目——床板サンゴ目，四放サンゴ目，イシサンゴ目が含まれる．

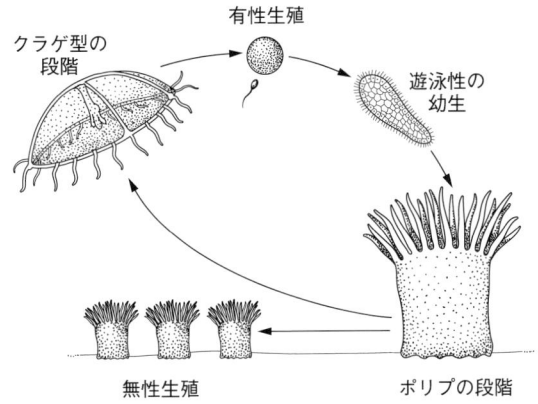

図 4.1 刺胞動物の世代交代．多くの刺胞動物では浮遊性の有性段階と固着性の無性段階が交互に起こり，それぞれ出芽とクローンによって生殖できる．

形態と進化

花虫綱は軟体のイソギンチャク類および石灰質の骨格をつくるサンゴ類を含んでいる。この生体鉱化の能力はグループ内で少なくとも4回起こった。骨格をもつ主要な3つの目に1回ずつ、キルブチョフィリア（*Kilbuchophyllia*）とよばれるシルル紀の独特なサンゴ類に1回である（図4.2）。サンゴ類の骨格は霰（あら）石または方解石（$CaCO_3$）で造られる。床板サンゴ類と四放サンゴ類の大部分の骨格は後者、イシサンゴ類の大部分は前者でできている。

床板サンゴ類と四放サンゴ類は、オルドビス紀に、軟体のイソギンチャク類の祖先から進化した。これらはシルル紀とデボン紀に繁栄し、デボン紀後期に衰退した後、石炭紀にまた繁栄した。古生代の礁群集の一部だったが、固着器官がなかったため、現代のサンゴ類のように礁の基礎構造を形成することはなかった。

これらはペルム紀末の大量絶滅の際に絶滅した。イシサンゴ類は三畳紀に進化し、中生代を通して放散した。白亜紀末の大量絶滅事件で多くの属が絶滅したが、新生代および現代の礁で優位を占めてきている。

現代のサンゴ類の多くは、組織内に生息する藻類との共生関係をもっている。褐虫藻として知られるこの生物はサンゴ類に保護されており、その返礼に、栄養素として「飼育」されている。褐虫藻はサンゴ類の体内化学作用を変化させ、霰石を分泌しやすくする。これらの造礁サンゴ類は群体をつくることが多く、褐虫藻が光合成できるよう、透光帯内に生息する必要がある。水深30m未満の澄んだ海水が必要で、23〜29℃の海水温で繁栄する。非造礁サンゴ類は藻類と共生しない。概して、これらのサンゴ類は深い海に生息する単体サンゴである。一部の四放サンゴ類と床板サンゴ類には褐虫藻がいた可能性もあるが、この仮説に対する直接的な検証手段は全く得られていない。

サンゴ類は軟組織（ポリプ）の下部の周囲に石灰質のカップ（サンゴ個体）を成長させる（図4.3）。サンゴ類が成長、つまり発芽するとともに、より多くの無機質が分泌され、構造は発達する。あるサンゴの全成長史はその骨格に保存される。サンゴ個体内には、ポリプを支持するため、垂直あるいは水平の様々な構造がつくられる。最も重要な垂直構造は放射状の隔壁で、最も重要な水平構造は床板と、より小型で上方に湾曲した泡沫組織である。群体サンゴでは隣接するポリプの軟組織の接触程度は様々で、ポリプ間の境界壁に穴があいている場合や境界壁が完全になくなっている場合もある。サンゴの群体全体はサンゴ体とよばれ、直立し枝分かれした型から低いドーム状に至るまで、様々な形状を採ることができる。

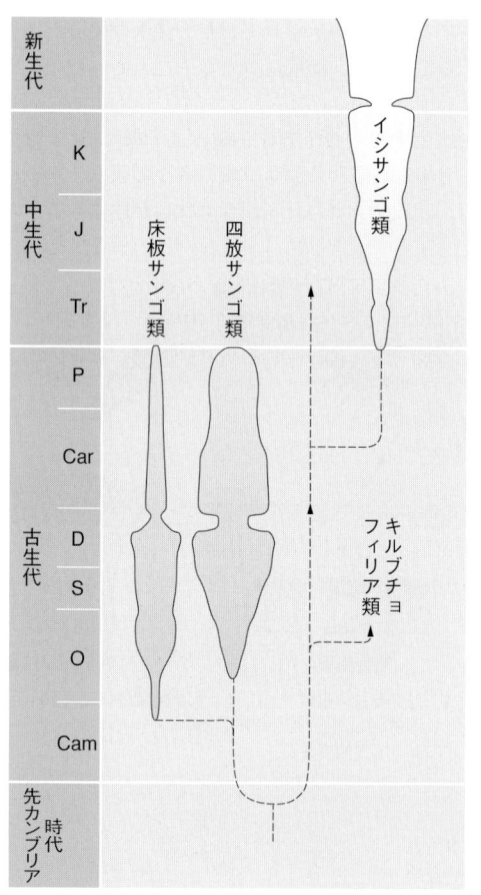

図 4.2 サンゴ類の主なグループの生存期と想定される進化上の類縁関係。骨格の進化はグループ内では数次にわたり個別に起こり、各サンゴ目は軟体の祖先をもつ。
K：白亜紀，J：ジュラ紀，Tr：三畳紀，P：ペルム紀，Car：石炭紀，D：デボン紀，S：シルル紀，O：オルドビス紀，Cam：カンブリア紀．

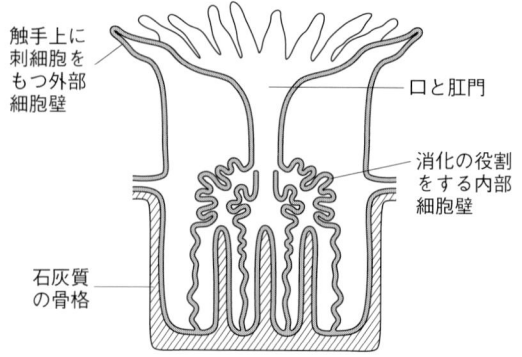

図 4.3 軟部の形態を示す一般化したサンゴ類ポリプの断面図。形態的にはクラゲ型段階と似ているが、生体はこの図に対しては「上下が逆」で、鐘型の軟組織の下に口が下がっており、骨格がない。

床板サンゴ類

　床板サンゴ類(tabulate corals)は常に群体で，個々のポリプは小さくなる傾向があった．床板サンゴ類は，これまで何度となく，真のサンゴ類ではなかったと疑われてきたが，詳細な骨格構造に関する最近の研究が真のサンゴ類であることを示している．床板サンゴ類のファヴォシテス属(*Favosites*)の保存されたポリプが見つかっているが，各ポリプに12本の触手があり，全般的な外観は現代のサンゴ類のポリプに類似していた．

　床板サンゴ類は北アメリカのオルドビス紀前期の岩石中に初めて現れたが，当時の北アメリカ大陸は低緯度にあった．床板サンゴ類はオルドビス紀に急速に多様化し，またたく間に世界中に広がった．急速な放散の後には，オルドビス紀末の大量絶滅による極端な衰退があった．この衰退から回復して，デボン紀中期に多様性は頂点に達したが，デボン紀後期の絶滅からの回復には限界があり，限られた多様性の中で生き残った後，ペルム紀末に絶滅した．

　大型床板サンゴ類は古生代前期の礁に，小型床板サンゴ類は深海相に伴う傾向がある．特に，床板サンゴ類は層孔虫類(第3章)が造った礁の特色になり，この礁が床板サンゴ類の占めていた多くの生態的地位を生み出していたように思われる．海綿動物であるこのグループは，デボン紀後期に絶滅した．そしてその欠如が，その時以降，床板サンゴ類が以前に占めた多様性の回復できなかったことの説明になるかもしれない．

　床板サンゴ類は方解石でできており，骨組が結果的に極めてしっかりしている．床板サンゴ類の最も特徴的な要素はサンゴ個体中に発達した構造である(図4.4)．この構造では水平の床板と泡沫組織が優位を占め，隔壁は短いか存在しなかった．一部のより進化した床板サンゴ類では，サンゴ個体の外壁が薄い場合や完全に囲壁に置き換わっている場合がある．ポリプに共有されるこの部分は共通組織として知られ，内部支柱の箱のような骨組で満たされている．サンゴ個体に壁がある場合，通常，その壁には壁孔があり，この壁孔により隣接するポリプの軟組織は直接つながることが可能だっただろう．これらの適応は，床板サンゴ類の群体を構成する個体は相互に連結する程度が高かったことを示している．

　群体の全般的な形状は，部分的には底質によって，部分的には新しいサンゴ個体が加わるパターンによって支配されていた．サンゴ個体には，群体の縁まわりに加わる周辺成長のパターンと，サンゴ個体間に加わる中央成長のパターンがあった．一般的には1つのパターンだけで成長する種と，経験する環境しだいではパターンを変えられる種もあった．周辺成長では平坦(床板)または低いドーム型の群体を形成し，中央成長ではより高いドーム型または球状の群体を形成した．よく発達した礁体系では，水深が深い所の群体は一般的に**周辺成長**(peripheral growth)を示した．礁縁部のサンゴ類では**中央成長**(medial growth)が優位を占め，礁中心部のサンゴ類は両方の戦略を示した結果，様々な形状の群体を導き出した．

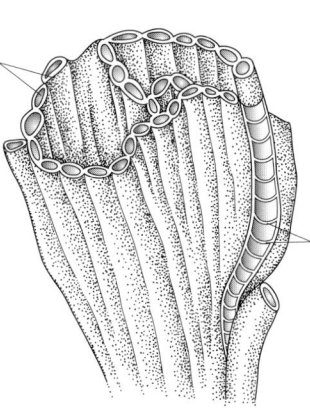

(a) サンゴ個体：個々の骨格要素はひとつのポリプが占有している．これらの要素は床板サンゴ類では小さくなる傾向があり，複雑な内部構造を欠く．
個々のサンゴ個体は結びつき，鎖のような(鎖状の)サンゴ体になる．サンゴ類のサンゴ個体とサンゴ体の形状は変化に富む．

床板：サンゴ個体を一連の室に切り分ける水平の板．これらの板は，成長過程の別々の時期に，ポリプによって占有されていた茎部分の基盤を示している．

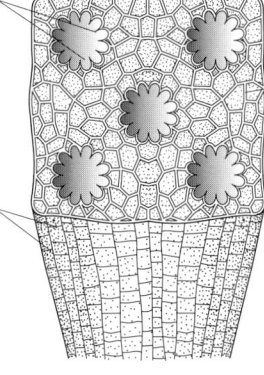

(b) 隔壁：床板サンゴ類では小さいか，存在しない．ここでの例はサンゴ個体の壁からわずかに伸びた小さな隔壁を示す．

共通組織：相互が高度に連結した群体で，サンゴ個体を連結する共有の石灰質組織．
サンゴ体は方解石でできており，固い構造物である．

図4.4　床板サンゴ類の硬部形態の主な特徴：(a)ハリシテス(*Halysites*)，(b)ヘリオリテス(*Heliolites*)．これら両属のサンゴ個体は直径2〜6mmの範囲にある．

四放サンゴ類

地質学的記録での**四放サンゴ類**(rugose corals)は，北アメリカのオルドビス紀中期の岩石中に最初に現れる．四放サンゴ類は床板サンゴ類に比べよりゆっくり多様化したが，進化様式は類似している．このサンゴ類は古生代の礁群集の重要なメンバーだったが，その多様性はデボン紀末の絶滅事件の間に衰退した．このときと，それ以前のオルドビス紀末の絶滅事件の際，単体サンゴ類と万能型の群体は，高度に特殊化した群体の型より生き延びる可能性が高かった．石炭紀の間，四放サンゴ類は多様性をある程度取り戻し，床板サンゴ類に比べるとより普通にみられた．進化の間ずっと，同じ群体のポリプ間の接触がより多い，より組織化された群体に向かう傾向があったことが示唆されている．すべての四放サンゴ類はペルム紀末の大量絶滅事件で絶滅した．

四放サンゴ類の骨格はほぼ常に方解石で構成されているが，後期の少数の型は霰石のサンゴ個体を分泌した可能性もある．床板サンゴ類に類似したがっしりした構造をもっているが，サンゴ個体の内部要素は著しく異なっている（図4.5）．放射状に配置された垂直の板である隔壁が優位を占め，床板と泡沫組織もよくみられる．サンゴ個体の中心には，しばしば，各種内部構造の変化でつくられた中央構造がある．群体性の種では，共通組織すなわちサンゴ個体間で共有される組織部の発達していることがある．

単体サンゴ類(solitary corals)は概して角状で，軟らかい堆積物上に横になり，時とともに上方に成長したため，そのサンゴ個体は曲がっている．群体サンゴ類はドーム型になる傾向があり，サンゴ個体の形状は様々で，相互に近接することでその輪郭が決まることが多かった．直接接しているサンゴ個体は多角形になる傾向があったのに対し，より孤立したサンゴ個体は断面が円形を保った．群体の四放サンゴ類内には，しばしば群体が倒れ，その後再成長した証拠がある．これはこのグループに固着器官がないことを強調しており，固着器官がないことで，これらのサンゴ類は生息する礁の骨組形成から除外された．固着器官がない四放サンゴ類と床板サンゴ類は高エネルギー環境での生息もはばまれた．高エネルギー環境は，砕ける波にさらされる現代の礁の，礁縁の特徴である．そのかわりとして，これらのサンゴ類は前礁のより深く，より穏やかな斜面，あるいは後礁の動きのない礁湖に限られていた．

群体サンゴ類(colonial corals)の全般的な形状は種によって，環境によってある程度は決まる．このことは生活様式を解釈する上で役に立つ特性だが，分類学と類別は極めて面倒になる．背の高い群体は堆積速度の速い地域に生息していた群体と解釈できるが，その群体が類似した形状の別の群体と関係づけられるとはかぎらない．

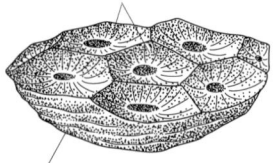

図4.5 四放サンゴ類の硬部形態の主な特徴：(a, b) 一般化した単体サンゴ，(c) 一般化した群体サンゴ．

四放サンゴ類の隔壁

すべてのサンゴ類同様，四放サンゴ類のサンゴ個体も連続して成長するため，その成長と発達のすべての歴史が骨格に保存されている．そのため，グループに特有の様式で加わる隔壁の発達をたどることができる（図4.6）．

成長初期段階のサンゴ個体には，それぞれ主隔壁と対隔壁として知られる2つの向かい合う隔壁があった．次に，主隔壁の両側に2つの側隔壁が挿入され，その後，対隔壁の両側に対側隔壁という2つの隔壁が挿入された．この4つの新しい隔壁がサンゴ個体の4区画の境界になり，その区画内に複数組の新しい隔壁が挿入される．この4の倍数の挿入物という様式が四放サンゴ類の特徴である．ここには隙間ができる傾向があり，主隔壁の区画に隙間ができることが多い．この隙間，つまり隔壁溝は分類学的に重要である．

サンゴ個体の4区画に隔壁が加わることは，四放サンゴ類が二次的に放射相称を失ったことを意味する．その機能的な理由は不明である．しかし，軟組織は隔壁と直接接していたであろうから，隔壁は軟組織内に存続していたかもしれない．とすれば，一方の形は他

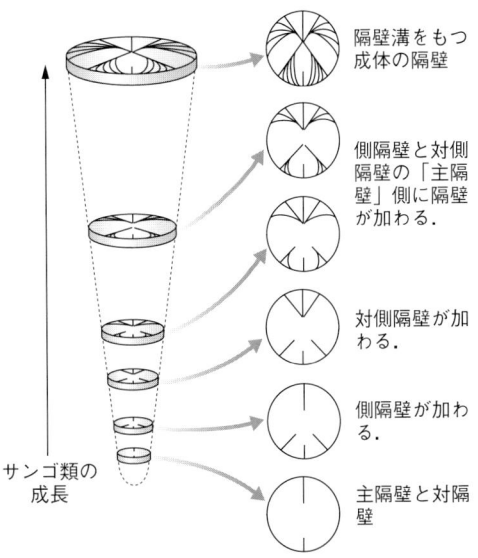

図4.6 四放サンゴ類における隔壁の逐次的発展．

方の形にきっと反映されていただろう．

古生代前期の礁

礁（reef）は現代の海洋ではまれで，海底の約0.2％を占める．しかし，地質学上の過去において，気候がより温暖で，海水準が高く，温帯と熱帯の緯度に広い浅海域が生じたある期間には，礁はずっと多くみられた．礁の最も重要な広がりはデボン紀中期と後期に起こったように思われる．現代の礁とは極めて異なり，異なる骨組製作者と異なる生物グループが礁内で入手できる様々な生態的地位をみたしていた．

デボン紀の礁では層孔虫海綿動物が優位を占めていた（第3章）．このような海綿動物とともに成長していた床板サンゴ類が礁を安定させるのに役立ち，四放サンゴ類と石灰化したバクテリアも同じ働きをした．しかし，2つのサンゴグループに固着器官のないことは，安定した礁形成を妨げた．層孔虫類には光合成する共生生物はいなかったが，サンゴ類の両目のグループに光合成する共生生物がいたかどうかには議論がある．これらの礁はその生存を共生藻類の飼育場より濾過食に依存しており，したがって栄養分に富んだ海域を占めていたと思われる．このような礁は極めて大きくなることができた．オーストラリア，**キャニング盆地**（Canning Basin）の堡礁帯は350kmの長さがあり，例外的だったとは思えない．初期の膠結作用で礁は非常に強くなり，直径100mに達する塊りが礁前面から崩れ，そのまま前礁に落ちることもある．このような礁が海水面まで成長し，礁の中に海水が移動できる一連の水路や溝を発達させることで，海中の生物の物質的な要求に適応したというよい証拠がある．

サンゴ類，海綿動物，バクテリアに加え，デボン紀の礁には非常に様々な腕足動物，三葉虫類，コケムシ類や分類のはっきりしない生物が住みついていた．現代の礁に比べると，捕食と穿孔は比較的限られていた．

イシサンゴ類と礁

イシサンゴ類(scleractinian corals)は三畳紀中期に軟体の祖先から進化した．三畳紀後期までには小さく断片的な礁を形成しはじめており，その時以来，造礁生物としての重要性は継続している．イシサンゴ類は以下にあげた形態的適応によって，この役割を容易にしている．

- 固着器官として働く基板をもっている．
- 霰石の多孔質の骨格を形成する（より原始的なサンゴ類がもつ塊状の方解石骨格より分泌しやすい）．
- サンゴ個体の外側に素材を加え，それを硬い底質または隣接する群体に膠結する．
- 光合成をする褐虫藻との共生群集で生息できる．

単体性イシサンゴ類はジュラ紀初期に進化し，海の深い所に生息した．多様化し，重要になったのは白亜紀後期だった．白亜紀末の大量絶滅事件の結果，サンゴ類の2つの目の多くの属が姿を消した．広い生態範囲をもつ万能型は特殊化した型より生き残る可能性は高かったらしい．しかし，褐虫藻を伴うものと伴わないものの間で，生存率における明らかな違いはみられない．

内部に関しては，イシサンゴ類のサンゴ個体は隔壁が優位を占める傾向がある（図4.7）．泡沫組織と中央の軸構造が発達することもある．隔壁は6，12，24といった周期で加わり，どれも等間隔である．ポリプの壁は萼の縁にかぶさり，サンゴ個体の外面に霰石がどのように分泌されるかの説明がつく．群体性のイシサンゴ類はみごとに完成された軟組織をもち，しばしばサンゴ個体の隔壁を欠いている．これに取って代わるのは，穴のある霰石の共有区で，四放サンゴ類と床板サンゴ類の共通組織に類似しているが，共有骨として知られている．

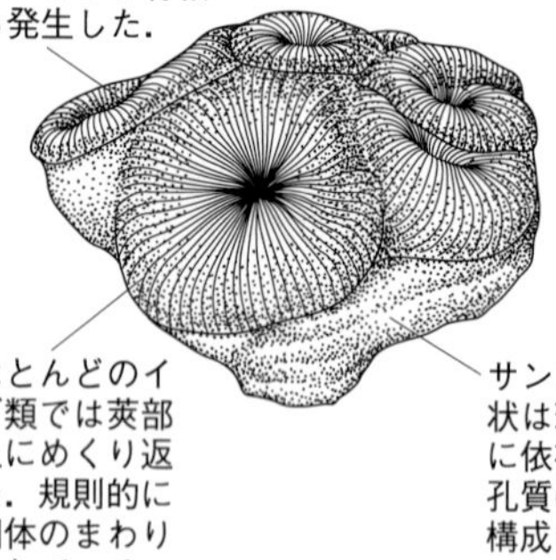

イシサンゴ類は中生代と新生代の最も重要な造礁生物のひとつである．通常，礁は小さい島々の周囲に外べりとして発達する．海水準が上昇すると，サンゴ類はその変化速度としばしば歩調を合わせ，上方および外側の，高エネルギーの波浪の動きのある所に形成されていく．こうしたことから，礁は時とともに海岸線から移動して離れ，結局，沈んだ島の唯一の残存物として，水没した陸の周囲に環状の環礁を形成することになる．

造礁サンゴ類は環境を変えられる数少ない生物のひとつで，自身の生き残りを促進するように海底の地形を変える．付随的にではあるが，空間的に独特な様々な生態的地位を生じることから，その場所の生物多様性が増してくる．例えば，**グレートバリアーリーフ**(Great Barrier Reef)などの構造は桁はずれの広さと地質学的重要性をもっている．

このような多様な生態系は，海洋中央部の島々の周囲など，海洋の栄養分の少ない地域内に存在する．地質年代のより初期には，これらの地域はもっと多様性が低かったように思われる．

イシサンゴ類はプランクトン段階を経ずに繁殖する．この結果，個体分散の問題が生じる．定着する前，配偶子が親から遠くへは移動できないからである．このことは，さらに，現代のサンゴ類の著しい地方特性という結果につながり，現代の特徴的なインド洋-太平洋区とカリブ海区が発達した．多様性はインド洋-太平洋域の方がはるかに高く（カリブ海の62種と比べて700種），更新世の主要な氷河作用で海水準が低かった期間，この地域がサンゴ類にとって避難場所だったこと，および，この場所からその後の放散が起こったことを示唆している．

中央部の構造：しばしば他のさまざまな骨格要素から発生した．

隔壁：ほとんどのイシサンゴ類では萼の縁の上にめくり返っていた．規則的にサンゴ個体のまわりに挿入されている．

サンゴ体：群体の形状は環境要因に高度に依存している．多孔質の霰石で軽量に構成されていた．

図4.7 イシサンゴ類の硬部形態の主な要素．この例はコンフサストラエア(*Confusastraea*)である．

気候の指標としてのサンゴ類

　サンゴ類は寿命が長く，一生の間に起こった出来事を骨格の増加成長内に記録する．シルル紀に生息したコドノフィルム属（*Kodonophyllum*）などの単体性四放サンゴ類は，長さ沿いに細くなったり太くなったりする（図4.8）．太い部分はポリプがよく生育していたときを表す．細い部分はポリプがストレス下にあって体のかさを失い，莢中央へ縮まって，この中央部に骨格物質を加えるだけだったことを示している．

　褐虫藻を伴うサンゴ類は環境条件の狭い範囲に制限される．岩石層序内の群体性サンゴ類，特にイシサンゴ類の存在は，その岩石が堆積した当時，その地域が赤道から30°以内だったことを示している．造礁サンゴ類が繁栄するのは海水温が23〜29℃であるこの地域内だけである．このようなサンゴ類の存在するのは，また，澄んだ，浅い，栄養分に乏しい海で堆積が生じたことも示している（図4.9）．このような一連の仮定は四放サンゴ類と床板サンゴ類についてはそれほど確かではない．これらの型に光合成をする褐虫藻がいたかどうかがわかっていないからである．しかし，独自の環境指標を用いることにより，シュロップシアの**ウェンロック石灰岩**（Wenlock Limestone）のような古生代前期の礁に関する研究では，その礁が水深の浅い，低緯度海域で発達したことが確かめられている．

　更新世またはそれ以降のサンゴ礁を使い，古気候変化のはるかにより詳細な記録を生み出すことができる．その記録は単一の群体，あるいは，時代の重なる一連の群体に保存されている．群体が骨格に（霰石という形で）炭酸カルシウムを加えるにつれ，海水から炭素と酸素が奪われる．これらの元素はいずれも1原子量以上で安定しており，したがって，いくつかの**安定同位元素**（stable isotope）をもっているといわれている．同じ元素の同位元素でも，より重いものとより軽いものは，様々な気候事件によって海洋の中で分別され，成長しているサンゴ類の骨格中に記録される．例えば，海洋から蒸発する水は，酸素のより軽い同位元素に富んでいる．過去，時々，この水が陸地で氷に封じ込められたとき，海洋の酸素は同位元素的に重くなった．これは役に立つ古気候の表示である．したがって，$\delta^{13}C$ と $\delta^{18}O$ として記録される海中のこれら元素の安定同位元素の割合は，古気候を決定するよい代用になる．さらに，サンゴ類は骨格内に有機物質の痕跡を組み込み，これには生化学的風化が起源の，河川の流出物からきた腐植酸が含まれる．これらは紫外線光で蛍光を発する薄い帯として，サンゴ類を切った薄片に現れる．腐植酸が多量にあるサンゴ内の帯は，近くの河川からの流去水が多い時期に，その群体が成長していたことを示している．

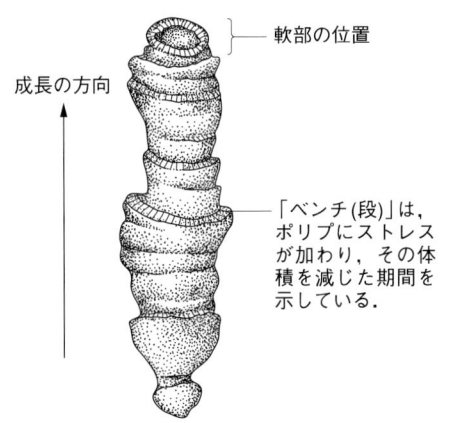

図 4.8　コドノフィルム（*Kodonophyllum*），シルル紀の単体四放サンゴ類．ポリプの成長が制約された期間と，好条件を表すより大きくなった期間を示す．

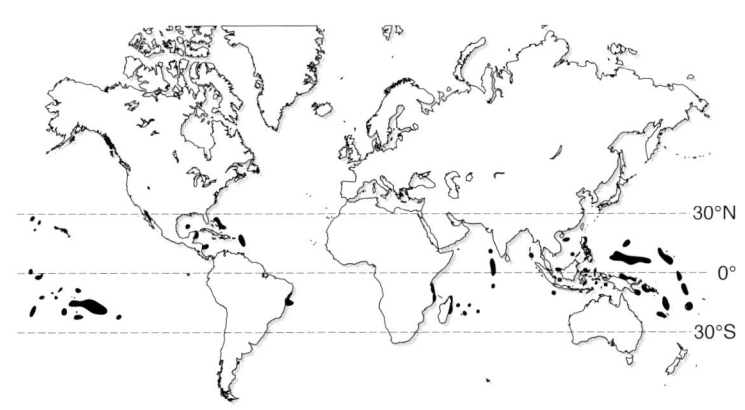

図 4.9　南北緯度30°以内におけるサンゴ礁の現在の分布を示す現代の世界地図．入手できる養分の少ない外洋にあることが多いことに注意．

ファヴォシテス（*Favosites*）

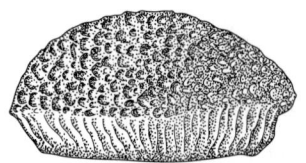

床板サンゴ類　オルドビス紀後期〜デボン紀中期

小型（通常，直径3〜5cm）の群体性サンゴ．サンゴ個体は多角形で**セリオイド**（cerioid），つまり個々のサンゴ個体が隔壁を保持している．個々は直径約2mm．サンゴ個体内には短い隔壁骨片が発達している．床板は豊富で，間隔は一定．壁孔がサンゴ個体をつないでいる．古生代前期の礁によくみられる．

ケベック（Quebec）産，シルル紀のファヴォシテスの群体には，莢内に石灰化したポリプの遺物が保存されている．この軟部の珍しい保存は床板サンゴ類の位置を真のサンゴ類と確認するのに役立っている．

ハリシテス（*Halysites*）

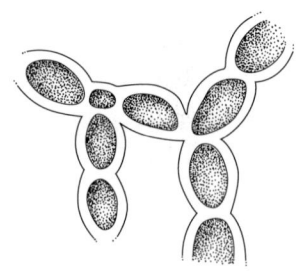

床板サンゴ類　オルドビス紀中期〜シルル紀

特徴的な鎖状のサンゴ体を伴う群体性サンゴ．この鎖状の形態はまれである．個々のサンゴ個体は次のものと共通組織でつながり，共通組織は多くの小さい板で水平に切られた1本の管でできている．通常，サンゴ個体の幅は2〜6mm．

このサンゴの鎖形の形状にはいくつかの利点があり，堆積速度の速い場所では特にそうだった．ポリプ間の穴は，採餌のために広がる空間を与え，不要な堆積物を処理するための空間を与えた．発達の初期，海底の広い地域に急速に住みつくことができ，その後，堆積物流入に遅れないように上方に成長することができた．

パラエオスミリア（*Palaeosmilia*）

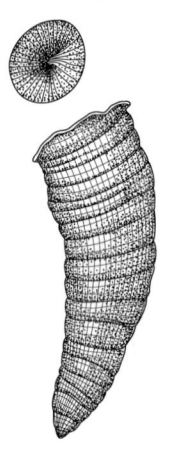

四放サンゴ類　石炭紀

大型の単体性サンゴで，しばしば，サンゴ個体は直径3cm，長さ20cmにまで達する．隔壁は多く，サンゴ個体の中央で融合していることがある．泡沫組織の広い帯が周縁近くに発達する．

イサストラエア（*Isastraea*）

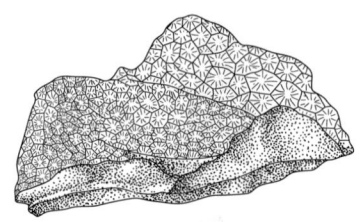

イシサンゴ類　ジュラ紀中期〜白亜紀

セリオイドのサンゴ体を伴う，どっしりした群体性サンゴ．礁に生息するサンゴで，密集した6角形状の丈夫な構造をしている．堆積速度の遅い，高エネルギー地帯で繁栄したらしい．ポリプ間に空間がないことからすると，採餌効率に障害が出たかもしれない．個々のポリプは直径4〜7mm．

リトストロチオン（*Lithostrotion*）

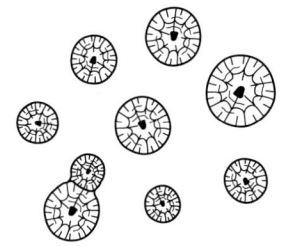

四放サンゴ類　石炭紀

通常，サンゴ個体は直径1cm未満．中央に1本の小さい棒のような軸柱が発達し，泡沫組織からなる著しい縁帯がある．しかし，群体は幅1mを越えることがある．

このサンゴの属は環境によって決まってくる多くの変異を示す．群体内のサンゴ個体は互いから分離していることもあり，これは束状として知られる型である．しかし，サンゴ個体が互いに近接していることもあり，サンゴ体の形状はそれに応じて変わる．

ディブノフィルム（*Dibunophyllum*）

四放サンゴ類　石炭紀

円筒形の群体で，直径は3〜4cm，長さは約10〜15cm．この属の最も目立った特徴は，平面的にはクモの巣状の顕著な中央構造である．多くの隔壁があり，細い縁域は泡沫組織でみたされている．

テコスミリア（*Thecosmilia*）

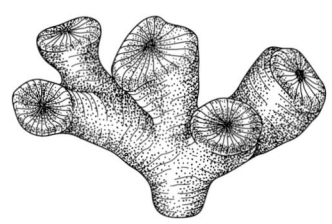

イシサンゴ類　ジュラ紀中期〜白亜紀

特徴として，少数の大きいサンゴ個体からなる群体性の型．1つの群体内のサンゴ個体の数はおそらく10で，個々の直径は2〜3cm．サンゴ個体の形状はモントリヴァルチア（右）のものに似ている．サンゴ体の形状は束状で，通常，サンゴ個体は1つが別の個体から枝分かれしている．

モントリヴァルチア（*Montlivaltia*）

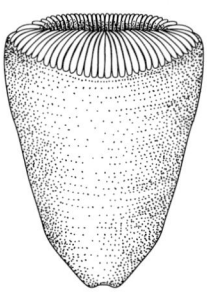

イシサンゴ類　ジュラ紀中期〜白亜紀

ずんぐりした単体性のサンゴで，直径は2〜3cm，長さは3〜5cm．隔壁は浅い莢上にかなり突き出し豊富で，泡沫組織も多いが，軸柱はない．礁性サンゴ類のひとつで，単体性の習性にもかかわらず，おそらく褐虫藻をもっていた．

5 コケムシ類
Bryozoans

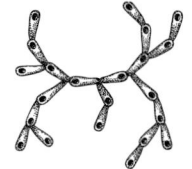

- コケムシ類は古生代の最も多様な生物のひとつだった．
- すべてが群体性で，ほぼすべてが海生である．
- 底生の濾過食者として生活する．通常は固着しているが，固着しないで横たわることもあり，時折移動する．
- 個虫は一般的に1mm未満だが，群体は直径が1m近くなり，100万以上の個虫を含んでいることがある．

コケムシ類は濾過食する群体性動物で，オルドビス紀以来，海生底生生物の重要な部分を形成している．苔動物として知られることがあり，外面的には動物より植物に似ている．コケムシ類は独自の門(苔虫動物門)を形成し，腕足動物に最も近縁であると考えられる．約2万種が認められているが，その大部分は化石記録による．

コケムシ類の個虫は小さく，水中の食物粒子を抽出する1列に並んだ触手，つまり触手冠で摂食する．食物はU字型の消化管を通り，触手冠を形成する環状の触手のすぐ外側にある肛門に運ばれる．動物は非常に小さいため，呼吸は拡散で行い，循環器や鰓はない．コケムシ類には比較的洗練された神経系があり，一連の複雑な筋肉が個虫の骨格への出入りを助けている．雌雄の特性は同一個虫内または同一群体内で生じる．さらに，大部分のコケムシ類の群体には，群体の清掃用や防御用，あるいは繁殖専用など，様々な特殊化した個虫がいる．これらの特殊化した個虫のうち，最も不思議な個虫が**鳥頭体**(avicularia)である．鳥頭体には高度に適応した硬い部分があり，通常は防御や清掃に使われるが，群体が「歩く」ための支柱として使われることもある．

コケムシ類の群体中の全個虫は，その特殊化の程度にかかわらず，遺伝学的には同一である．個虫は初虫とよばれる単一個体から出芽によって成長する．群体はゼラチン状または繊維状の蛋白質，霰(あられ)石または方解石，あるいはこれらの混合物でできている．

群体の形状は効率的に摂食するための必要および底質に住みつくための要求を反映している．限られた範囲の形状が何度も進化したが，この過程は反復進化として知られている．これらの形状にはぎっしり詰まったマット状，細長い形，つる状，直立管状，平円形や直立した扇形が含まれる．

コケムシ類は非常に浅い海洋環境によくみられるが，より深度の深い所に住みつくこともあり，少数は淡水にも生息している．礁環境では，重要な堆積物「防止壁」を形成することがある．これには多数の空洞があり，様々な生物にとって身を隠すのに適した待避場所を提供している．コケムシ類は造岩生物で，その造岩はかなりの程度になることがあり，石炭紀の間がその一例である．コケムシ類はほとんどの底質に住みつけるが，硬い表面を好む．現代の海洋では，コケムシ類はオーストラリア南部とニュージーランドの大陸棚で最も重要な炭酸塩生産者になっている．

海生コケムシ類は狭口綱と裸口綱の2綱に分けられる．**狭口類**(stenolaemates)は高度に石灰化した型で，個虫は群体の一生を通して成長する管の中に生息している．**裸口類**(gymnolaemates)は一般的にはそれほど著しい鉱化はしておらず，個虫は一定の大きさの簡潔な箱を産出する．狭口類は古生代および中生代の大部分にわたり優勢で，それは白亜紀後期まで続いた．それ以降，裸口類の一グループの唇口類がコケムシ類動物相に優位を占めている．

コケムシ類の形態

　個々の個虫の硬部は虫室とよばれ，その集まった骨格は群体とよばれる（図5.1）．狭口類の虫室は管状で，しばしば，薄片で研究される．枝分かれした群体では，通常，虫室の成熟部は群体の成長軸に対して大きな角度をとって成長する．虫室の成長とともにその形状が変わることもある．虫室は隣接する個虫と骨格壁を共有する．断面では，間にある共有硬組織とともにこれらの管が識別できる．

　裸口類では，通常，箱のような虫室が群体の成長軸に対してほぼ平行に発達する．虫室の上面は捕食を防ぐために棘や方解石の保護物で守られていることがある．さらに，個虫が出てくる開口部の上にぴったり合う蓋，すなわち口蓋がある．異なる型の開口部や虫室は，特殊化した異なる個虫を特徴づける．群体が新しい個虫を無性的に繁殖するにつれて，より多くの虫室が加えられ，個々の虫室はすぐに限定された大きさに達して成長が止まる．結果として，群体はモジュラー式に外側に拡大し，標準大の建造区画が加えられる．

　群体の形状は種および初虫が定着する環境に依存する．群体の形状でよくみられるのは棒状・扇形・平円形・被覆形だが，これらを分類または生態に単純に関連づけるのは難しいかもしれない．

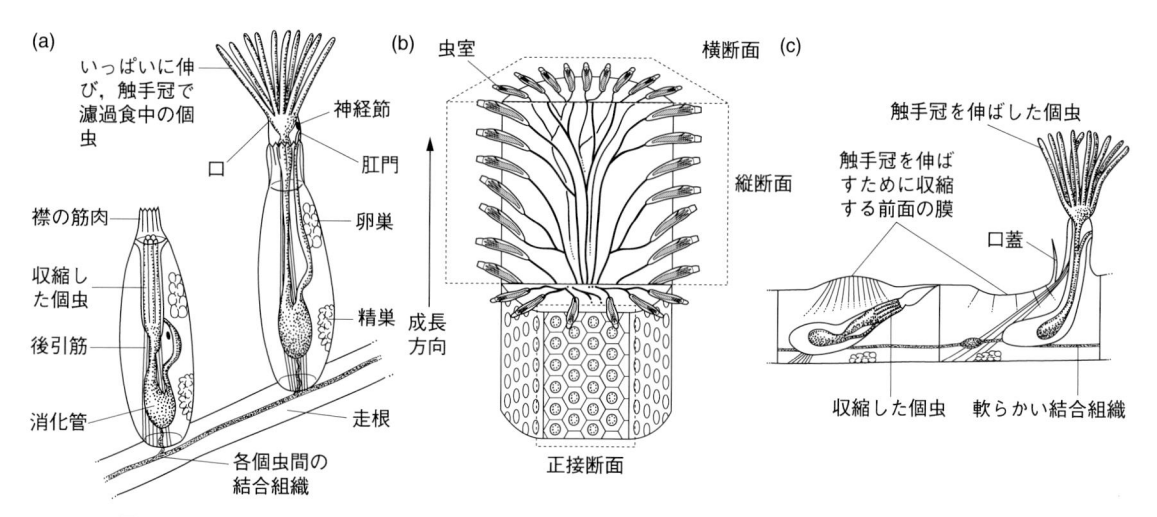

図 5.1 コケムシ類の硬・軟部の形態：(a)裸口綱櫛口亜綱の個虫，(b)狭口綱の群体の断面，(c)裸口綱の個虫．

コケムシ類の生態

　コケムシ類の群体の完全体はいろいろで，進化の時間を通して，個虫はより密接に統合される傾向がある．鳥頭体などの特殊化した個虫は摂食せず，群体の他の個虫によって供給される．多くのコケムシ類の極めて複雑で精密な群体の形状は，群体が密接に統合されており，骨格をつくっている個々の個虫の活動に総合的な制御が働いていることを示唆している．

　群体の形状は，しばしば，摂食する個虫のすべてに行きわたる水流を最適化する必要から決まってくる．これらの個虫は協力して行動し，群体中に一様で最善の水流を起こす．個虫の開口部の方向の組織的な変化，および，これらの個虫が濾過した水を送る放出用の「煙突」に当たる群体の床紋部とよばれる部分の発達がこの例である．扇形の群体では，規則的な穿孔が扇に生じ，個虫はその構造の片面だけで摂食する傾向がある．水は摂食面上を流れ，穿孔を通って流出し，効率のよい水流様式を生んでいる．

　コケムシ類の被覆形群体は，平坦な海底面という競合的な世界で生き抜くうえで，様々な戦略を示している．通常，これらの群体は敷布状，斑状またはつる状の形状のいずれかに入る．敷布状の型には棘と群体に隆起した縁があることがしばしばで，競争相手の成長を妨げ，群体の縁から競争相手に濾過した水を排出する傾向がある．つる状の群体は底質の広域を急速に覆い，住みにくい地域に隠れ家を探す．斑状の群体は短命で，短期間の居住に適した隠れ家を見つけることに依存している．この型は性的に早熟で小型である．

コケムシ類の進化

狭口類のコケムシには5つの目があり，そのうち4目の進化による多様性は古生代に最高に達した．この中にはよく知られている扇形の**アルキメデス目**，および，石のようで通常は棒状の**ハロポラ目**が含まれる．これらの目はペルム紀末の大量絶滅事件で多大な影響を受け，4目すべてが三畳紀末までに絶滅した．狭口類で残った目になる**管口類**は，古生代動物相では重要な構成要素ではなかったが，中生代まで生き延び，特に白亜紀の間に大放散している．管口類の多くの属が白亜紀末に絶滅したが，少数の属は現在まで生き残っている．

裸口類のコケムシはオルドビス紀から知られるが，新生代に全盛期に達した．裸口類は2つの目に分けられる．顕生代を通してコケムシ動物相の小要素である重要でない**櫛口類**(ctenostomes)と，高度に多様化した目の**唇口類**(cheilostomes)である．唇口類が最初に登場したのはジュラ紀で，コケムシ類グループで優位を占めるようになった(図5.2)．櫛口類は身体全体が軟らかく，通常，石灰質の底質に穿孔として保存される．唇口類は最も高度に進化したコケムシ類で，最も多様化し組織化された群体を伴う．

白亜紀の終わり頃，唇口類が生存をめぐる競争の末に管口類を駆逐したと論じられることがある．しかし，両グループの生態学的な耐性は類似していたが，群集内で共存し続けたように思われる．客観的な確実性をもって，一方のグループの総体的な衰退を他方の隆盛に帰することはできない．

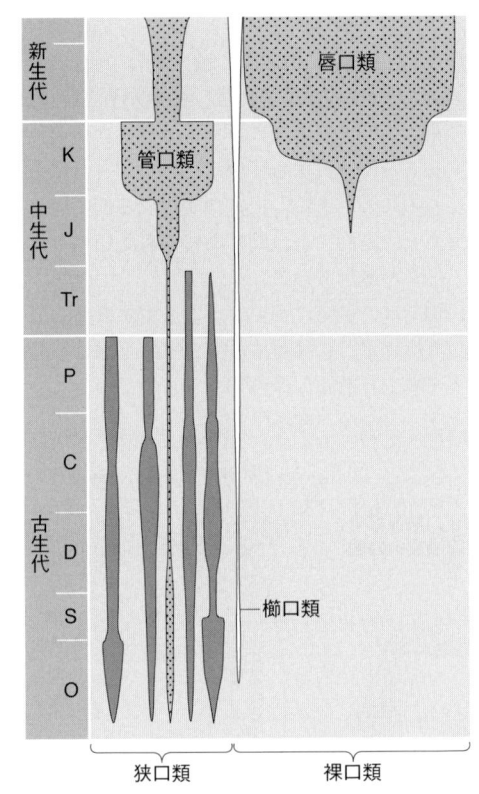

図5.2 コケムシ類の綱の生息期間と盛衰．濃い灰色部の綱は古生代に優勢だった型で，全部が狭口類である．点で示した型は中生代と新生代に優勢だった型で，狭口類中の管口類，裸口類中の唇口類だった．
K：白亜紀，J：ジュラ紀，Tr：三畳紀，P：ペルム紀，C：石炭紀，D：デボン紀，S：シルル紀，O：オルドビス紀．

環境の指標としてのコケムシ類

コケムシ類は環境の指標として有益な可能性はあるが，この問題へのコケムシ類の利用はそう簡単にはいかない．大きな問題は，唇口類が優位を占める現代の群集と，より古い動物相とを比較することである．コケムシ類のまれな種はほとんどの条件に耐性があるため，多様性や豊富さの統計的分析に利用されがちである．古生代以降の岩石と現代の海洋において，通常の塩度で堆積速度が低〜中程度の温帯域では，コケムシ類は浅海底生群集の支配的なメンバーである．現在，コケムシ類が最も豊富な場所は水深40〜90mで，堆積速度が1000年で100cm未満の所になる．大部分の生物と同様，通常，高度の多様性は理想的な生息域に近い環境を表すが，一方，少数の種の高度の豊富さはより極端な諸条件を典型的に表していることがある．

場合によっては，個々の形状と大きさを環境の指標として利用することができるかもしれない．一般的に，群体と個虫の大きさは深度が増すとともに縮小することが認められている．しかし，逆説的なことに，個虫はより冷たい海水でより大きくなる傾向がある．コケムシ類の群体の形状は，多かれ少なかれ，異なる環境で有利とされるかもしれない．このことは，異なる形態型の比較的豊富な一覧表の中に，環境データが隠されているかもしれないことを意味する．例えば，現代の海洋の浅海では，被覆型は直立型よりよくみられる．一方，硬くて直立した形状の群体は深海群集で最もよくみられる．固着しない移動性の群体は砂質の海底に典型的で，そこではコケムシ類の群体は底質自体が移動することに反応できる必要がある．

フェネステラ（*Fenestella*）

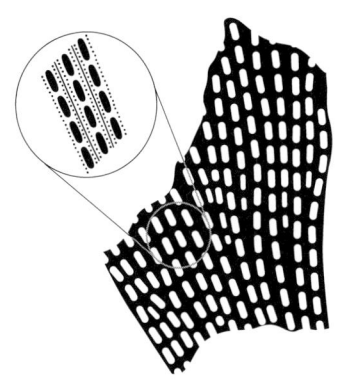

狭口類コケムシ　オルドビス紀〜ペルム紀

　直立した扇形のコケムシで，横木で硬化された枝状の群体をもつ．骨格の石灰化は軽度〜中程度．群体の大きさには幅があり，高さは最高で20cm，ある地方では造岩の働きをした．個々の扇は，触手冠のある側からない方の側へ，開口部を通して一方通行の水流を起こした．

ストマトポラ（*Stomatopora*）

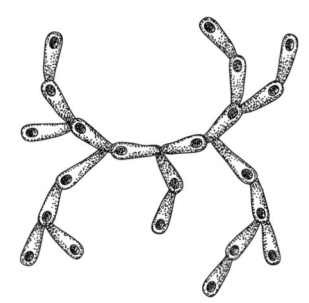

管口類・狭口類コケムシ　三畳紀〜現世

　被覆型のコケムシで，個虫の密度が低く，広域に群体を広げる成長型に進化した．個虫を広く分散させることにより，底質の一部を占めている個虫が（例えば捕食者により）部分的に損傷された後でも，群体の生き延びられる見込みは大きくなる．先駆者群集のメンバーとして，非常に好ましいか好ましくないかは別として，不確定な条件にいろいろ遭遇したであろう．

6 腕足動物
Brachiopods

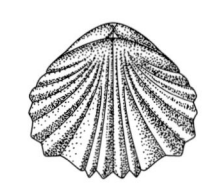

- 腕足動物は古生代の殻をもつ海生無脊椎動物の中で優位を占めていた．
- 腕足動物はリンギュラ亜門，クラニア亜門(「無関節の」)，リンコネラ亜門(「有関節の」)という，3つの亜門に分類される．
- 腕足動物は全部が海生の濾過食者である．
- 腕足動物の殻の形状は底質の種類を示すことがある．
- 腕足動物の群集は古環境の研究に利用できる．

古生代の腕足動物は最も豊富かつ多様化した海生無脊椎動物だった．腕足動物はカンブリア紀初期に発生し，オルドビス紀に多様化した．古生代を通し，浅海環境で優位を占めていた．ペルム紀末の大量絶滅は生き延びたが，中生代を通して衰退し，既知の化石属4500のうち現存するのは120属にすぎない．

腕足動物の外見は二枚貝類と類似しており，両者とも蝶番のある殻の中に軟組織がある．この2枚の殻をもつという形状は二枚貝類と腕足動物で独自に起こり，両者は相称面で見分けられる．腕足動物の殻は蝶番の中心点から前縁の中央で殻を二分する中央面に対して相称である．二枚貝類の殻は，通常，互いに鏡像で，その相称面は合わせ目沿いの2つの殻の間にある．

腕足動物の形態は比較的単純にみえるが，多くの種の外見は極めて類似していても，内部構成が極めて異なるため，分類は難しい．新しい手法のおかげで腕足動物の分類は系統樹をより正確に反映する系列に再編することが可能となった．無関節綱と有関節綱の2綱に分ける伝統的な分類は，腕足動物を3つの亜門に分ける体系に置き替えられた．この新体制の単純化した特徴を表6.1に示す．**リンギュラ亜門とクラニア亜門**は旧分類の無関節類腕足動物，**リンコネラ亜門**は旧分類の有関節類腕足動物と考えられるかもしれない．

現代の腕足動物の大部分は，底質を含む沿岸海の環境に生息し，種は形態的に類似している．しかし，古生代の腕足動物はより様々な海洋環境を活用し，直立したサンゴのような型から平らな皿のような形状に至るまで，その形態は極めて多様だった．腕足動物の形態と生態群集構造は古環境の解釈に利用できる．

表 6.1 腕足動物の分類．

	腕足動物門		
	リンギュラ亜門	クラニア亜門	リンコネラ亜門
貝殻の組成	有機リン酸塩	石灰質	石灰質
蝶番の機構	歯と歯槽を欠く	歯と歯槽を欠く	歯と歯槽が存在
肉茎	存在	退化または欠如	存在
消化管	肛門を伴う消化管	肛門を伴う消化管	肛門のない消化管

内 部 形 態

　腕足動物の内部の解剖学的構造は，単純に2つの部分に分けられる．主要な内臓である肉茎は，筋肉と一緒に殻後部に入っており，一方，触手冠は外套腔の中央域と前方域で優占している(図6.1a)．食物粒子は触手冠の繊毛で捕らえられ，後方の口と消化管に送られる．老廃物は殻前部から小さい球粒として噴出される．

　肉茎は主として固着手段である．種の生活様式により，太い筋肉の茎から一連の細い糸に至るまで，肉茎には様々ある．歯と歯槽のあるリンコネラ類の腕足動物には，殻後部の蝶番域近くに配置された2組の筋肉がある(図6.1b)．背殻と腹殻の内側に垂直に付着する閉殻筋が収縮すると，2つの殻は引き寄せられ，殻が閉じる．開殻筋は，閉殻筋のすぐ外側で，腹殻に斜めに付着すると同時に背殻の主突起に付着する．開殻筋が収縮すると背殻の蝶番域が引っ張られ，殻が開く．蝶番機構のない腕足動物には，殻のさらに内部まで伸び，両殻間のずれを少なくする，より複雑な筋肉組織がある．殻内部に保存される筋肉痕の型は種に固有である．一部の腕足動物では台座によって筋肉が床から持ち上げられている．このような構造はリンコネラ類の特定の目，例えば**ペンタメルス類**(pentamerids)の分類に特に役立つ．

　触手冠は外套腔に優位を占め，海水から懸濁した食物を集める役割を果たしている．触手冠は殻内に水を引き入れる水流を起こし，ねばねばした細い触手で食物を取り除く．腕足動物では，触手冠は触手のある一対の腕として発達している．全体の形状は単純な馬蹄形から複雑で褶のある形態に至るまで様々である．触手冠は可動しない固定構造物で，腕足動物の殻内部の圧力でその場に保たれるか，背殻の骨格要素で支持されている(図6.1b)．

　腕足動物の採食時，殻はわずかに開き，水は触手冠のつくる個別の室を経由して吸入・排出される．水流は触手間に水を動かす小さな繊毛によって起こされる．食物粒子(あるゆる種類の有機粒子，特に植物プランクトン)は触手冠の縁に運ばれ，そこにある腕溝で口まで運ばれる．

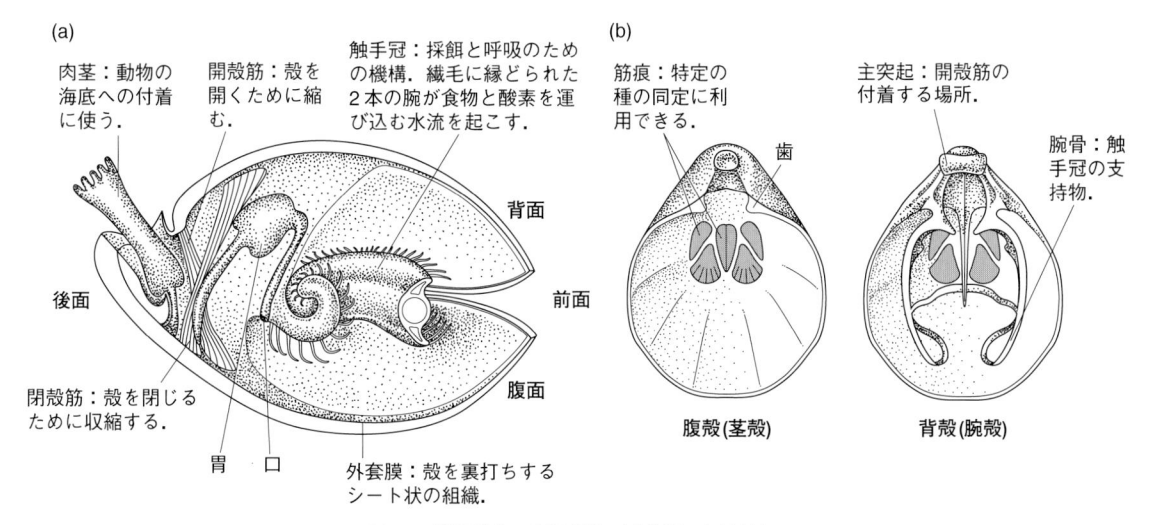

図 6.1 腕足動物の内部形態．(a)軟部，(b)硬部．

外 部 形 態

腕足動物の殻は付加成長する．鉱化する物質は殻の内側をおおう外套膜から分泌される．リンギュラ類はリン酸塩質，クラニア類とリンコネラ類は石灰質を分泌する．クラニア類とリンコネラ類の殻は層構造で，層に対して直角に細い管状構造がある場合がある．この管状構造は**殻孔**（punctae）とよばれ，腕足動物の薄片を同定する際に役立つ特徴である．腕足動物の外部形態で重要な外観は殻の形状，殻の彫刻模様と蝶番域の型である（図6.2）．

腕足動物の形状は殻の湾曲で決まる．軟部を収容するため，少なくとも1つの殻は常に凸状である（断面はまるみのある形状になる）．両方の殻が凸状で（双凸），まるみの程度が同じ場合と異なる場合がある．そのかわりとして，一方の殻が平ら，あるいは凹状（内方に湾曲）の場合もあり，殻の側面観に変異を示す．一般に，腕足動物には外部表面組織があり，嘴部から放射する肋，成長線やひだなどの形をとったりする．

殻が合わさる線（合わせ目）は直線のものと波形のものがある．また，中央の深い溝（縦溝）とそれに対応する隆起部（褶）がある場合もある．蝶番域は腕足動物の分類に極めて重要で，蝶番線には直線的なもの（**ストロフィック** strophic **型**）と湾曲しているもの（**アストロフィック** astrophic **型**）がある．殻の成長の始まりを示す尖端は嘴部として知られ，各殻に1つある．嘴部と蝶番線の間の部分は間面として知られ，平らなものと湾曲しているものがある．一部の腕足動物では嘴部がより顕著で，湾曲して突き出ている．この場合，後端は殻頂とよばれる．

肉茎のための孔は茎孔とよばれ，1枚の板（三角板）または2枚の板（三角双板）で閉じられていることがある．一部の腕足動物では，肉茎のための開孔部は丸い穴というよりは切り欠きめいたものになっている（三角孔）．この割れ目は背殻まで伸び（背孔），開孔部が広くなっていることがある．

表在性の腕足動物では，殻の主要な機能は食物を含む海水を外套腔の中に導き，この養分に富んだ水流が老廃物を含む排水で汚染されるのを制限し，開いた殻を通って堆積物が殻内に入るのを防ぐことにある．大部分の腕足動物では，摂食用に取り込む海水と老廃物を含む排出される海水は殻の異なる部分を流れる．殻の形状と触手冠の方向によって，腕足動物では特定の型の水流が生まれる．腕足動物の殻にある中央の褶と縦溝の発達が，入ってくる水流と排出される海水を分離し，放出した海水を再濾過する危険性を低くするのを助けたかもしれない．

腕足動物の殻にみられるもうひとつの改良は小鈍鋸歯状，つまりジグザグな合わせ目の発達である．殻を開いた状態のとき，合わせ目には開いた部分の長さを増す効果，したがって，呼吸に携わる外套膜の表面積を増す効果があり，殻を開きすぎて不必要な懸濁堆積物のより大きい粒子が外套腔に入らないようにすることも可能になっている．

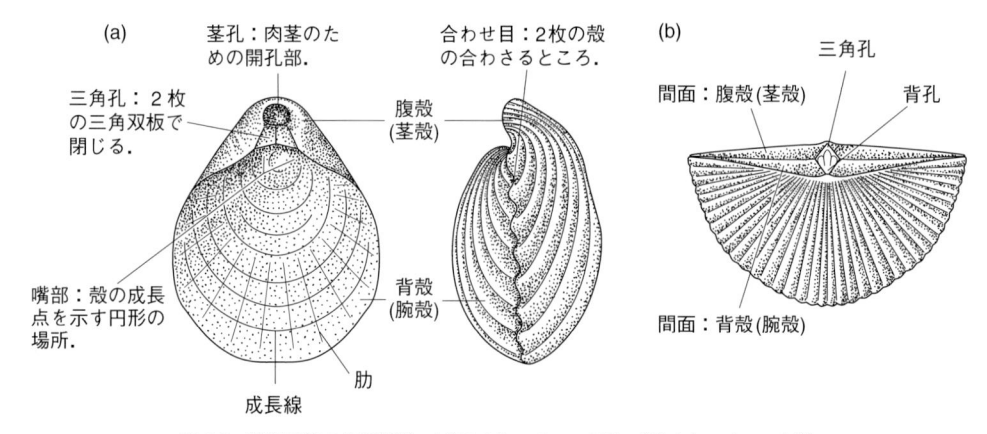

図6.2 腕足動物の外部形態．(a)アストロフィック型，(b)ストロフィック型．

腕足動物の生態と古生態

すべての腕足動物は底生の海生動物である．濾過食者である腕足動物は活動的に餌を捜すことはなく，大部分の腕足動物は底質の上，あるいは部分的に底質に埋まった状態で生息する．腕足動物は食物と酸素をもたらし老廃物を運び去る水流に依存している．大部分の現生腕足動物は硬い底質に固着しているが，化石種ははるかに多様化しており，環境に合うように殻の形状や固着構造を適応させ，様々な底生環境を活用していた（表 6.2）．

オルドビス紀以来，形態が変化していないため「生きた化石」とよばれるリンギュラ（*Lingula*）は，軟らかい堆積物に入っていく際，肉茎を支柱として使うことで，体前部を先にして穴を掘ることができる．リンギュラは殻を回転させたり前後左右に動かして堆積物中を押し進み，U 字型の穴を造り，堆積物と海水の境界面で摂食にとって正しい向き，つまり，肉茎がたれ下がった向きになるようにする．部分的にもぐり込む他の腕足動物は堆積物中に着座し，腹殻の棘で固定されていたり，あるいは蝶番を覆う堆積物で安定を保っていた．

がっしりして強い肉茎をもつ腕足動物（大きい茎孔で示される）は硬い底質を必要とし，触手冠を通過する水流を最大限にするために殻を傾けることができた．一部の種にみられる褶と縦溝は水流を入ってくるもの（養分に富む）と出ていくもの（排泄水）とに分離していたかもしれない．化石腕足動物は被覆したり膠着したりしたことも知られている．被覆性の腕足動物の殻の形状は固着表面の性質を反映していた．一部の腕足動物には茎殻の殻頂に筋痕があり，幼体時に固着していた位置を示している．安定を保てるぐらい殻が十分に成長すると，その腕足動物は固着しない生活様式を採った．ペルム紀に生息した一部の腕足動物の形態はサンゴ類に類似し，支柱のような棘が腹殻の頂部に付いていた．この棘は堆積物中に埋まったり，硬い底質に膠着して，殻を安定させていた．このような型では背殻が縮小し，腹殻を覆う円形の蓋になっていた．このような腕足動物は密集したサンゴ類のような群集で暮らしていた．このような腕足動物の実験用モデルでは，背殻の開閉で，水流が背殻の前方域から入り，老廃物は横へ流れ出たことを示している．この推測は表在動物相——殻に膠着した片利共生動物の分布によって支持されている．これらの共生動物は水流が取り込まれる前面域に集中していた．しかし，より最近の研究では，これは間違いかもしれないと示唆されている．背殻が底質に膠着した状態の，見たところ生時の位置にあるひとつの標本が発見された．明らかに，この腕足動物の殻は開閉できなかっただろう．繊毛のポンプのような動きが水を取り入れ，老廃物を排出していた可能性がある．

閉じた肉茎開孔部をもつ固着しない腕足動物は海底上に横たわっていなければならず，これはかなり不安定な生活様式だった．一部のこのような腕足動物には大きい台皿状の殻があり，体重を均一に分布するのに役立っていた．他の適応には，錨の役をする腹殻表面上の棘や，殻に堆積物が入らないようにするのを助ける合わせ目沿いの棘などが含まれる．

表 6.2 腕足動物の生活様式と形態．

生活様式	殻の形状	底質	例
埋在			
潜穴	平滑	軟	リンギュラ（*Lingula*）
半埋在（部分的に潜穴）	腹殻に棘	硬い底質の上に重なった軟らかい堆積物	コキプロダクタス（*Kochiproductus*）
表在			
肉茎で付着	茎孔	硬	マゲラニア（*Magellania*）
被殻	閉じた茎孔，不規則な腹殻	硬	クラニア（*Crania*）
膠着	閉じた茎孔，腹殻の棘，殻頂の筋痕	硬	コノステゲス（*Chonosteges*）
付着しない	閉じた茎孔，台皿型	硬または軟	ラフィネスクイナ（*Rafinesquina*）

群集古生態学

　腕足動物の群集に関しては，これまでにも多くの研究がなされている．古生態群集は生息していた場所に保存された生物群集の遺物を表す化石群集である．化石腕足動物の群集は古環境，特に底質の型と水深の有益な指標になる．動物相分布に対する支配の理解を助けるためや古環境を復元するために，多くの研究で腕足動物が用いられてきた．これらのうち最も有名なもののひとつが英国，ウェールズ（Wales）のシルル紀前期の研究である．腕足動物が優位を占める5つの群集が同定され，種の多様性と相対的な豊富さに関して記載された．これらの群集は古海岸線に平行した同心円状の環状地帯を形成していた（図6.3）．これらの群集は性質は異なるが，潮間帯から深い海盆までの水深の変化とともに，互いへと徐々に変化している．海岸に最も近い群集は最も多様性が低く，干潟に生息するリンギュラ類腕足動物のリンギュラが優位を占めていた．より外側の大陸棚にある，最も遠位の群集が最も多様化していた．個々の古生態群集は腕足動物のひとつの特定の属で特徴づけられる．その分布は主として水深と関連があったと論じられているが，水圧・塩度・底質の質などの他の関連要素も腕足動物の分布に影響を及ぼしたかもしれない．代案として，水深が増すにつれて下がる水温が主に支配したことも示唆されている．

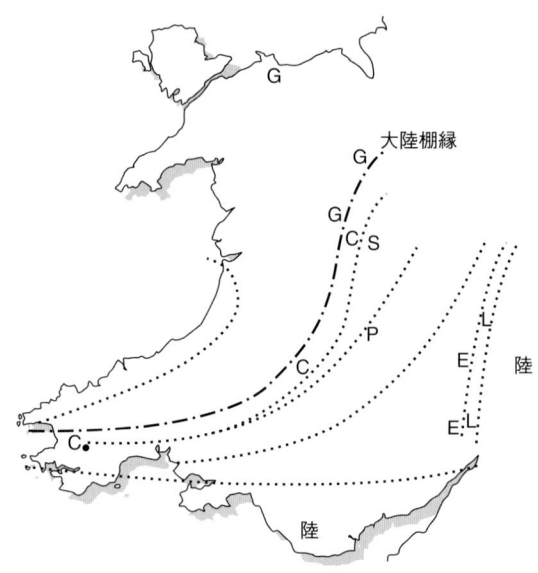

図 6.3 シルル紀前期の岩石産の腕足動物古群集．C：クロリンダ（*Clorinda*），E：エオコエリア（*Eocoelia*），G：筆石類の泥/大陸棚縁，L：リンギュラ（*Lingula*），P：ペンタメルス（*Pentamerus*），S：コストリックランディア（*Costricklandia*）．

腕足動物の進化

　腕足動物はカンブリア紀初期に生じ，3つの亜門はすべてこの時代から知られ，今日も生存している．カンブリア紀には，リンギュラ類とクラニア類が数のうえでリンコネラ類にまさったが，それ以降はリンコネラ類が優位を占めている．オルドビス紀初期，リンコネラ類は大放散を経験したが，大陸の分裂に関連した新しい生息域が開けたことに応じたものだったと考えられる．リンコネラ類はオルドビス紀末まで繁栄し続け，オルドビス紀末の氷河作用で多様性が著しく減少した．しかし，腕足動物では重大な絶滅はなかった．リンコネラ類の放散はシルル紀を通して続いたが，リンギュラ類とクラニア類の多様性は一般に減少した．

　全般的な腕足動物の放散はデボン紀に起こり，この時代に多様性が最大に達した．しかし，デボン紀後期までには多様性と豊富さのうえで全般的な減少があり，リンコネラ類の重要な複数の目が絶滅している．石炭紀とペルム紀の間にリンコネラ類は再び多様化する．サンゴ類のような型の腕足動物や，棘のある腹殻をもつ半埋在の腕足動物など，最も変わった，目を見張るタイプの一部腕足動物が存在したのはこの時代だった．しかし，古生代後期を通して腕足動物はゆっくり衰退し，地球史上で最大の大量絶滅であるペルム紀末の絶滅で，古生代の腕足動物グループの中で優位を占めていたものが姿を消した．

　中生代には，全般的に，腕足動物の二枚貝類との交替がみられた．二枚貝類はそのよく適応した水管によって埋在の生活様式を活用し，腕足動物には得られない環境を占めることができた．二枚貝類との競争，あるいは腕足動物の捕食者の隆盛の結果，腕足動物は衰退し，古生代に占めていたその地位を取り戻すことはなかった．そして，現代の動物相へ移行できたのは少数の腕足動物だけだった．今日生き延びている腕足動物は，過酷な環境を活用する傾向がある．リンギュラは潮間の干潟に生息し，他の大部分の現生腕足動物は深海でみられる．

リンギュラ（*Lingula*）

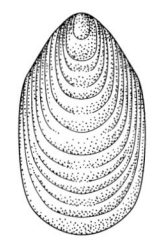

リンギュラ類腕足動物　オルドビス紀〜現世

　小型（嘴部から前縁まで約 2cm）のなめらかでリン酸塩質の腕足動物．オルドビス紀以来，形態が大きく変わっていないため「生きた化石」として知られる．完全に埋在で，前縁を堆積物と海水の境界面近くに保ち，穴の中で生息する．この腕足動物は肉茎で泥に固定されており，殻を回転させて堆積物中を進む．現代のリンギュラは主に辺縁の生息域を活用しているが，リンギュラの化石は大陸棚や海盆環境からも知られている．

マゲラニア（*Magellania*）

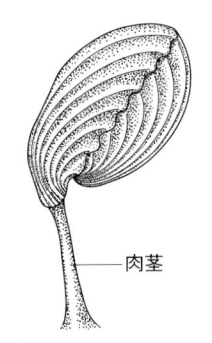

肉茎

リンコネラ類腕足動物　三畳紀〜現世

　この現世の腕足動物はオーストラリアと南極の海の水深 12〜600m に生息する．肉茎の開孔部から前縁までは約 3cm．がんじょうな肉茎を使い，硬い底質に固着する．肉茎は茎として働き，腕足動物を固着した底質から持ち上げている．触手冠は背殻の蝶番域に付いている石灰質の特徴的なループ構造で支持されている．この構造は腕足動物化石ではほとんど保存されない．

ギガントプロダクタス（*Gigantoproductus*）

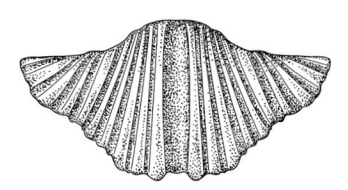

リンコネラ類腕足動物　石炭紀

　この珍しく大型（蝶番の幅は最大 30cm）な腕足動物は非常に軟らかな泥の中に生息していた．その成体は棘のある腹殻が堆積物に埋まった状態の，半埋在で生息していた．前縁は上方に湾曲し，堆積速度に合わせ非常に速く成長した．この前縁が保存されていることはまれで，腕足動物の見かけ上の大きさは小さくなる．

ペンタメルス（*Pentamerus*）

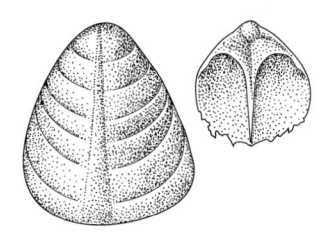

リンコネラ類腕足動物　シルル紀

　ペンタメルスはシルル紀の腕足動物の中で，最もよくみられるもののひとつである．両方の殻が強い凸状のため，かぎ状に曲がった嘴部をもち，特徴的なまるみを帯びた殻をもつ．一般的には，肉茎嘴部から前縁まで 5cm．広い三角孔が大きな肉茎をもっていたことを示す．腹殻内では筋肉は小椎板とよばれる特徴的な筋肉の台座に付着し，筋肉は殻の内部表面から持ち上がっていた．通例，この付着物は保存されており，垂直の小椎板で二分された前方の三角形は矢印状になる．このことから，ペンタメルスが密集するシルル紀の堆積物に，地元では「政府の岩石（government rock）」という語が付いている．［訳注：イギリス政府の支給した囚人服の小さな矢印模様がペンタメルスの化石に似ていた．］

スピリファー（Spirifer）

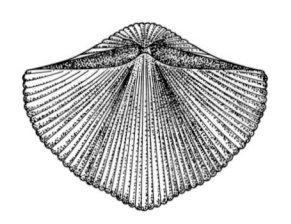

リンコネラ類腕足動物　デボン紀〜ペルム紀

長く，まっすぐな蝶番線（長さ2〜7cm）のある三角形の腕足動物．大きい三角孔はこの腕足動物が底質に固着して生息していたことを示している．この腕足動物は褶と縦溝により，養分に富んだ入ってくる海水と老廃物を含む排水とを分離できた．この腕足動物の三角の形状はその内部形態と関連している．触手冠は蝶番線に平行な軸をもち，2つの相称のらせんを支持している．このらせん状腕骨により，触手冠はらせんの外部から内部に海水を濾過できた．

テトラリンキア（Tetrarhynchia）

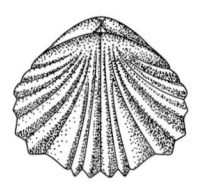

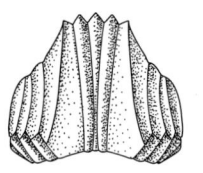

リンコネラ類腕足動物　ジュラ紀

短い湾曲した蝶番をもつこの小型（腹殻嘴部から前縁まで2cm）の腕足動物には強い肋があり，背殻には特徴的に深い褶が，腹殻にはそれに対応する縦溝がある．ジグザグの合わせ目により，この腕足動物は2つの殻の間の開きの面積を増し，その結果，養分摂取を増すことができる一方，より大きい粒状物質が入るのを制限することができた．この腕足動物は小さい肉茎で底質に固着していた．

プロリヒトホーフェニア（Prorichthofenia）

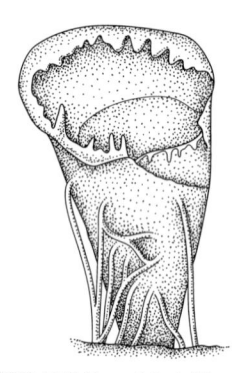

リンコネラ類腕足動物　ペルム紀

サンゴ類のような形をした，より変わった腕足動物のひとつで，高さは約6cm．この腕足動物は腹殻の頂部にある棘で堆積物に固着し，その棘は前縁を縁取ってもいた．背殻はほぼ円形で（直径約1.5cm），円錐形の腹殻内に隠れていた．他の円錐形の腕足動物と同様，プロリヒトホーフェニアは礁のような群集を形成していた．

コラプトメナ（Colaptomena）

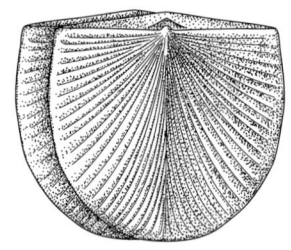

リンコネラ類腕足動物　オルドビス紀

ストロフィック型の蝶番線（長さ約2.5cm）をもち，平べったいが，片面が凹で，片面が凸の殻をもつ腕足動物．肉茎の開孔部はなく，湾曲した表面が上方を向いた状態で，海底に固着せず生息していた．殻が閉じたときの内部容積は極めて少なかった．蝶番は部分的に堆積物中に埋まり，その腕足動物の安定を助けた．

7 棘皮動物
Echinoderms

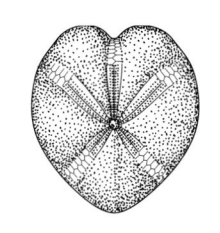

- 棘皮動物は独特な水管系をもつ多様な動物である．
- 棘皮動物の分類には問題があるが，6つの主要な綱に分けられる．
- 化石ウミユリ類の大部分は茎で底質に固着して生息していた．通常，現生ウミユリ類には茎がない．
- 放射状の棘皮動物，ヒトデ，クモヒトデは化石記録に乏しいが，現生の種類はごく普通にみられる．
- 棘皮動物の形態は生活習性を強く反映している．

棘皮動物は多様で，化石のよくみられる海生動物である．現生棘皮動物にはヒトデ類，ナマコ類やウニ類が含まれる．化石の型は，よりいっそう異なってさえいる．棘皮動物にはたくさんの特有な特徴がある．

1　水管系(water vascular system)：この独特な内部機構は棘皮動物の活動の大部分を調整している．動物体内の海水は放射状の管系で運ばれる．管足は運動のための主要器官である．管足は採餌と呼吸にも適応しており，感覚触手としての働きもできる．

2　内骨格(endoskelton)：棘皮動物には多孔質の小さい板(骨片)で形成された内骨格(殻)がある．個々の骨片は高マグネシウム方解石の単結晶で，複雑で立体的な桿状の骨組(ステレオム)で形成されている．この格子内の空間は軟組織でみたされている．軟組織があることで斑入りの外見になり，また，個々の骨片を形成する単結晶が一律の光学特性をもつため，棘皮動物の骨片は薄片で同定しやすい．骨片は生きている組織でつながって殻を形成しているため，動物は脱皮しないで成長することができる．

3　相称(symmetry)：多くの棘皮動物は五放射相称だが，一部のグループには二次的に負荷された左右相称がある．通常，この放射相称は，全方向から採餌する固着性のグループから進化した動物と関連がある．棘皮動物が五放射相称を発達させた理由はわかっていない．

水管系と棘皮動物の生活様式

棘皮動物は極めて多様なグループで，様々な採餌戦略と生活様式を示す．この多様化の大部分は放射相称と可動性の組み合わせに帰することができる．放射相称の動物は全方向の環境と交流することができ，結果として，通常は懸濁物食者または受動的捕食者である．こういった生活様式を示すものが五放射相称をもつ棘皮動物である．水管系からは可動性も得られるため，棘皮動物は**埋在性**の堆積物食者，**表在性**の擦食者，または活動的捕食者として暮らすことができる．

水管系は液体の入った管で付属肢(管足)を伴い，**管足**(tube feet, podia)は棘皮動物の内骨格にある多孔質の板(歩帯)を通して突き出ている．管足は運動，採餌，呼吸に使われ，感覚機能を果たしている可能性もある．大部分の棘皮動物では多孔質の特殊化した板である**多孔板**(porous plate)を通り，海水が体内の管に入る．水管系の中にある液体は体液と海水の混合物である．管足を伸ばすのは体内の主要な管から液体を排出する水力学的な体制による．すべての管足を同時に伸ばしたり引っ込めたりはできない．水管系構造と棘皮動物の生活様式の相関関係を表7.1に示した．

表 7.1 水管系と棘皮動物生活様式の関係．

水管系	生活様式
ウミユリ類 ウミユリ類の水管系は外部とは接触せず，その水管は完全に体液でみたされている．水管は各腕沿いに中央の輪管から広がっている．現生のウミユリ類では腕の数は最高200本に達し，枝分かれすることもある．体内の水管はそれぞれの腕と腕側面の枝(羽枝という)を通っている．管足は上面から突出し，高度の運動性をもち，採餌と感覚機能を果たしている．	ウミユリ類はその腕と羽枝を水流に直角になるよう扇型に広げ，底質に固着して暮らしている．その管足は懸濁物食に使われる．管足は食物粒子を捕らえ，それを口へ通じる栄養溝へ渡す．これが水管系の本来の機能であろう．
ヒトデ類 ヒトデ類では海水は多孔板を通して水管系へ取り込まれる．それぞれの腕には管足をもった放射状の水管があり，管足はヒトデ類の下面に突出している．管足の端はしばしば扁平で，吸盤を形成する．管足は，主として運動と採餌中の獲物の保持に使われる．	ほとんどのヒトデ類は腐食者か，機会があるときは肉食者でもある．肉食のヒトデ類は，その獲物を消化するため，胃の一部を外翻させる．管足は，消化に必要な長期間，ヒトデ類と獲物を正しい位置に保持している．懸濁物食者としてのヒトデ類はその管足で食物を捕らえる．
クモヒトデ類 クモヒトデ類はヒトデ類に似た水管系をもつが，その管足は非常に異なり，より長く，吸盤をもたず，ねばねばした粘液を分泌する．この仲間では管足は採餌や掘穿の機能をもち，また，感覚器としても働く．	クモヒトデ類は多様な採餌戦略をもっている．一部のクモヒトデ類は堆積物から有機物質を採取するためにその管足を使う．多くの種は懸濁物食者である．一部のものは浮遊する食物粒子を捕らえる粘液糸の網を分泌し，また一部のものは有機物質を捕らえるために管足を使う．捕食者としてのクモヒトデ類は，獲物を罠にかけるため，管足を使って粘液を張った浅い巣穴を掘る．
ウニ類 ウニ類はヒトデ類に似た組織をもっているが，側方の水管は体の側面に広がっている．まるでヒトデ類の各腕を，腕の下面を外側にして，その先端で結び合わせたようである．ウニ類は管足が突き出るための孔のある特殊化した板をもっている．その管足は運動，採餌，付着を含む多くの機能に役立っている．	ウニ類は広範な生活様式を開発している．あるものは底質から藻類をかきとり，他のものは巣穴で暮らし，特殊化した管足で堆積物から食物材料を選り分け，それを口に運ぶ．タコノマクラ類は食物粒子を採取するために，粘液で覆われた管足を使い，一部の種は浮遊する有機材料を捕らえるため管足を使用する．
ナマコ類 ナマコ類の水管系は他の棘皮動物に似ているが，長い体に合わせて構成されている．まるでウニ類が垂直に引き伸ばされ，口が側面にくるように横になったようである．体の上面と下面に沿って放射状の水管が広がっているが，一部の種では上面の管足がなくなっている．	ほとんどのナマコ類は懸濁物食者か堆積物食者である．懸濁物食者は食物粒子を捕らえるために枝分かれした触手を使う．堆積物食者は底質を横切って這い歩き，有機物に富んだ堆積物を摂取するため管足を使う．少数の深海型のナマコ類は歩くための長い管足をもっている．一部の隠生種は隠れる場所に自身を固着するため管足を使う．

分　類

棘皮動物の分類には問題がある．本質的に，棘皮動物は性質の異なる2つの亜門，すなわち，有柄亜門(固着型)と遊在亜門(移動性棘皮動物)に分けられるかもしれない(表7.2)．最も重要な有柄類はウミユリ類で，遊在類の主要グループはヒトデ類，クモヒトデ類，ウニ類とナマコ類になる．

表 7.2　主な棘皮動物綱の特徴．

有柄類	
ウミツボミ綱	通常，茎で底質に付着している棘皮動物．萼部は壺状で，特殊化した呼吸構造が入っている．食物を集める付属肢(腕)は小さく，枝分かれせず，萼部の外側の板に付着している．オルドビス紀中期〜ペルム紀後期．
ウミユリ綱	扁平な上蓋に覆われた椀状の萼部をもった，通常，茎のある棘皮動物．食物は萼部上部にある板に付着している腕によって集められる．腕は枝分かれしていることがあり，側面に羽枝を帯びていることもある．オルドビス紀〜現世．
遊在類	
ヒトデ綱	通常，5本の腕をもつ星型の棘皮動物．大きな管足の列が，不明瞭な中央部の円盤から，腕の下面に沿って広がっている．口は下面に位置する．ほとんどのヒトデ類は捕食者か腐食者である．オルドビス紀前期〜現世．
クモヒトデ綱	明瞭で大きな中央部の円盤から広がる，5本のほっそりした腕をもつ星型棘皮動物．管足と口は下面に位置する．オルドビス紀前期〜現世．
ウニ綱	多くの融合した方解石の板でできた，球形または扁平の殻の中に体が入っている棘皮動物．管足は5列の多孔質の(歩帯の)板から出る．口は，通常，殻の下側に位置する．オルドビス紀〜現世．
ナマコ綱	筋肉質で長い体をもつ左右相称の棘皮動物．内骨格は非常に退化し，体壁に極めてわずかな小さな骨片が埋め込まれている．オルドビス紀前期〜現世．

進 化 史

すばらしい化石記録にもかかわらず，棘皮動物の進化史ははっきりしない．棘皮動物の幼生の形態を比較したいくつかの研究を用いて，棘皮動物門内の進化上の類縁関係が樹立された．しかし，例えば，クモヒトデ類とウニ類，両者の幼生の類似点は必ずしもこの2つの綱が特に近縁であることを示唆するわけではなく，どちらの綱でも，幼生がプランクトン的な生活様式を採ったことに対して同じ適応を獲得したことを示している．したがって，幼生の類似性は成体の棘皮動物の系統的類縁関係を必ずしも示すものではない．

棘皮動物はカンブリア紀前期から知られている．最初の真の棘皮動物は螺旋状に板のある**螺板類**(helioplacoids)だったかもしれない．この動物には他のすべての棘皮動物グループに特有な五放射相称がなかった．しかし，内骨格は後の棘皮動物が共有する独特な**ステレオム構造**(stereom structure)を示す骨片で形成されていた．したがって，螺板類はすべての棘皮動物の祖先グループと考えられるかもしれない．このグループから主要な2群が分かれた．結果として，ウミユリ類などと棘皮動物の他の綱——ヒトデ類，クモヒトデ類，ウニ類，ナマコ類の2系列が生まれたのである．ウミユリ類は固着性の懸濁物食者であるのに対し，他の棘皮動物グループでは管足は主として運動に使われる．棘皮動物の多様性は古生代中期に最大に達した．ウミユリ類はオルドビス紀初期に出現し，古生代で優位を占める棘皮動物の種だった．ヒトデ類とクモヒトデ類は同時代に生じた．古生代以来，これらの綱では主要な形態上の新機軸が全くない．ウニ類は中生代に1回の主要な多様化を経験した．ナマコ類はウニ類に近縁と考えられるが，ナマコ類の化石記録は貧弱で，その結果，両者の類縁関係を決めるのは困難である．

ウミユリ類の形態

ウミユリ類はオルドビス紀初期に起こり，今日まで続いている．ウミユリ類が最も豊富だったのは古生代である．大部分の化石ウミユリ類は茎で底質に固着し，浅い水深の環境を占めていた（図7.1）．現代のウミユリ類は分布がより広範で，熱帯の礁から極緯度の冷たく，深い水深の所まで様々な生息域に生きている．礁に生息するウミユリ類は茎がなく，這うことや泳ぐことができ，密集した集団で生息する．それほど豊富でない，より深い水深に生息する型には茎があり，化石ウミユリ類に似ている．

すべての現生ウミユリ類は受動的な懸濁物食者である．腕と羽枝は濾過用の扇になるように配置され，口は下流に面している（図7.2）．細かい食物粒子は扇全体にわたって細かい網を形成する管足で捕えられ，口に運ばれる．現生ウミユリ類の共存している種にみられる腕の分枝様式の分析は，分枝方式が異なると集める粒子の大きさが異なることを示している．単純で羽枝のない腕をもつ初期のウミユリ類は，濾過用の扇を形成できなかったと考えられる．古生代のウミユリ類の大部分は現代の型ほど柔軟でなかった．したがって，おそらく扇の向きを変えられなかっただろう．

底質近くの動きがより遅い海水から，海水の動きがより速い上方域へ，茎は濾過用の扇を持ち上げている．現代の茎のない一部のウミユリ類はサンゴ類の上部または突起した岩石に固着することで，より速い水流の中で採餌している．

萼部：茎と腕をつなぎ，生体器官を内包する．萼部は輻板，基底板，下基底板とよばれる一連の板で形成されている．
［一輪型ウミユリ類］茎と輻板の間に一組の板，つまり基底板をもつもの．
［二輪型ウミユリ類］基底板と茎の間に付加的な板の組，つまり下基底板をもつもの．
一部のウミユリ類では腕の下部が萼部の中へ組み込まれている．これらの板は固定された腕板として知られている．腕板の間の空間は間腕板がみたす．

羽枝：表面積と濾過用の扇の効率を増す，分枝していない拡張部．

腕：ウミユリ類の腕は萼部から四方に広がる．5本の腕が萼部の輻板に付着している．通常，腕は基部で少なくとも1回分枝する．個々の腕は一連の腕板からできている．

茎：コラムナルとよばれる一連の骨片から形成されている．コラムナルは弾性のある靭帯で結合され，茎は撓曲性がある．ウミユリ類が死ぬと，これらの靭帯は急速に腐敗し，茎は個々の骨片に分解して，石灰岩のよくある構成要素になる．一部のコラムナルは平滑だが他のものは連結して，茎のねじれに抵抗するように適応している．

固着器官：一部のウミユリ類は硬い底質に膠着し，他のものは根のような構造で定着した．この例では，茎の遠位部分が固定したコケムシ類に巻き付いている．

図7.1 オルドビス紀のウミユリ類ピクノクリヌス（*Pycnocrinus*）．

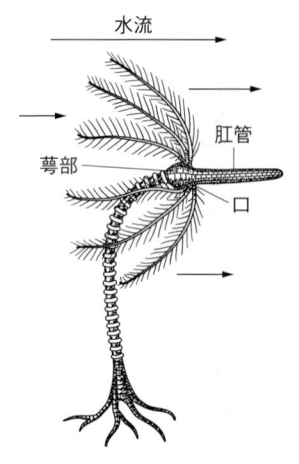

図7.2 ウミユリの採餌の復元．

ウミユリ類の進化

最初の真のウミユリ類はオルドビス紀初期に出現した．その後，急速な多様化が起こり，古生代の主要なウミユリ類グループのすべてがオルドビス紀中期までに確立された．古生代のウミユリ類の大部分は茎で底質に固着していた．オルドビス紀末の絶滅の結果，シルル紀初期のウミユリ類動物相は激減した．その後，ウミユリ類は再放散し，その多様性は石炭紀初期に頂点に達した．

中生代の始まりには，ウミユリ類の豊富さと多様性は壊滅的に下降していた．古生代の大部分のグループは絶滅し，1つのグループだけが中生代まで生き延びた．三畳紀の間にウミユリ類は多様化し，新しいグループが確立された．茎のない型は三畳紀後期に初めて出現し，ジュラ紀にその優勢の度合を増した．一部のグループは三畳紀末の絶滅事件で影響を受けたが，そのとき以来，ウミユリ類は多様性や豊富さの大きな変化なしに今日まで続いている．

ヒトデ類

　ヒトデ類はとても特徴的な棘皮動物である．大部分のヒトデ類には5本の腕があり，棘皮動物に典型的な五放射相称を示す．口と管足は下面にある．管足は腕沿いに数列に並び，口は中央にある(図7.3)．ヒトデ類は大食の腐食者および捕食者で，特に二枚貝類を捕食する．一部の種は胃を外翻することができる．特殊化した管足を使って二枚貝類をこじあけた後，殻の中に胃を突き入れ，殻内の軟組織を消化する．

　ヒトデ類の骨格(殻)は極めて撓曲性がある．殻は互いにしっかりとは結合していない方解石の小板で形成されている．結果として，死後，殻は速やかにばらばらになり，同定できるヒトデ類化石はとてもまれである．

　顕生代の大部分を通じ，ヒトデ類は重要な捕食者である．二枚貝類の組み合わさる殻は，オルドビス紀後期とシルル紀初期に捕食性のヒトデ類が広まったことに応じて発達した可能性がある．ヒトデ類の捕食は，ペルム紀末の大量絶滅後に腕足動物が再放散し損ねた原因でもあるだろう．

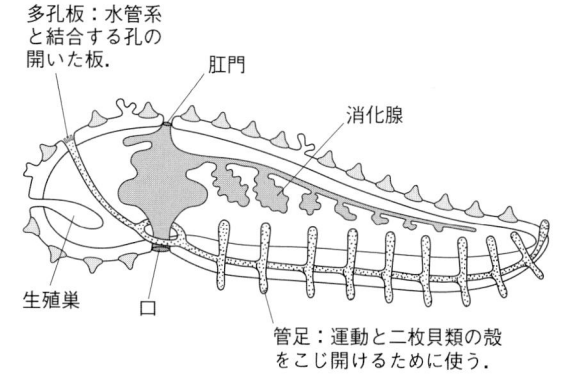

図 7.3　ヒトデの垂直断面．

クモヒトデ類

　クモヒトデ類は星形の棘皮動物で，特徴的な中央の円盤から5本の細い腕が放射している(図7.4)．腕は極めて柔軟性があり，特殊化した脊椎のような板で形成されている．口は盤中央の下面にある．

　クモヒトデ類は腕で食物を集める．腕は極めて可動性があり，腕の動きを協調させることで，比較的速く這うことや泳ぐことができる．一部の種は浅海に生息するが，大部分は捕食者がより少ない，より深い水深(500m以上)の環境を好む．

　クモヒトデ類の化石記録は貧弱である．骨格が分解しやすく，完全な標本は極めてまれである．クモヒトデ類はオルドビス紀初期に起こり，それ以来，骨格構造はほとんど変わっていない．現代のクモヒトデ類は非常に多様で，現生棘皮動物で最大の綱を形成している．

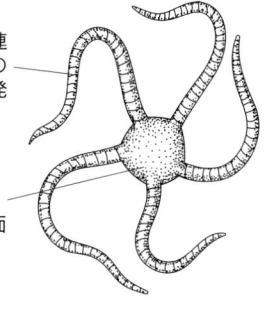

図 7.4　クモヒトデ類の形態．

ウニ類の形態

ウニ類には多数の固定された方解石の板からなる丈夫な内骨格(殻)がある．腕のかわりに穴のある複数の板(**歩帯** ambulacra)で形成された5つの細い帯状部が殻にあり，管足はそこから出てくる．この多孔性の部分と，穴のないより広い域(**間歩帯** interambulacra)が交互になっている．肛門は上面(反口側)にあり，板の二重の輪が肛門を囲んでいる(図7.5)．口は下面(口面)にある．殻の外面は棘と叉棘でおおわれている．叉棘は鋏のある小さい棘で，ウニ類に住みつく生物を取り除く(図7.6)．

ウニ類は，まるい形の**正形ウニ類**(例えば，ホンウニ類)と平らでハート形の**不正形ウニ類**(例えば，タコノマクラ類，ブンブク類)に分けられる．正形ウニ類は常に堆積物の表面に生息し，通常，「アリストテレスの提灯」として知られる複雑な顎器を使い，岩から海草をはぎ取り餌にする．関節した棘で，動物は底質上をゆっくり移動することができ，これは管足によって助けられる．不正形ウニ類は穴で生息することがしばしばで，不正形ウニ類の棘は一般的により短く，間隔がより密である．管足は高度に変化を起こしており，一部は穴掘りに使われ，一部は呼吸に適応し，動物と堆積物の表面をつなぐ管を形成している．

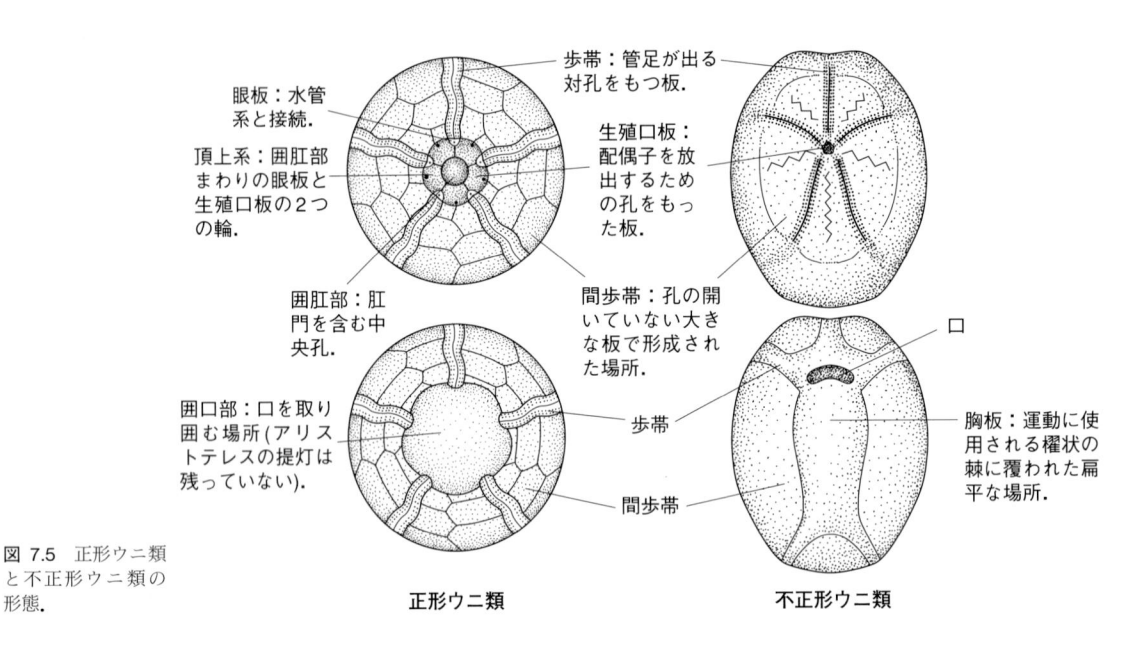

図 7.5 正形ウニ類と不正形ウニ類の形態．

図 7.6 ウニの垂直断面．

ウニ類の生態

ウニ類は3つの主要な生活習性を活用しており、これは3つの極めて特徴的な形態で表される(表7.3, 図7.7)。

表 7.3 ウニ類の生活習性と形態。

	表在	浅い埋在	深い埋在
生活様式	潮間帯や浅い下干潮帯の環境で、腐食者または擦食者として、底質表面で暮らしているウニ類。	高エネルギー環境下で移動する砂に、急速に穴を掘ることのできるウニ類。	低エネルギー環境で、構造的な半永久的巣穴をつくるウニ類。
形態	まるみのある殻と放射相称の正形ウニ類。肛門は上面にあり、口は殻の下側で、ちょうど反対側にある。	非常に扁平で、左右相称の殻をもつ不正形ウニ類。歩帯は花紋状。肛門と口は下面にある。	ハート型、左右相称の殻をもつ不正形ウニ類。歩帯は花紋状。肛門は殻の後縁にある。

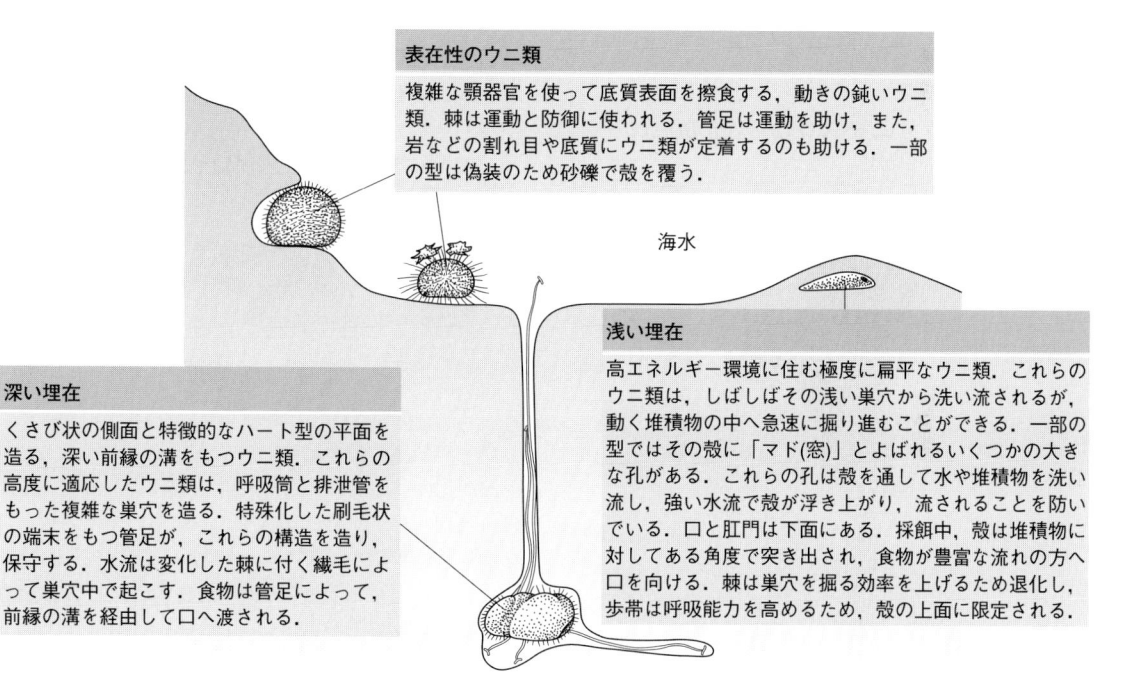

表在性のウニ類
複雑な顎器官を使って底質表面を擦食する、動きの鈍いウニ類。棘は運動と防御に使われる。管足は運動を助け、また、岩などの割れ目や底質にウニ類が定着するのも助ける。一部の型は偽装のため砂礫で殻を覆う。

海水

浅い埋在
高エネルギー環境に住む極度に扁平なウニ類。これらのウニ類は、しばしばその浅い巣穴から洗い流されるが、動く堆積物の中へ急速に掘り進むことができる。一部の型ではその殻に「マド(窓)」とよばれるいくつかの大きな孔がある。これらの孔は殻を通して水や堆積物を洗い流し、強い水流で殻が浮き上がり、流されることを防いでいる。口と肛門は下面にある。採餌中、殻は堆積物に対してある角度で突き出され、食物が豊富な流れの方へ口を向ける。棘は巣穴を掘る効率を上げるため退化し、歩帯は呼吸能力を高めるため、殻の上面に限定される。

深い埋在
くさび状の側面と特徴的なハート型の平面を造る、深い前縁の溝をもつウニ類。これらの高度に適応したウニ類は、呼吸筒と排泄管をもった複雑な巣穴を造る。特殊化した刷毛状の端末をもつ管足が、これらの構造を造り、保守する。水流は変化した棘に付く繊毛によって巣穴中で起こす。食物は管足によって、前縁の溝を経由して口へ渡される。

図 7.7 ウニ類の生活習性。

ウニ類の進化

正形ウニ類はオルドビス紀から知られるが、概して古生代にはあまりみられなかった。古生代前期の型は小型傾向があった。一般に、古生代を通して大きさが増した。ウニ類は石炭紀後期に著しく衰退し、いくつかのグループだけがペルム紀末の大量絶滅事件を生き延びた。

ウニ類は中生代初期に豊富さを増し、そのグループはジュラ紀初期に重大な放散を1回経験した。不正形ウニ類はジュラ紀に初めて出現し、白亜紀までにウニ類は様々な埋在の生息域を活用していた。平らなタコノマクラ類は暁新世に初めて出現し、この高度に変化したウニ類はすぐに広域に分布するようになった。

アムフォラクリヌス（Amphoracrinus）

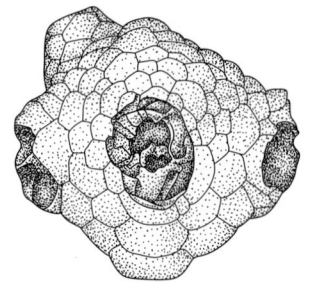

ウミユリ類　石炭紀前期

これは石炭紀のウミユリ類アムフォラクリヌスの萼（がく）である（高さ約4cm）．3つの基底板，5つの輻板と5つの腕板が萼の下部を形成する．板状でドーム型の上蓋が萼を覆い，顕著な肛管がある．まれにしか保存されないが，腕は何度も分枝することが知られている．萼構造全体は堅い．

アピオクリニテス（Apiocrinites）

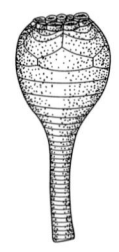

ウミユリ類　ジュラ紀～現世

アピオクリニテスには特徴的な樽型の萼（高さ約4cm）がある．茎は丈夫なコラムナルで形成され，長さ15cmまで達することがある．基部はふくらんで固着器官を形成し，ウミユリ類を底質に膠着していた．このようなウミユリ類は海洋の石灰岩層と関連があり，石灰岩層の表面をおおう生物と共に見つかる．このウミユリ類は丈夫な固着器官だけが保存されることがしばしばである．

ペンタクリニテス（Pentacrinites）

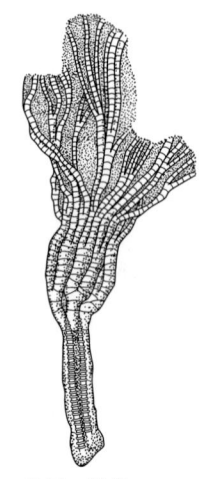

ウミユリ類　三畳紀～現世

このウミユリ類は小さい萼ととても長い腕をもつ．図示した標本の長さは約13cm．例外的に保存されたペンタクリニテスの複数の標本が，英国ドーセット（Dorset）州ジュラ紀前期の泥灰岩で見つかっている．このウミユリ類は流木化石と一緒によくみられる．ペンタクリニテスのこの種は疑似浮遊生物で，浮いている流木に固着して生息していたと提案されている．結局，流木は水がしみ込んで浮力を失い，酸素欠乏の堆積物中に沈み，それによってウミユリ類が保存された．

マルスピテス（Marsupites）

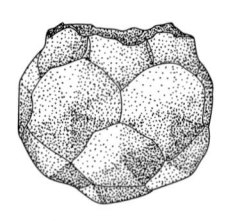

ウミユリ類　白亜紀

白亜紀のこの変わったウミユリ類には茎もどんな形の付属物もない．萼は球状で，多角形の大きい板からなる（成体標本では直径6cmになることがある）．おそらく腕はとても長かったが（最長1m），その正確な長さは知られていない．

マルスピテスはおそらく底生で，白亜紀後期の海底の軟らかくチョーク質の堆積物に萼が埋まった状態で生息していた．

アルカエオキダリス(*Archaeocidaris*)

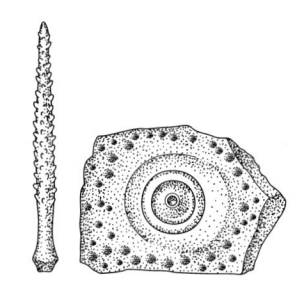

ウニ類　石炭紀前期

　アルカエオキダリスはウニ類のオウサマウニ亜綱に属する．オウサマウニ類は古生代のウニ類で今日まで生き延びている唯一のウニ類である．殻はおおまかに半球状で，細く曲がりくねった歩帯があった．間歩帯の板(上図)には中央に顕著な隆起があった．長くて丈夫な棘(長さ約6cm)が隆起に付いていた．現生のオウサマウニ類は棘を歩行に使う．

ヘミキダリス(*Hemicidaris*)

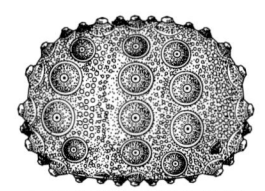

ウニ類　ジュラ紀中期〜白亜紀後期

　この正形ウニ類には放射相称で半球状の殻がある(直径約3cm)．歩帯は狭く，板は小さな隆起で飾られている．間歩帯の板には中央に大きな隆起があり，そのまわりにより小さく，あまり顕著でない隆起がある．長くて頑丈な1本の主要な棘が中央の突出部と関節し，より短い棘が小さい方の隆起に付いていた．棘は防御と運動に使われた．

　このような正形ウニ類は表在動物で，浅い海洋環境と潮間環境に生息していた．

クリペウス(*Clypeus*)

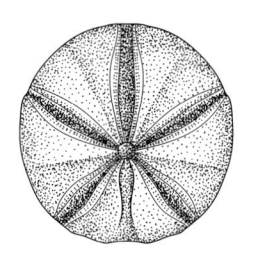

ウニ類　ジュラ紀中期〜後期

　この不正形ウニ類には平らで左右相称の円板状の殻があり，輪郭はまるみを帯びていた(直径約6cm)．歩帯域は完全な花紋状の状態に広がり，長い切り口のような孔がある．肛門は反口側の面の顕著な溝の中にある．口は口面の中央にある．

　クリペウスは埋在性のウニ類だった．リボンのような管足は呼吸への適応だった．

ミクラスタ(*Micraster*)

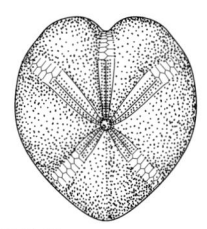

ウニ類　白亜紀後期

　ミクラスタは特徴的なハート形の殻(後方の溝から前縁まで約5cm)をもつ埋在性のウニ類である．歩帯は狭く，やや花紋状である．前方の歩帯は口の方に通じる深い溝に位置している．肛門は後縁に位置している．肛門の下に小さな帯線がある．帯線は水流を起こす部分で，老廃物を排泄管に押し流す．口は下面にあり，前縁の方に位置している．口は顕著な唇部つまり辰板で部分的に覆われている．口の後ろに胸板という平らな部分がある．

　ミクラスタの進化上の変化にはよい記録があり，形態の変化は巣穴の深さと関連づけられる．

8 三葉虫類
Trilobites

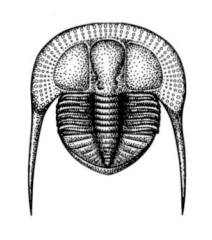

- 三葉虫類は節足動物で，節足動物門は昆虫類と甲殻類を含む．
- カンブリア紀からペルム紀にかけての間，三葉虫類は海洋群集で最も重要な要素のひとつだった．
- 撓曲性のある体節と多くの付属肢をもつボディプランにより，三葉虫類は様々な生態的地位を占めることができた．
- 三葉虫類はペルム紀末の大量絶滅事件で絶滅したが，古生代後期を通して衰退傾向にあった．

　三葉虫類は，今日，地球上で最も多様な門である節足動物門に属する．節足動物はすべての昆虫類，ヤスデ類，ムカデ類，サソリ類，カニ類やロブスター類などの甲殻類，さらに様々なあまりよく知られていない型を含んでいる．もし，現生の昆虫類の1000万種という見積もりが正しいとすれば，例えば，節足動物門は脊椎動物門に数で100倍まさることになる．

　すべての節足動物は体節のある体と多くの関節した付属肢をもつ（これがこのグループの名前の由来である）．節足動物はよく発達した頭部と感覚系をもち，おそらく先カンブリア時代後期に祖先の蠕虫類から進化した．骨格は外部にあり，動物の成長とともに，脱ぎ捨てられ取り替えられる．脱皮として知られるこの過程は，このグループの成功した重要な支配的要素である．プラスの側面として，個々の動物は脱皮により，生涯を通して多様なボディプランを採ることができる．例えば，イモムシが脱皮してチョウに変わる．マイナスの側面は，脱皮することで高くつく資源を使い果たし，脱皮の度に動物は無防備になり，捕食されやすくなることである．

　三葉虫類は節足動物の歴史の初期に放散し，古生代初期に最も豊富だった．しかし，最近の研究は，三葉虫類は高度に適応しており，他の節足動物の原始的な根元的祖先ではなかったことを示唆している．

　三葉虫類はよく知られているが，われわれがもっている知識にはいらだたしい空所もある．このことの主要な理由は，体の上部外骨格は有機体の枠組に方解石が加わって鉱化されるため良好に保存されたが，体の下部外骨格はそうではなかったことである．付属肢や付属物が鉱化することはまれで，鉱化したとしても軽度の鉱化だった．その結果，付属肢や鰓，触角が保存されている三葉虫はほとんどなく，通常，上唇——口の下にある鉱化した板——も動物が腐敗するとはずれ落ちた．三葉虫類の下側の形態上の変異幅は大部分が不明で，ほとんどの復元は少数の例外的な標本のひとつに依存している．

　三葉虫類は主として底生者だったため，その動物相に著しい地方特性が発達する傾向があった．そのため，三葉虫類は古地理の有益な指標になり，カンブリア紀とオルドビス紀初期には特にそれがいえる．この時代の岩石にとって，三葉虫類は生層序のうえでも有益である．しかし，より時代の新しい岩石の場合は，種の典型的な存続期間が長すぎてあまり価値がない．

三葉虫類の形態

　三葉虫類は体の縦方向には頭・胸・尾板に分かれ，体の横方向には3つの葉，主要部の体腔をおおう**軸葉**(axial lobe)，および，その両側で付属肢と鰓をおおう**肋葉**(pleural lobe)に分かれていた(図8.1)．三葉虫類の外骨格を構成するクチクラは層状に重なっており，外側の層は薄く，内側の層はより厚かった．どちらの層も有機質の基質中に配置された方解石でできていたが，基質に関してはまだ特性が明らかにされていない．

　一般に頭は体の他の部分に比べて大きく，通常，縫合線で一連の部分に分かれており，これが脱皮を容易にした．この縫合線は頭にいくつかの特徴的な型を形成する．**顔線**(facial suture)の外側に当たる頭の部分は自在類とよばれ，頭鞍に隣接する内側の部分は固定類とよばれる．三葉虫類の目は頭の自在部に付いている場合と，固定部に付いている場合があった．

　一般的に三葉虫類の目は大きく，ハエの目と同様，多くのレンズからなる複眼だった．節足動物の目の進化は数回起こったが，三葉虫類の目はこのグループに特有である．三葉虫類は明るい視覚をもち，しばしば，方解石の光学特性を利用し，光をとらえて焦点を合わせる能力を高めていた．三葉虫類の視界には大きな差があり，生活様式と強い関連があったように思われる．自由遊泳型には前方に面した目があり，時には，頭の前方のまわりにひとつの連続した帯状に組織化されていた．穴を掘る型では，頭頂部の近くに突き出た目があることが多かった．

　頭の中央に延びているのは**頭鞍**(glabella)で，この盛り上がった部分は腹部を守っていた．頭鞍の大きさは腹部の大きさと相互に関係があり，頭鞍に部分的に延びている溝は，腹部を支持する靱帯が付いていた内部のうねが外部に現れていたのかもしれない．口は頭の下側，頭の後部の近くにあり，**上唇**(hypostome)と呼ばれるクチクラの板と関連がある．上唇は頭の前方に付いていたか，あるいは，三葉虫類の下側の軟らかいクチクラの中に固定されずにあったかもしれない(図8.1c)．

　典型的な三葉虫類の胸は一連のほぼ同一の体節からなり，通常，体節の数は2〜20だった．個々の体節の下に付属肢と鰓の対があった．オルドビス紀とそれ以降の三葉虫類では，通常，これらの体節は三葉虫類が防御のために身体を丸められるようにつながっていた(図8.1b)．身体を丸めるのをよりいっそう効果的にするために，頭と尾が組み合わさる構造になっているものもあった．

　通常，三葉虫類の尾は小さく，胸の体節と外見の似た一連の融合した体節からなっていた．大部分の三葉虫類では，尾の一部の体節の下に付属肢と鰓の対があったらしいが，一部の種では尾の体節には付属肢がなかったかもれない．

　三葉虫類が採った3つの変わった進化傾向により，三葉虫類はその保守的ともいえるボディプランからそれた．1つ目は三葉虫類が極めて棘が多くなったことに関わっていた．2つ目は二次的に目を失い，時には顔前部のまわりに高度にあばた状の孔のある外べりを付け加えたことに関わっていた．3つ目は胸の体節の大きさと数が大幅に減り，体節の数が1つまたは2つだけになったことに関わっていた(図8.1d)．このような適応の個々は生活様式の変化と関連があったかもしれない(51ページ参照)．

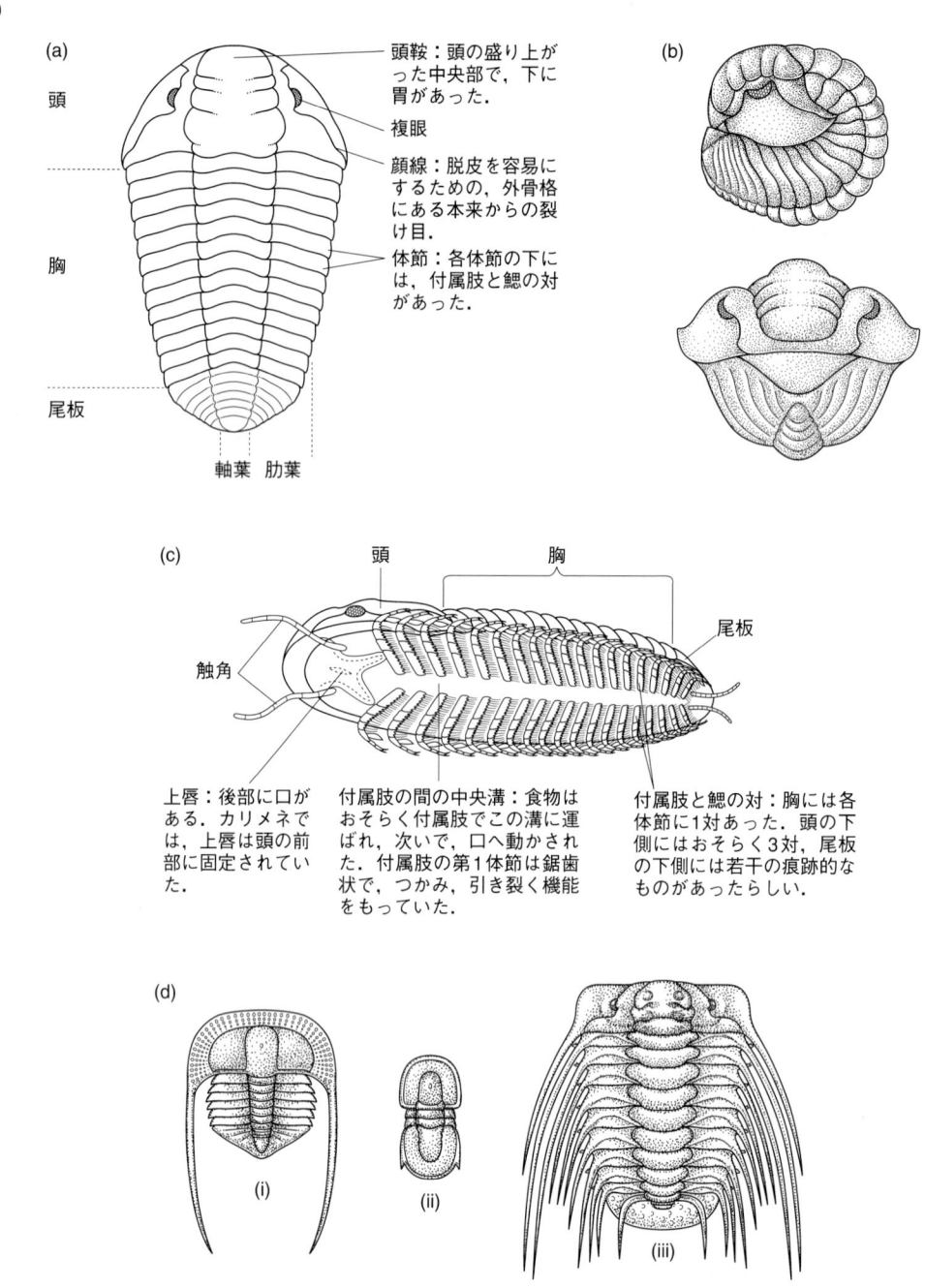

図 8.1 三葉虫類形態の主な要素．(a)カリメネ(*Calymene*)．背面からみたシルル紀の捕食性三葉虫．背甲の十分に石灰化した主要な要素を示す．(b)二方向からみた同じ動物で，腹部を包み込むことにより，頭の先端と尾板の後端の間にできた，ぴったりした合わせ目を示す．(c)下からみた想定のカリメネ．上唇，付属肢，および鰓を含み，多少石灰化したか，あるいは有機質の骨格を示す．(d)高度に保守的なボディプランから全く離れた三葉虫類の3つの主要な適応戦略．(i)トリヌクレウス(*Trinucleus*)，おそらく感覚器官だったと思われる，体前部に大きなあばた部分をもつ無眼の三葉虫．(ii)アグノストゥス(*Agnostus*)，胸が非常に退化した小さな三葉虫．(iii)セレノペルティス(*Selenopeltis*)，三葉虫類で極端に棘だらけの適応をした代表者．

三葉虫類の生活様式

　三葉虫類の生活様式に関する問題に決着をつけるため，多くの研究がなされてきた．これらの推論に対する証拠は，三葉虫類の特定の種の分布，その形状の変化，三葉虫類のモデルを使って行われた物理学的な実験から得られている．生息していた水深および占めていた生態的役割の点から，多くの三葉虫類の生活場所は確信をもって決められるというのが結論である．三葉虫類の形態のいくつかの要素，特に上唇は，三葉虫類の生活習性を推測する助けという点で有益である．

　三葉虫類がとった最も初期の生活様式は，おそらく捕食者としてのものだった．これらの三葉虫類は蠕虫類や他の軟体無脊椎動物を食べ，上唇はしっかり付き，付属肢には棘をもつ基部があった（図8.1c）．軟らかい堆積物から食物を抽出する堆積物食者と海水から食物を抽出する濾過食者は，この肉食の祖先から進化した．堆積物食者では，上唇が頭から分離する傾向にある．濾過食の三葉虫類は，付属肢で堆積物を海水中に浮遊させた後，いくぶん丸めた身体に海水を引き込み，海水から食物を抽出することによって機能した．このような三葉虫類は頭の形状，時には体全体の形状を変化させ，甲殻の下に大きな室を造り，その中で堆積物を浮遊させた．上唇は頭の中に変わった角度で位置していることが多い．

　すべての三葉虫類は移動性があり，大部分は海底を這っていたように思われる．少数の種は穴居者，または活動的な遊泳者になった．極端な場合，一部の三葉虫は漂泳生物となり，海床上で泳ぎ続ける活動的生活様式をとった．このような型は最大で360°の視界をもつ目と流線型の体を備えていた．三葉虫類がとった最も奇怪な生活様式はオレヌス（*Olenus*）で典型的に示される属のグループにみられる．これらの三葉虫類の体は扁平で，胸に多くの体節があった．このような三葉虫類は，海底の上方で酸素が入手しにくい場所を示す黒色頁岩中に産出することがしばしばあり，しかも非常に豊富だった．胸の個々の体節に鰓があり，酸素を最大限まで抽出できたかもしれない．また，ブラックスモーカーの噴出口付近の類似した条件で生息する現代の動物のように，硫酸塩還元細菌を飼っていたかもしれない．これらの生活様式の大部分を図8.2に示した．

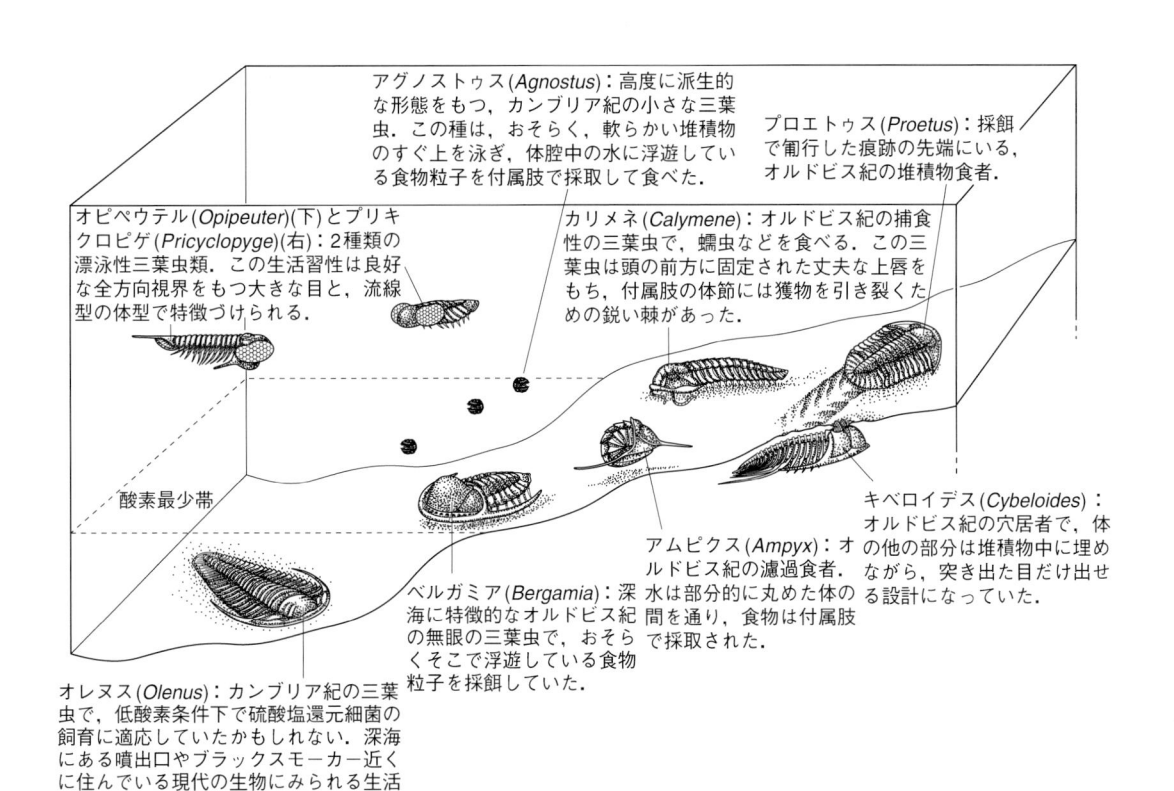

図 8.2　カンブリア紀後期からシルル紀にかけての様々な三葉虫類の復元．三葉虫類の生活習性と立場の推定を示す．復元は右から左へと深く，図の左端の海底上方に酸素最少帯がある．すべての三葉虫類は海生だった．

三葉虫類の進化

2億5000万年以上の間，三葉虫類は海洋底生生物の中で重要な一部を占めていた．その間ずっと，三葉虫類の基本的なボディプランは変わらず，進化の間に実際に起こった変化は形状の重大な変化というよりは細部の変化の傾向があった．ある成功したグループ内部でのこのような新機軸の欠如は進化上の保守的傾向として知られている．しかし，それにもかかわらず，三葉虫類はカンブリア紀における進化の原点から，様々な生態的地位に生息し，様々な海洋環境を活用していた．

カンブリア紀の三葉虫類は高い多様性を示し，小型で目のない型——アグノストゥス類——や，様々なより「なじみのある」体形状のものを含んでいた．カンブリア紀の一部の三葉虫類は，二次的に目を失ったことを示す．このような目のない型は深海に生息していたと考えられる．カンブリア紀の三葉虫類にみられる共通要素は，捕食者に対する防御のための適応が全くないようにみえることである．カンブリア紀後期の大絶滅は，よくみられる大型の捕食者，特に軟体動物の出現と関連があったかもしれない．この絶滅の後に放散した種は様々な防御戦略を示し，それには身体を丸める能力または穴を掘る能力や非常に棘の多いことが含まれている．

このオルドビス紀初期の放散で，三葉虫類は古生代の海底群集が生んだ様々な生態的地位で多様化した（第16章参照）．これは三葉虫類の体型が最も多様だった時代だが，カンブリア紀の岩石からは，より多くの種が認められている．古生代の多くの生物と同様，三葉虫類はオルドビス紀末の大量絶滅をひき起こした突然の氷河作用に大きな影響を受けた．

オルドビス紀後期の大量絶滅からの回復は限られたもので，三葉虫類の進化史のそれ以降は，変化と多様性は衰退したままだった．デボン紀後期の間に多様度は2科まで落ち込み，石炭紀にいくらか回復した．最後まで生き延びていた三葉虫類はペルム紀末の大量絶滅で絶滅した（図8.3）．

カンブリア紀とオルドビス紀の岩石中の三葉虫類の高い多様性は，これらの時代の岩石中の三葉虫類を生層序的に有益なものにしている．これはカンブリア紀中期と後期に特にあてはまる．オルドビス紀の型は特定の層相と地理的地域に限られる傾向をもつからである．これより後の時代の三葉虫類は生息期間が比較的長かったため，生層序には利用されない傾向がある．しかし，その産出に基づいて，いくつかの地方特有の理論体系が構築されている．

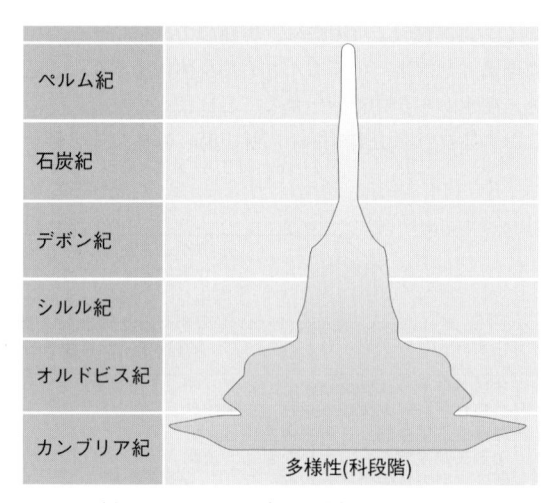

図8.3 時代を通しての三葉虫類の多様性．カンブリア紀後期とオルドビス紀初期にみられる高い多様性に注目．

パラドキシデス(*Paradoxides*)

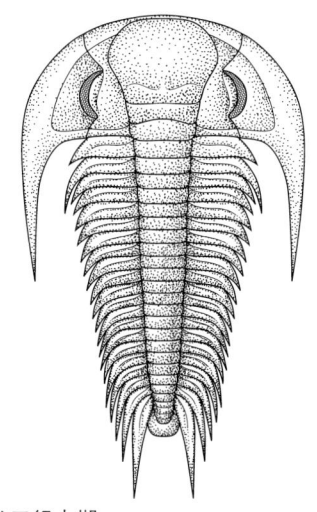

カンブリア紀中期

極めて大型の三葉虫で，最長60cmまで成長し，胸には最多で21の体節があった．個々の体節の末端は長い棘になっている．頭にも尾板の方に向く1対の長い棘(頬棘とよばれる)がある．この三葉虫のたくさんの棘は軟らかい堆積物の上に留まるのに役立ったかもしれない．また，この種は体を完全には丸められなかったため，防御目的があったかもしれない．

アグノストゥス(*Agnostus*)

カンブリア紀〜オルドビス紀

通常は長さ5mm未満の小型三葉虫で，変わった頭と尾をもち，胸の体節は2つしかなかった．この種には目も顔線もない．軟部が保存されたまれな産出状況は，この三葉虫が活動的な遊泳者だったことを示唆している．通常，このような三葉虫類はいくぶん丸まった形状を採用していた(図8.2参照)．おそらく，極めて軟らかい海底上部に浮遊する物質を餌にし，深海の群集に典型的だった．

トリヌクレウス(*Trinucleus*)

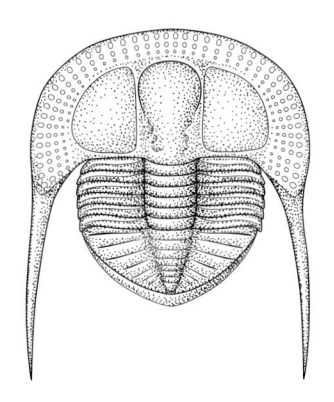

オルドビス紀

目のない三葉虫で，頭の前方のまわりに発達した広い外べりがあった．この部分は感覚機能をもっていたと考えられる．頬棘は外べりから動物の体後部へと伸びていた．頭鞍はふくらんでおり，その下にある胃も大きかっただろうことを示唆している．さらに，生時には，胸は海底よりかなり上方にあっただろう．この2つの適応はこの種が濾過食者であり，海水中の堆積物を体の下で浮遊させてから泥と食物の混合物を食べ，それを大きな胃で処理していたことを示唆している．6つの体節がある胸は比較的小さく，尾板も小さい．標本は小型の傾向があり，長さ2〜4cmである．

ダルマニテス(*Dalmanites*)

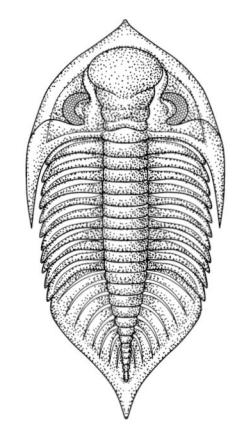

シルル紀〜デボン紀前期

長さ約5cmのアーモンド型の三葉虫で，頭から前方に伸びる1本の小さい棘と，尾板から後方に伸びる1本の小さい棘があった．大きい頬棘が頭に発達しており，胸のすぐ近くに位置している．一般的には，胸に11の体節がある．

カリメネ(*Calymene*)

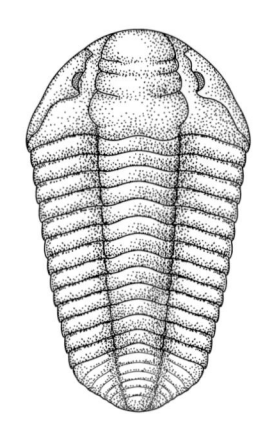

シルル紀〜デボン紀

この章でしばしば引用図示されているのがこの三葉虫である．小型種で，一般的には長さ2cm．頭はこの動物の最も広い部分で，一般的に胸には13の体節がある．この種は完全に身体を丸めることができ，その姿勢でよく保存される．固定された上唇はカリメネが捕食者だったことを示唆している．

キクロピゲ(*Cyclopyge*)

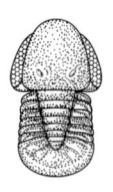

オルドビス紀

大きい目をもつ三葉虫で，胸と尾板は流線型．この種は小型で一般的な長さは4cm，通常，黒色頁岩中に発見される．地理的分布が広かった．この種の特徴は漂泳性の三葉虫類，つまり下方の視界を含む良好な全方向視界を必要とする活動的な遊泳者に典型的なものである．

フィリプシア(*Phillipsia*)

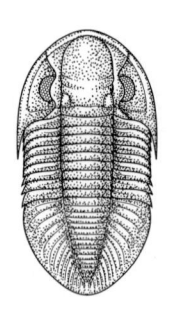

石炭紀前期

これも小型三葉虫で，長さは2〜4cm．この三葉虫は長円形で，頭と尾板はほぼ同じ大きさだった．その間にある胸には9個の体節がある．フィリプシアは三葉虫類の中で生息期間が極めて長く，形態的に保守的だったグループのプロエトゥス類のメンバーで，プロエトゥス類はグループの中で最後まで生き延びたもののひとつだった．

デイフォン(*Deiphon*)

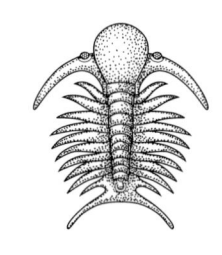

シルル紀

とても棘の多い三葉虫で，完全な成体の長さは約4cm．頬は縮小しており，対になった大きくがっしりした棘のある頭と尾板は注目される．この変わった型の生活様式に関しては議論がある．目が前方を向いており，この三葉虫は漂泳生物だったかもしれないが，開水域の型で知られる他のものよりかなり小さく，軟らかい泥の上に生息する活動的な三葉虫だったことも十分ありえる．軟らかい泥の上では堆積物の表面に留まるのに棘が役立ったかもしれない．これは「かんじき」適応として知られている．

9 軟体動物
Molluscus

- 軟体動物は腹足類，二枚貝類，頭足類の 3 つの主要グループに分けられる．
- 腹足類は軟体動物の中で最も多様なグループで，陸上の環境と，あらゆる水中の環境に生息している．
- 二枚貝類の殻の形はその機能によって強く制約されるため，殻の形態から生活様式を解釈できることが多い．
- 頭足類は形態的に最も複雑な軟体動物である．活動的捕食者として魚類と同じ生態的地位を占める頭足類は，最も洗練された無脊椎動物のグループと見なせるかもしれない．

軟体動物は極めて多様で豊富なグループである．大部分の軟体動物は海生で，潮間帯から大深海帯に至るまで，あらゆる深さに生息している．一部のグループは淡水に生息し，一部のグループは陸上での生息に適応している．軟体動物門には，巻貝やカキのように外部の殻をもつ動物と，ナメクジやイカのように主として軟体部からできたものが含まれている．

基本的な形態

大部分の軟体動物は頭部が明瞭で，分節のない長い体をもっている．内臓は体の下部が変化した筋肉足と石灰質の殻の間に保たれ，その殻は外套膜として知られるその下にある組織で分泌される（図 9.1）．外套膜は体の上に張り出す傾向があり，後方に外套腔という室を形成し，この腔に鰓がある．口は前部の，軟体動物の反対端に開いている．目や触手などの感覚器官は頭部に集中する．

殻の形態は極めて多様で，軟体動物の異なるグループにとって果たす機能は様々である．殻には巻いているものとまっすぐなもの，室に分かれているものと分かれていないもの，1 枚のものと 2 枚のものがある．殻は主として防御の役に立つが，巣穴を掘ったり穿孔したりするため，または浮力を得るために使われることもある．タコやイカなど一部の軟体動物では，進化上の成り行きで結果的に殻を失う傾向がある．一方，

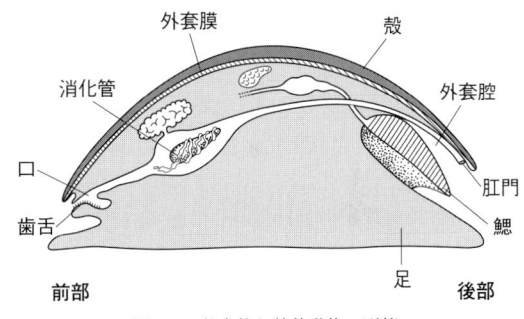

図 9.1 基本的な軟体動物の形態．

巻貝類など他のグループでは，殻は時とともに際立ってきた．殻のある軟体動物の方が化石になりやすいので，この章ではこのようなグループに重点を置くことにする．

軟体動物の起源

最初の軟体動物が知られているのはカンブリア紀初期からである．これらの初期型の大部分は存続期間が長くなく，また，現代のグループのメンバーと比較しても異常な外見だった．軟体動物はおそらく現生の扁形動物に類似した動物から進化したものとみられる．

軟体動物には性質の異なる複数の綱が置かれているが，各綱の類縁関係は不確実な状態に留まっている．

分　　類

殻の性質は軟体動物の分類に重要な形質である．腹足類，二枚貝類と頭足類は化石軟体動物および現生軟体動物で優勢な綱である．各綱のより詳細な解説を表9.1に示した．

表 9.1　軟体動物の主なグループ．

グループ	記載
腹足綱	単一の分離しない渦巻き状の殻または無殻．外套腔は前部に面する．筋肉足は扁平で，運動に使用される．頭部は目と触手をもち，よく発達している．[例] カタツムリ類，ナメクジ類．カンブリア紀後期〜現世．
二枚貝綱	2枚の殻をもち，蝶番のある殻で体を包む．頭はなく，足はよく発達している．鰓は呼吸と濾過食用に変化している．[例] イガイ類，カキ類，イタヤガイ類．カンブリア紀前期〜現世．
頭足綱	内蔵または外表の殻，または無殻．頭部と感覚器はよく発達している．現生の代表的なものは判断力をもち，行動的な肉食者である．カンブリア紀後期〜現世．
オウムガイ亜綱	浮揚性をもち，外部に殻があり，殻には室がある．各室はつながっていて，隔壁は前方に凹．[例] オウムガイ (*Nautilus*)．カンブリア紀後期〜現世．
アンモナイト超目	浮揚性をもち，外部に殻があり，殻には室がある．各室はつながっていて，隔壁は前方に凸．[例] アンモナイト類．シルル紀〜白亜紀後期．
鞘形超目	殻は体内にあるか退化，もしくは存在しない．[例] ベレムナイト類，イカ類，タコ類．石炭紀〜現世．

訳注：棚部（1998）は頭足綱をオウムガイ亜綱と新頭足亜綱に大別し，後者にスフェオルトケラス・アンモノイド・鞘形の各超目に分類する案を提唱している．

軟体動物の殻の成長

大部分の軟体動物は螺旋形の殻をもっている．各グループは生み出しうる螺旋形状のうち，小さな変異幅のものを進化させ，個々の生活様式にとって最もよく機能する螺旋形状を採用した．螺旋形の殻は4つの変数を使って簡単に説明できる(図9.2)．外見が非常に異なる軟体動物の殻の根底にある相称の理解は重要で，その理解によってこれらすべての型の基本的な類似についての洞察が得られるからである．

通常，腹足類では螺層増大率は低く(低 W)，成長軸沿いの変位率は高い(高 T)．腹足類の殻口は複雑な形状になることがあり，殻の残りの部分(螺管)は，チューブから押し出されるケーキの糖衣のように，この型を使って形成される．

アンモナイト類で変位率が全くない場合は，平面巻きになる．増大率が高く，軸から殻口までの距離が小さい(低 D)アンモナイト類は密巻きで，後の螺環がそれ以前の螺環を隠す巻きになる．増大率が低いアンモナイト類は緩巻きになり，各螺環がみえる．

二枚貝類は螺層の増大率がとても高い(高 W)殻をもつ．これは2つの殻を開けられなくてはならないために必要である．もし二枚貝類の殻がより巻いていたら，螺旋が互いの妨げになり，殻は閉じたままになってしまう．しかし，二枚貝類の殻は巻き軸沿いに確かに変位しており，相称面が二殻の間にくる理由になっている．

4つのパラメーターでどんな巻き殻も記載できる．巻き軸のまわりに伸びる母曲線としてこれを考える：

W ＝螺層の寸法
S ＝殻口の形
D ＝巻き軸から母曲線までの距離
T ＝巻き軸方向への変位率

W_2-W_1 ＝螺層の増大率
D_2-D_1 ＝母曲線の巻き軸との距離の変化率

巻き軸
成長の方向
D_2 ＝360°回転した後の巻き軸から母曲線までの距離
S ＝殻口の形，したがって，殻口が生成する管の形
W_2 ＝360°回転した後の螺層の寸法
T ＝巻き軸沿いの変位率
W_1 ＝螺層の寸法
D_1 ＝巻き軸から母曲線までの距離

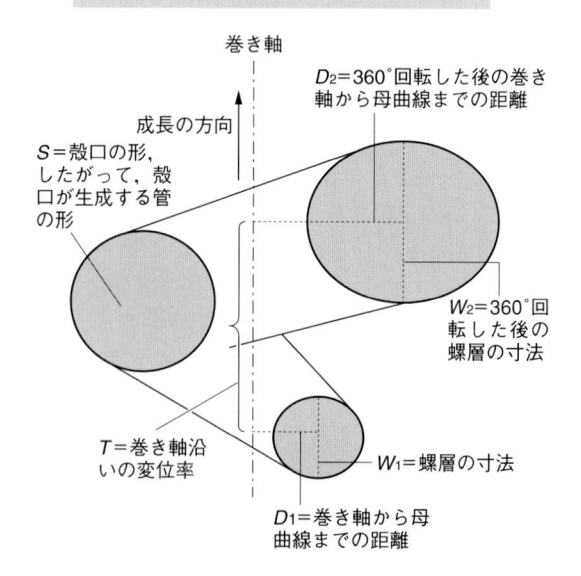

図 9.2　軟体動物の巻き殻の記載方法．

腹足類

腹足類は軟体動物のうち最大で最も多様な綱である．腹足類は海水，淡水，陸上それぞれの環境に生息し，最も様々な生息域を活用し，驚くほど様々な採餌戦略を発達させた．腹足類はカンブリア紀初期に初めて出現し，その多様性は新生代に頂点に達した．

腹足類には石灰質の殻をもつものと，完全に軟体のものがある．腹足類はよく発達した頭部と感覚器官，および，広がった筋肉足をもっている(図9.3)．陸生腹足類では鰓が失われ，外套腔は空気でみたされた「肺」に変化している．腹足類の顕著な特徴はねじれである．発生の初期に，内臓塊は180°回転し，外套腔が体前部にくる．この位置をとると水流が外套腔に流れ込みやすくなる．巻いていると消化管を収容する上で対処しやすくなるため，殻が巻いている．

腹足類には3つの主要な亜綱がある(表9.2)．[訳注：現在では分岐分析に基づき高次の分類体系が提示されているが，本書では伝統的分類が使われている．]分類は軟部の解剖学的構造，主に呼吸体系の性質に基づいているが，化石腹足類は殻の形状に基づいて異なる亜綱に入れられる．

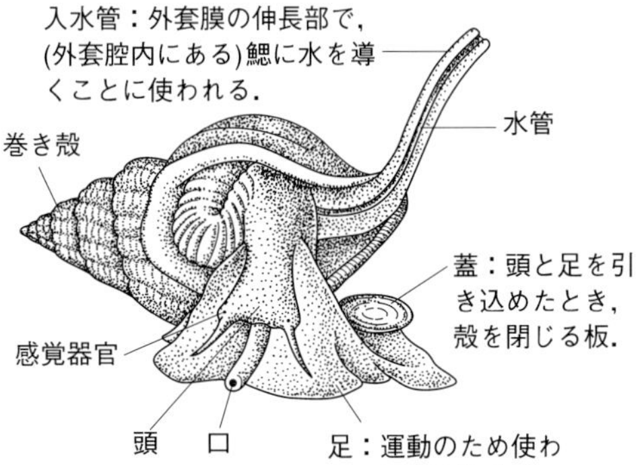

大部分の化石腹足類は前鰓(マキガイ)亜綱で，この亜綱は3つの目に分けられる．
1　**原始腹足目**(オキナエビス類)：カンブリア紀〜現世．
2　**中腹足目**(ニナ類)：石炭紀〜現世．
3　**新腹足目**(バイ類)：白亜紀〜現世．

これらは単純な一連の形質では定義できない．

生態・進化史

カンブリア紀の腹足類は一般的には海生の植物食擦食者で，低く，巻いた殻をもっていた．石炭紀までには，水管の切れ込みをもつ型がよくみられるようになり，このことは水管の存在，したがって埋在性の生活様式を示している．通常，古生代の腹足類は浅海の環境を占め，ペルム紀末の絶滅で多大な影響を受けた．

中生代の間，前鰓類は多様化し，深い巣穴を掘る，長い水管をもつ前鰓類は白亜紀に出てきた．これらの型が今日の腹足類動物相に優位を占めている．肉食の腹足類は新生代の重要な捕食者だった．第三紀には淡水環境への腹足類の放散や浮遊性後鰓類の出現もみられた．空気を呼吸する有肺類の陸上環境への放散はジュラ紀に始まっている．今日，腹足類は海洋，淡水そして陸上に生息する生物で最もよくみられるグループのひとつになっている．

大部分の腹足類がもつ保存されにくい霰(あられ)石の殻およびグループが示す高度の**収斂**(convergence．つまり，同じ生活習性を共有するため，外見が似ている多数の遠縁の種の存在)は，化石腹足類の進化の解明を非常に難しくしている．

図 9.3　一般的な腹足類の形態．

表 9.2　腹足類の主要な亜綱．

亜綱	呼吸体系	殻の形態	生息地	例
前鰓亜綱(マキガイ類) カンブリア紀前期〜現世	前部の鰓	笠形または円錐状の螺旋	主に海生	カサガイ類，コブシボラ類，エゾバイ類
後鰓亜綱(ウミウシ類) 石炭紀?〜現世	後部の鰓，体軸の捩れ戻りの結果である	殻は消失，または極めて退化	海生	ウミウシ類，アメフラシ類
有肺亜綱(マイマイ類) 中生代〜現世	外套腔が「肺」に変化している	存在するときは円錐状または平巻き螺旋	陸生	カタツムリ類，ナメクジ類

二枚貝類

二枚貝類は横方向に圧縮された形状の軟体動物で，蝶番のある一組の殻の中に入っている．殻は閉殻筋で閉じられる．閉殻筋がゆるむと殻は開き，水流が腔内に入ってくる．大部分の二枚貝類では鰓が濾過食用に変化しているが，最初期の二枚貝類は堆積物食者だったかもしれない．ほとんどのものが限られた動きはでき，足を堆積物中に突き入れ，穴を掘ることもできる（図9.4）．二枚貝類は外面的には腕足動物に似ているが，内部の解剖学的構造は極めて異なっている．通常，二枚貝類の殻は両殻の間で相称になり，腕足動物のように殻の横方向の相称ではない．

二枚貝類はカンブリア紀初期に発生し，特にペルム紀末の絶滅事件後に多様化し，様々な水中環境を利用するようになった．二枚貝類は中生代と新生代の浅海群集に特徴的である．大部分の二枚貝類は海生だが，淡水生の型もある．異なる種の殻の形状は底質の性質に適応しているため，二枚貝類は古生態復元に極めて有用である．

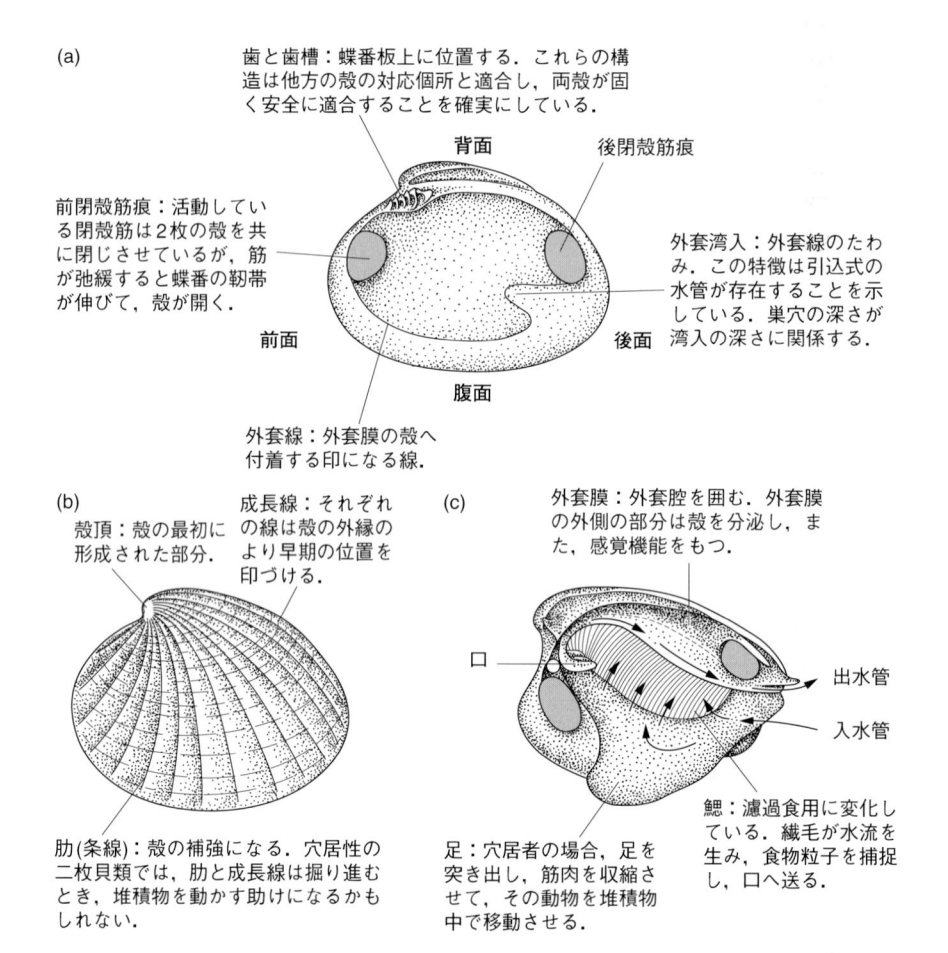

図 9.4 二枚貝類の形態．(a)殻の一般的内部（右殻），(b)殻の一般的外部（左殻），および(c)内部の形態．矢印は外套腔中の水流を示す．

二枚貝類の殻

二枚貝類の殻は多層構造になっている．殻は有機基質と結晶性の石灰質成分の2つの相で構成され，後者は霰石または方解石（$CaCO_3$）の形をとる．生活様式と関連づけられそうな，特異な殻構造も認められている．例えば，穴を掘る二枚貝類は摩耗に耐える殻構造をもっている．水温などの環境的要素も殻の鉱物学的特徴に影響を及ぼすかもしれない．

二枚貝類の2枚の殻はぴんと張った状態で両方の殻を保つ靭帯でつながっており，閉殻筋がゆるむと殻が開く．殻の蝶番域にある歯と歯槽は組み合わさり，殻が閉じたときに確実にしっかり噛み合うようになっている．二枚貝類の歯列にはいくつかの様式があり，これは分類に役立つ特徴で，主要な型を表9.3に示した．

進化史

最も初期の二枚貝類はカンブリア紀前期の岩石から知られている．これらの原始的な型は極めて小さく，コノカルディウム類とよばれる原始的な軟体動物の独特なグループの子孫かもしれない．外面的には二枚貝類に似ているが，コノカルディウム類の2葉の殻には機能的な蝶番線がない．奇妙なことに，カンブリア紀の中期と後期には，二枚貝類の記録が全くない．多様化の主要な期間はオルドビス紀初期に起こった．多歯型，貧歯型，異歯型の蝶番および様々な採餌戦略をもつグループが生じた．堆積物食者，足糸で固着する二枚貝類や穴居者たちが沿岸や海岸付近の環境にコロニーをつくった．この急速な放散の後，グループは安定したが，古生代の間，二枚貝類は特に多様なグループでも豊富なグループでもなかった．海生でない二枚貝類はデボン紀に現れ，石炭紀，特に三角州環境に豊富だった．

中生代初期の間に，二枚貝類は2度目の，より重要な放散を経験した．筋肉足の存在および外套膜の後縁が融合した水管の発達によって，二枚貝類は腕足動物にくらべ進化上で有利になり，二枚貝類は埋在の生活様式を成功裡に利用できるようになった．中生代には捕食による圧力も増していたが，二枚貝類は堆積物中の穴という安全な場所から効果的に採餌することができた．新しい埋在環境にコロニーをつくることで，二枚貝類は潮間帯に広がり，堆積物中により深く穴を掘り，硬い底質に穿孔する機構も発達させた．

表在性の二枚貝類の多様化も中生代に起こった．大きく，不等殻の程度が高い，横臥型が発達した．このようなグループでは，一方の殻は大きく，動物体のための体腔を形成し，他方の殻ははるかに小さく，しばしば扁平な蓋として機能している．これらのグループで最も重要なのが厚歯二枚貝類である．厚歯二枚貝類は炭酸塩の多い大陸棚にコロニーをつくり，サンゴ類に類似した円錐形を採用したり，硬い底質上に被膜をつくって広がったりしていた．このグループは短命で，ジュラ紀後期に出て，白亜紀末には絶滅している．

厚歯二枚貝類などのより風変わりなグループを除けば，大部分の二枚貝類は白亜紀末の大量絶滅を生き延びた．新生代を通し，二枚貝類は大部分の浅海環境の至る所でみられ，現代のほとんどの海洋環境でも豊富でありつづけている．

表 9.3 二枚貝類の歯列の型．

歯列	例
多歯型 放射状または亜平行状に配列した多数の歯	アーカ（Arca）
貧歯型 殻縁に小さく単純な歯	ミチルス（Mytilus）
等歯型 靭帯溝の両側に位置どる非常に大きな歯	ペクテン（Pecten）
分歯型 大きな溝のある歯	ネオトリゴニア（Neotrigonia）
異歯型 小さな歯（側歯）が側面に位置する大きな歯（主歯という）	ヴィーナス（Venus）
衰歯型 畝状に退化した歯もしくは無歯	ルトラリア（Lutraria）

二枚貝類の生態

二枚貝類は海洋と淡水の様々な環境に生息することに適応している．殻の形状は機能上の制約を受けるため，二枚貝類の生活様式は殻の形態から解釈できる．

二枚貝類の主要な生活習性は次のとおりである．
(i) 軟らかい底質に穴を掘る．
(ii) 穿孔し，孔に住む．
(iii) 固着する（膠着または足糸による）．
(iv) 固着せず横になる．
(v) 時おり自由遊泳する．

埋在性の二枚貝類

軟らかい底質に穴を掘る二枚貝類は等殻で，明瞭な外套湾入をもつ傾向がある（図 9.5）．穴掘りを達成するのは足で，足は堆積物に刺し込まれ，ふくらむ．次いで，足の筋肉が収縮し，殻は堆積物中に引き降ろされる．円形で彫刻の強い二枚貝類は，なめらかで細長い型より，ゆっくり穴を掘る傾向があり，底質の性質も穴掘りの速度に影響する．穴を掘る大部分の二枚貝類は水管を備えている．穴掘りの間，水管は閉じられている．埋在種の一部は堆積物食者である．

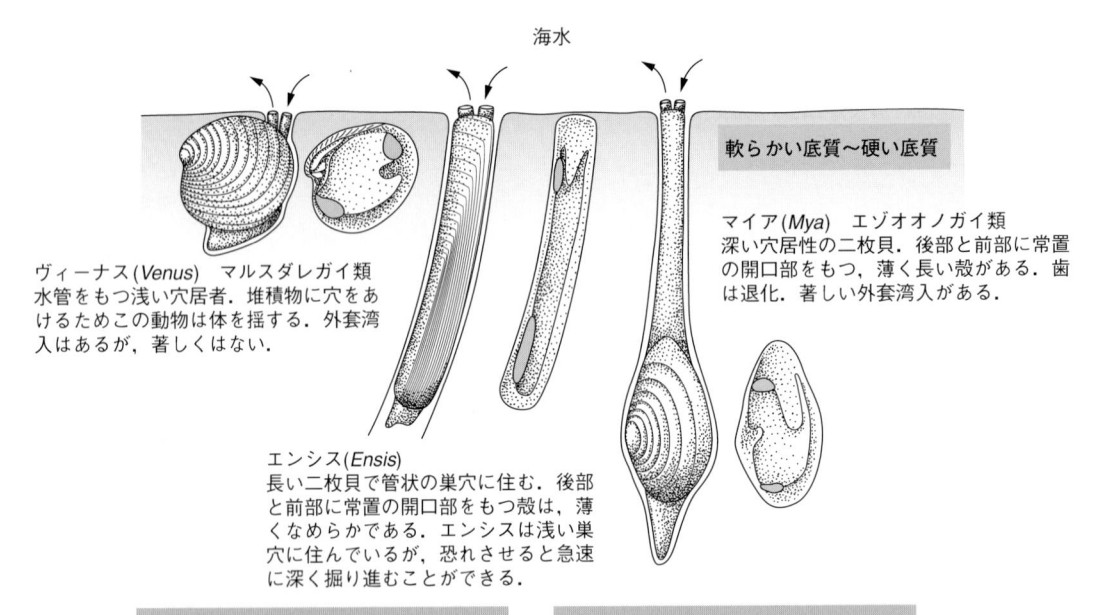

海水

軟らかい底質〜硬い底質

ヴィーナス(Venus) マルスダレガイ類
水管をもつ浅い穴居者．堆積物に穴をあけるためこの動物は体を揺する．外套湾入はあるが，著しくはない．

エンシス(Ensis)
長い二枚貝で管状の巣穴に住む．後部と前部に常置の開口部をもつ殻は，薄くなめらかである．エンシスは浅い巣穴に住んでいるが，恐れさせると急速に深く掘り進むことができる．

マイア(Mya) エゾオオノガイ類
深い穴居性の二枚貝．後部と前部に常置の開口部をもつ，薄く長い殻がある．歯は退化．著しい外套湾入がある．

浅い埋在性

浅い巣穴に住む二枚貝類で，通常ほぼ円形の外縁をもつ，厚く等殻の殻をもつ．2つの閉殻筋は同じ大きさで，通常，外套湾入がある．
一部の浅い穴居性の穴居者は殻の外面に突出した稜がある．この稜は二枚貝類が堆積物中に「のこぎりで切り込むように動く」ことを可能にするかもしれない．また，その動物が穴居している泥とか砂に固着する助けになる．

深い埋在性

深い穴居性の二枚貝類は，表面彫刻のない，薄く長い殻をもつ傾向がある．一部の殻は後部と前部に常置の開口部がある．歯はしばしば退化．外套湾入が著しい．

図 9.5 穴居性の二枚貝類．

穿孔する二枚貝類

硬い底質に穿孔する二枚貝類は，一般的には，摩耗に強く，細長くて薄い殻をもっている（図9.6）．殻縁を使って素材に孔を開け，外套膜から酸を分泌してこれを助ける．木や泥に穿孔する一部の二枚貝類には棘があり，二枚貝類が回転するにつれ，この棘がその底質をこする．一部の二枚貝類は他の種がつくった穿孔に身をひそめる．このような二枚貝類はその空洞の形に合うように成長する．

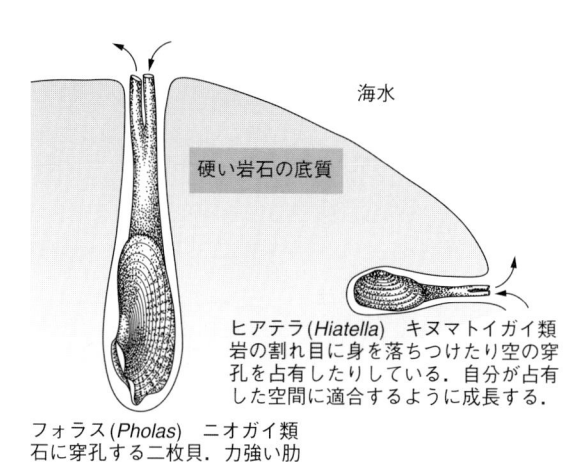

表在性および自由遊泳性の二枚貝類

表在性の二枚貝類は3つの生活戦略を活用する．(i) 足糸で底質に固着する．(ii) 硬い表面に膠着する．(iii) 横臥する——堆積物の表面に固定されずに横たわり，殻の形態で安定を保っている（図9.7）．

足糸で固着する二枚貝類は，底質に粘着するコラーゲンの糸を分泌する．典型的には，殻は細長く，足糸のための隙間，すなわち足糸湾入がある．通常，殻の前端と前方の筋肉痕は縮小している．

膠着する二枚貝類は外套膜の縁から結晶する石灰質の液体を出し，これが二枚貝を底質にしっかり固定する．通常，膠着する二枚貝類の殻は不等殻である．大きい閉殻筋の痕は1つだけのものがよくみられる．通常，熱帯に生息する膠着する二枚貝類は棘でおおわれている．成長するとともに，この二枚貝類は付着した不規則な表面に適応する．この結果がその生活習性に特徴的な，不規則な殻の形状を生む．

横臥し，固着しない二枚貝類は極めて非相称の殻をもつ．通常，下方の殻は安定を増すために厚みをもち，上方の殻は小さく，平らな「蓋」になっている．

自由遊泳できる二枚貝類は時々しか自由遊泳しない．自由遊泳するものの殻は重さを減らすため薄くなる傾向があるが，一部の型には顕著な放射状の肋がある．大きい閉殻筋の痕は1つしかない．1つの大きい筋肉が自由遊泳に必要な強い収縮を提供する．殻頂の両側に2つの顕著な「耳状突起」があり，蝶番線を長くしている．自由遊泳する二枚貝類の殻頂の角度は類似の形状で，足糸で固着する型のものに比べ大きい．

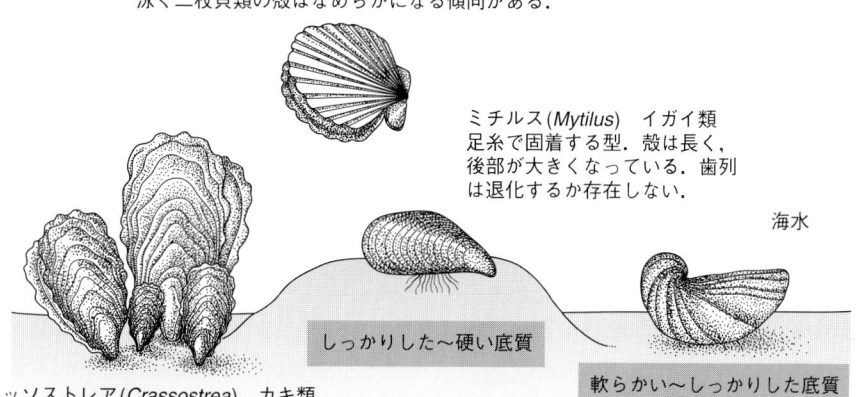

海水

硬い岩石の底質

ヒアテラ (Hiatella)　キヌマトイガイ類
岩の割れ目に身を落ちつけたり空の穿孔を占有したりしている．自分が占有した空間に適合するように成長する．

フォラス (Pholas)　ニオガイ類
石に穿孔する二枚貝．力強い肋と刃状の構造を伴う長い殻をもっている．

図 9.6　硬い底質中に住む二枚貝類．

ペクテン (Pecten)　イタヤガイ類
幅広で相称で，薄い殻の型．殻外表上の放射肋は，非常に浅い海での遊泳性二枚貝類に，より一般的である．波浪作用限界水深以下で泳ぐ二枚貝類の殻はなめらかになる傾向がある．

ミチルス (Mytilus)　イガイ類
足糸で固着する型．殻は長く，後部が大きくなっている．歯列は退化するか存在しない．

海水

しっかりした〜硬い底質

軟らかい〜しっかりした底質

クラッソストレア (Crassostrea)　カキ類
殻頂まわりで膠着する二枚貝．殻は厚く，不等殻．2本の閉殻筋は退化して，単一の筋になっている．

グリファエア (Gryphaea)　イタボガキ類
固着せず，独立した二枚貝．下殻が強くふくらみ，強度を増すため厚くなっている．上殻は薄く扁平な覆いに退化している．

図 9.7　表在性と遊泳性の二枚貝類．

頭足類

頭足類は軟体動物の中で，最も形態的に複雑なグループである．頭足類は魚類と同じ生態的地位を占め，無脊椎動物の中で最も洗練されたグループであると考えられる．この綱は高度に発達した感覚構成をもつ，活動的で，ジェット推進の捕食者を含んでいる．すべての頭足類は海生である．

頭足類の体は細長く，外套腔は前方にあり，内臓塊は動物の後方端にある（図9.8）．現生頭足類はジェット推進で自由遊泳する．海水は足が変化した部分である漏斗を通って外套腔内に取り込まれ，外套腔から放出される．外套腔は前方に開いているため，動物は急速に後方に推進される．よりゆっくりした移動の際は，動物は漏斗を使って動きを管理することができる．

頭足類はオウムガイ類，アンモナイト類，および鞘形類（イカ類）の3つの亜綱に分けられる．[訳注：最近は分岐分析によりオウムガイ亜綱と新頭足亜綱の2亜綱説が提案されている．] オウムガイ類には室に分かれた殻が外部にあり，この殻の各室の間にある縫合線は単純である．アンモナイト類にも外部に殻があり，この殻は常に巻いており，多様で，より複雑な縫合線がある．鞘形類には内部に縮小単純化した殻がある．一部の鞘形類には殻がない．

進化史

最初の頭足類は殻のまっすぐなオウムガイ類だった．それらはカンブリア紀後期に現れ，オルドビス紀に急速な多様化を経験し，その際に，この中から古生代と中生代を通して存在した殻の巻いた型が生じた．アンモナイト類ほど豊富でも多様でもないが，これらは今日まで生き延びている（図9.9）．

アンモナイト類は，デボン紀初期に，まっすぐな殻の祖先から進化した．[訳注：祖先とされていたバクトリテス類（シルル紀以降）は，現在ではアンモナイト類の根幹となる目と解釈されている．] その進化史は一連の放散の後の絶滅で特徴づけられる．アンモナイト類はジュラ紀にその華麗さの頂点に達した後，中生代の残りの期間にわたって衰退し，白亜紀末に絶滅した．アンモナイト類の縫合線は時代とともに複雑さを増し，一般に，古生代のアンモナイト類は単純でまっすぐな縫合線をもっていたが，中生代の大部分のアンモナイト類は複雑な縫合線で特徴づけられている．

鞘形類の歴史は，縮小した体内の殻が原因で，あまりよくわかっていない．最初の真の鞘形類は石炭紀の岩石から記録されている．[訳注：今日では最古のものがデボン紀初期から知られている．] 初期の鞘形類は最初のオウムガイ類に似ていたが，殻は体内にあった．ベレムナイト類はジュラ紀と白亜紀に豊富になった．イカ類とコウイカ類はジュラ紀から知られ，白亜紀末の絶滅事件後，新生代に多様化した．

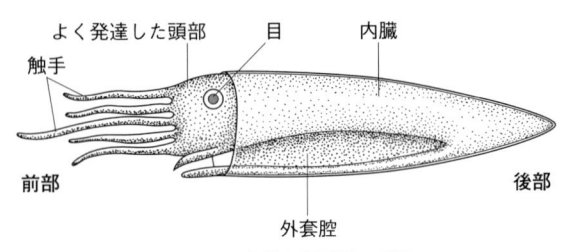

図9.8 一般的な頭足類の形態．

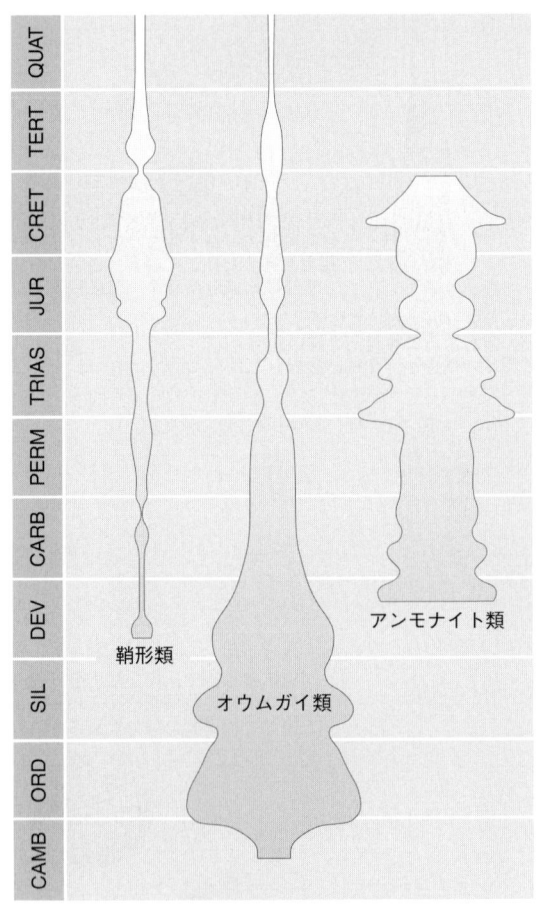

図9.9 地質時代を通しての頭足類の多様性．QUAT：第四紀，TERT：第三紀，CRET：白亜紀，JUR：ジュラ紀，TRIAS：三畳紀，PERM：ペルム紀，CARB：石炭紀，DEV：デボン紀，SIL：シルル紀，ORD：オルドビス紀，CAMB：カンブリア紀．

オウムガイ類

オウムガイ類の室に分かれた外部の殻は，まっすぐな場合と巻いている場合があり，縫合線は単純である．大部分の化石オウムガイ類は海底近くに生息する活動的な自由遊泳者だった．動物は殻の最後の室，すなわち体房を占めている．頭部，感覚機能および漏斗は室の開口部近くに位置し，内臓塊は後部にある．動物は殻の残りの部分と体管でつながっている．体管は体房から初期室（殻の最初に形成される部分）まで伸びている管である（図 9.10）．

直錐（まっすぐな殻）のオウムガイ類は殻を水平に定位させ自由遊泳した．しばしば，殻は前方の端に集中する軟部の重量と釣り合いをとるために修正されており，これによって安定を保っていた．巻いた殻のオウムガイ類は，まっすぐな殻の型より，物理的に安定している．オウムガイ（Nautilus）は外部に巻いた殻をもつ唯一の現生頭足類である．太平洋南西部，水深150〜300mの冷たい海水に生息するオウムガイは，水中での位置調節を浮力調整に依存している．オウムガイは御都合主義の採餌者で，主として甲殻類や小型魚類を触手で捕らえている．

オウムガイは泳ぎはうまくない．海水は漏斗を通って外套腔内に取り込まれ，放出されるが，水が射出される際，その力が殻に働き，殻は揺れながら前進する．外套腔が空になると，殻は後方に揺れ，シーソーのような動きになる．したがって，オウムガイは短距離しか自由遊泳できず，採餌中の水中における位置確保は浮力の調節に依存している．日中は海底で休息している．

オウムガイの浮力

オウムガイには浮力を調節する仕組みがあり，水中の異なる深度で浮力の均衡を保つことができる．殻の室には気体と海水が入っており，その割合が変えられる（図 9.11）．

最初，室には海水が入っている．体管は海水の溶液からイオンを分離し，室から出た水は外套腔に流れ込む．次いで，気泡がその空間（外套腔）に拡散し，動物体に浮揚力をもたせ，水中のより高い所に浮揚させることができる．イオンを室に汲み込み，オウムガイが室中に水を取り戻すと，動物体の浮揚力は減り，より深い所へ沈む．

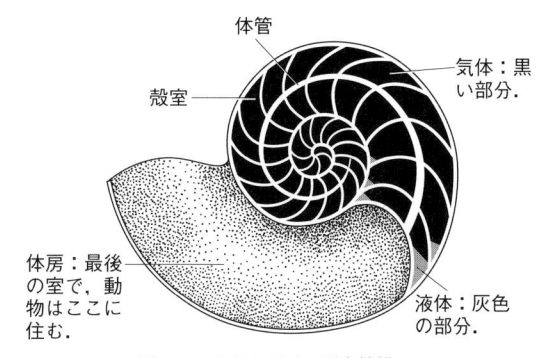

図 9.11 オウムガイの浮力機構．

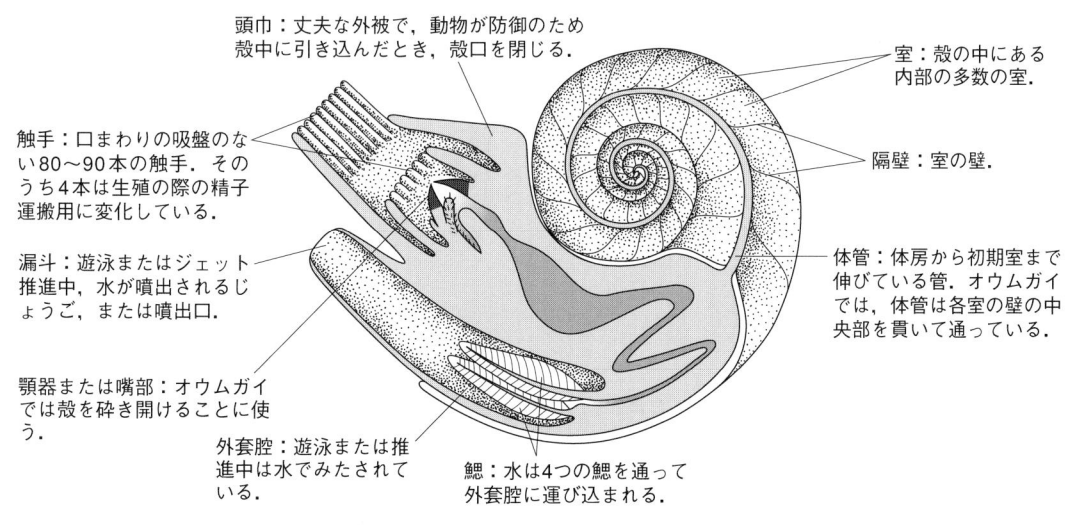

図 9.10 オウムガイの形態．

アンモナイト類

　大部分のアンモナイト類には，室に分かれ，複雑な縫合線を伴う平巻き型の殻があった．オウムガイ類同様，室は体管とよばれる管でつながっていたが，通常，アンモナイト類の場合，体管は室の中央部ではなく，外側つまり腹側の縁沿いに伸びていた．したがって，アンモナイト類の浮力の仕組みはオウムガイ類のものと類似していた．

アンモナイト類の縫合線

　縫合線は室の壁とアンモナイト類の巻き殻が交わるところを示す線である．縫合線の型はアンモナイト類の分類に使われる重要な特徴である．いわゆるアンモナイト類の中で，アンモナイト型の縫合線をもつものだけがアンモナイト類（狭義）とよばれるべきである．[訳注：本書ではammonoid(s)をアンモナイト類と訳し，ammonite(s)をアンモナイト類（狭義）とした．前者をアンモノイド類，後者をアンモナイト類とする方法もある．] 縫合線は山と谷という表現で描写される．[訳注：saddleを鞍，lobeを総とする直訳もあるが，本書では理解を容易にするため，山と谷とする．] 山は縫合線のうち，体房の方に「向いている」湾曲部である．谷はその逆で，体房から離れる方に向いている湾曲部である．縫合線の複雑さは時とともに増した．初期の縫合線はゆるやかな波状なのに対し，白亜紀のアンモナイト類の縫合線は複雑でシダの葉のような形状だった（表9.4）．

進化史

　アンモナイト類はデボン紀初期に初めて登場した．[訳注：今日では，シルル紀に登場したバクトリテス類も直殻である点を除くと，アンモナイト類と共通性が多いので，後者に含める意見が強い．] アンモナイト類はまっすぐな殻をもつオウムガイ類から進化し，初期の型には単純で直線的な縫合線があった．アンモナイト類はデボン紀に急速に多様化した．デボン紀後期までには，隔壁（室の壁）に褶のよったゴニアタイト型の縫合線が発達していた．ゴニアタイト類は古生代のアンモナイト類の型では優位を占めている．石炭紀には，より複雑なセラタイト型の縫合線の型が発達した．アンモナイト類は古生代を通して存続したが，ペルム紀末に重大な危機を被っている．

　三畳紀まで生き延びたアンモナイト類は少数にとどまったが，生き延びたアンモナイト類は急速に放散した．三畳紀のアンモナイト類はセラタイト型の縫合線をもっていたが，複雑なアンモナイト型の縫合線が三畳紀末近くに発達する．より複雑な縫合線で殻の強度が増したことから，アンモナイト類はより深い水域で生息できるようになったかもしれない．褶のよった壁で表面積がより大きくなったことから，溶液中のイオンを取り除く速度が増した可能性もあり，したがって動物がその密度を変えられる速度が増した可能性も示唆されている．

　三畳紀末の絶滅で，セラタイト型アンモナイト類の大部分が姿を消した．この絶滅後，今回はより複雑なアンモナイト型の縫合線を伴ったアンモナイト類が再び多様化した．これらが狭義のアンモナイト類で，その華麗さはジュラ紀に頂点に達する．白亜紀末近くになって多様性は減少しはじめ，第三紀まで生き延びたものは皆無だった．

表9.4　アンモナイト類縫合線の型式．矢印は殻口方向を示す．L：谷，S：山．

縫合線の型	解説図	
アンモナイト型 ペルム紀～白亜紀 （ジュラ紀から白亜紀にかけて支配的）		複雑な縫合線．谷と山はぎざぎざの小鈍鋸歯状．
セラタイト型 石炭紀～三畳紀		山は分離せず，谷は小鈍鋸歯状．
ゴニアタイト型 デボン紀後期～ペルム紀後期		単純な谷と山があり，通常，谷の数は8つである．
オルソセラタイト型* カンブリア紀前期～現世		谷も山もない．

*訳注：頭足類全体についてのこと．

アンモナイト類の全グループは広い分布(死後, 浮いていられることで高まった)と急速な進化のため, 生層序的に役に立つ. ゴニアタイト類は石炭紀の堆積物中で, セラタイト類は三畳紀に, そして, アンモナイト類(狭義)は中生代の残りの期間を通して極めて有用である.

アンモナイト類(狭義)の形態

アンモナイト類(狭義)には, 室に分かれ, 通常は平巻き型の外殻があった. 殻は3つの部分, つまり, 動物が住んでいた体房, 殻の室に分かれた部分である房錐(各室は以前の体房の一部を表す), および, 最初に形成される室である初期室(図9.12)に分けられる. 各室は殻の外側の縁, つまり腹部沿いに位置する体管でつながっている. 殻の形態は様々で(図9.13), その外表にはしばしば棘, 突起, 肋などの多量の彫刻があった.

性的二型

同一層準から採集された成熟したアンモナイト類(狭義)の殻は, 大きさに基づき, 2つの異なる形態グループに分けられることが多い. 小さい方のアンモナイト類(狭義)は**ミクロコンク**(microconch)とよばれ, 大きい方のタイプは**マクロコンク**(macroconch)とよばれる(図9.14). ミクロコンクは側方の延長部, すなわち耳状突起を伴う変化した殻口をもっていることもある. 耳状突起の機能はわからないが, 有性生殖に関連するかもしれない. ミクロコンクとマクロコンクは単なる近縁種かもしれないが, 新しい諸形質が両グループで同時に出現しており, 両者は同一種の雌雄であることも示唆されるが, その区別は不明である.

異常巻き

一部のアンモナイト類(狭義)グループは一風変わった, すなわち「異常巻き」の殻形状を, 特に白亜紀後期に発達させた(図9.15). 当初, これらの型は機能しない, 進化上の袋小路と考えられた. しかし, 物理的モデルはこれらは安定がよく, 水中で浮くのによく適応していることを示している. さらに, 異常巻きから, より普通のアンモナイト類(狭義)グループが生じたことも示されている.

図9.12 アンモナイト類の硬質部の形態.

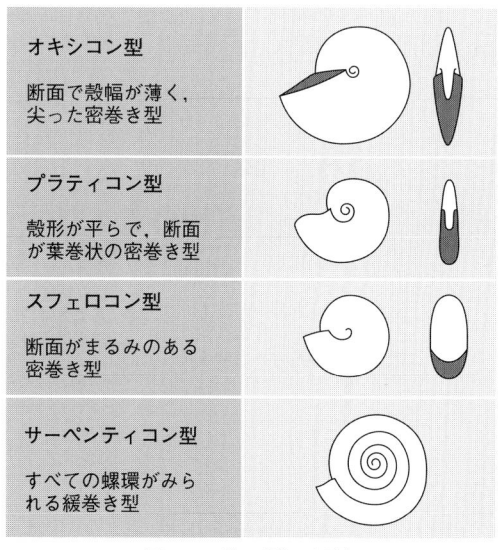

図9.13 殻の形状の用語.

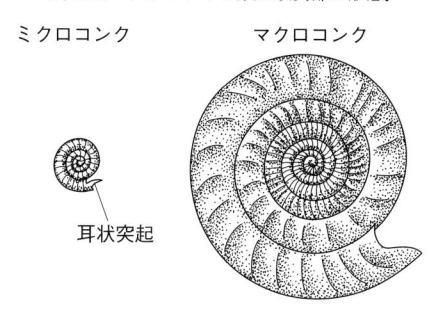

図9.14 ペリスフィンクテス(*Perisphinctes*)(×0.2)の性的二型.

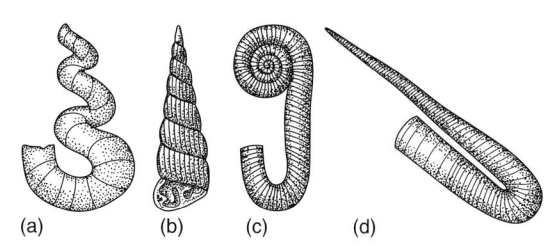

図9.15 提唱されている生時の定位状態で描いた異常巻きアンモナイト類. (a)ハイファントセラス(*Hyphantoceras*). (b)オストリンゴセラス(*Ostlingoceras*). (c)マクロスカフィテス(*Macroscaphites*). (d)ハムリナ(*Hamulina*).

古生態

アンモナイト類(狭義)の生活様式の解釈はオウムガイの習性に基づいている．しかし，アンモナイト類(狭義)の殻の形態は極めて多様である．殻の形状が生活様式に与える影響は，水中での殻の安定を評価するための数的なモデルの使用と，実験室における異なる殻の水力学的特性の観察によって調べられてきた．

液体中に沈められる，あるいは浮いているあらゆる物体には，その体積相当の液体の重さに等しい浮力が働く．この力が働く点が浮力の中心であり，結果として生じる重力が通る点が重心である．安定した方向では，重心は浮力の中心の真下にくる．この2つの中心点間の距離が大きいほど，安定はよりよくなる．生時のアンモナイト類(狭義)の容積と重量を見積もることで，動物の重心と浮力が計算できる(図9.16)．この研究から，異なる殻形態をもつアンモナイト類(狭義)が水中でとったと思われる方向が確立され，適当とみられる生活様式を明らかにするうえで役立っている(図9.17)．

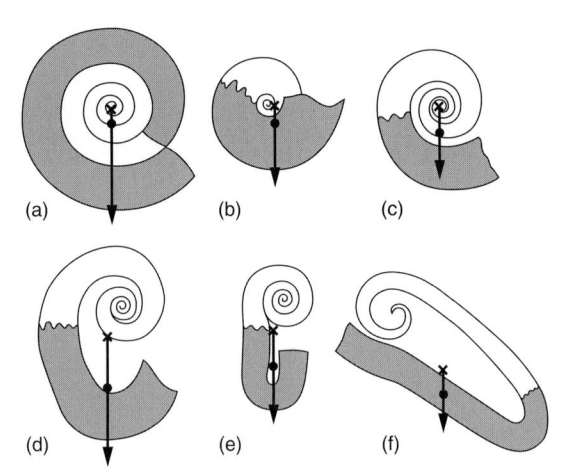

図 9.16 アンモナイト類の生時の姿勢．矢印は浮力中心から重心への向きを示す．×点は浮力中心，●点は重心．灰色部分が体房．(a)ダクティリオセラス(*Dactylioceras*), (b)ルドウィギア(*Ludwigia*), (c)クリオセラス(*Crioceras*), (d)クリオセラスの他の種, (e)マクロスカフィテス(*Macroscaphites*), (f)リトクリオセラス(*Lytocrioceras*).

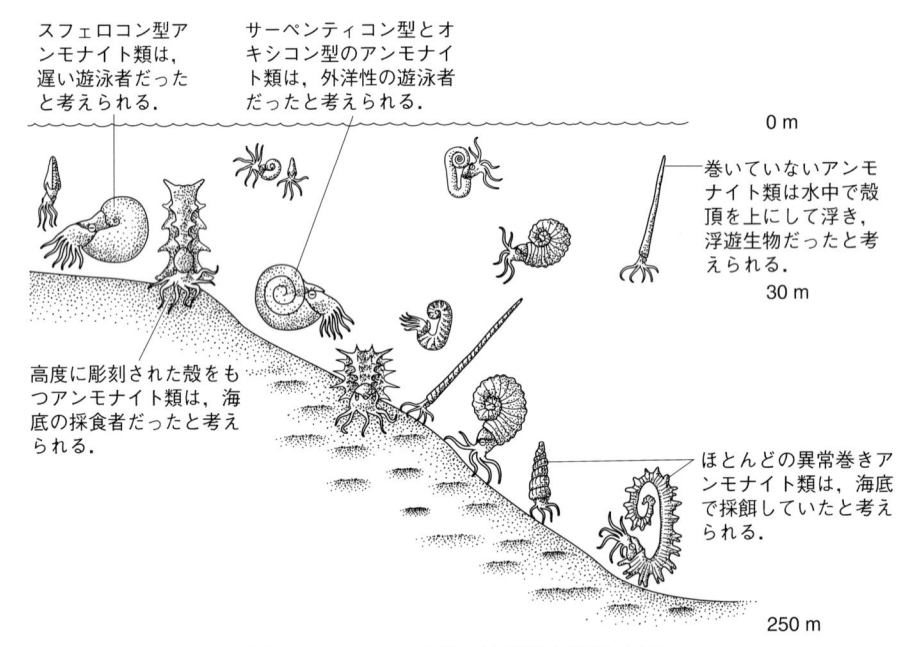

図 9.17 アンモナイト類の生活習性を想定した例．

鞘形(さやがた)類

　鞘形超目はオウムガイ以外のすべての現生頭足類を含んでいる．鞘形類の殻は内部にあって縮小しており，殻がない場合もある．この類の現代の代表者は多様で，高度に変化した活動的な捕食者であり，洗練された感覚系を備えている．コウイカ類は浮力機能のある内部の殻をもっている．イカ類は流線型の自由遊泳者で，内部に軟骨の棒状物がある(図9.18)．イカ類には，ふつうは室に分かれた殻はないが，海水より密度の低い，代謝の老廃物であるアンモニアをもつことで浮力を増している可能性がある．タコ類は底生で殻のない鞘形類で，「水かきのある」腕を使い，水流にのってゆっくり移動することができる．ベレムナイト類は化石鞘形類の大部分を構成している．丈夫な弾丸状の方解石の釣合い錘になる内骨格が特徴的なベレムナイト類は，ジュラ紀と白亜紀の岩石中に豊富にみられる．

ベレムナイト類

　ベレムナイト類はどの現生鞘形類とも異なる内部骨格をもっていた．その骨格は3つの部分に分けられる．

　(i)前方のがっしりした釣合い錘——哨．
　(ii)浮力機構——体管をもち，室に分かれた円錐部，すなわち房錐．
　(iii)前甲——開いた体房の支持物．哨は放射状に配置された硬い方解石の針状結晶で構成されている(図9.19)．

　ベレムナイト類の軟組織は，例外的に保存された少数の標本から知られている．触手には小さい鉤があり，一部のベレムナイト類には現代のイカ類のものに類似した墨袋があった．

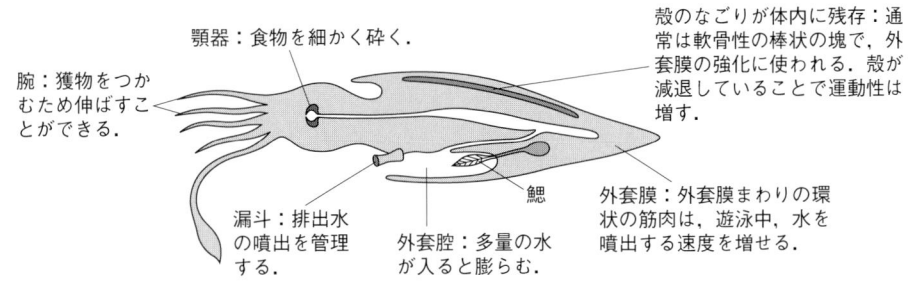

図9.18　イカ類の軟部形態．

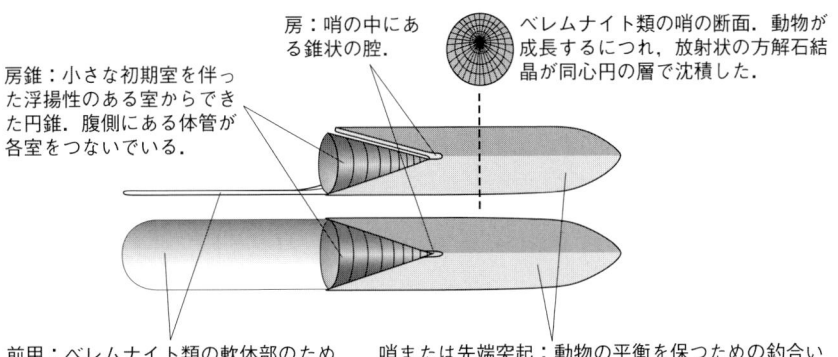

図9.19　ベレムナイト類の形態．

マイア（*Mya*）

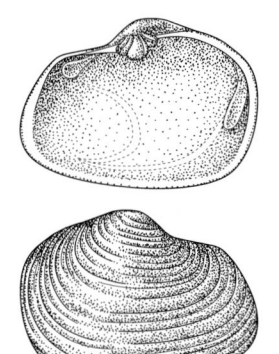

二枚貝類　漸新世〜現世

この二枚貝類は後部に開口部があり，細長くなめらかな殻をもっている．殻は殻頂から殻縁まで約8cm．歯はなく，深い外套湾入がある．

現代の種は埋在性で，軟らかい堆積物中の深さ30cmの穴に生息する．長い水管が海水中へ伸びている．2本の水管は保護するさやの中に入っている．

エンシス（*Ensis*）

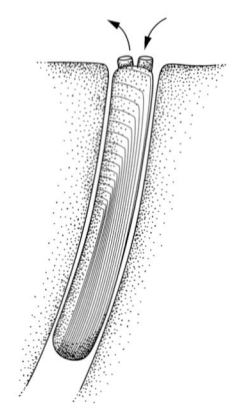

二枚貝類　始新世〜現世

後部と前部に開口部のある，極めて細長く薄い，特色のない殻（長さ約12cm）で特徴づけられる．エンシスは潮間帯の泥や砂に埋在して生息する．採餌中は殻の前部が堆積物と海水の境界面近くにある．干潮時には，動物は筋肉足を使って，堆積物のより深い方へ活動的に穴を掘り進む．

テレド（*Teredo*）

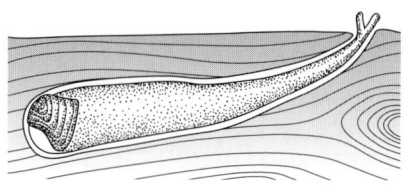

二枚貝類　始新世〜現世

テレドは高度に特殊化した二枚貝で，木に穿孔できる．円筒形の殻は極めて縮小している（殻頂から殻縁まで約1.2cm）．外部表面の鋭い彫刻を使って底質中にトンネルを掘る．殻は縮小しており，動物は本質的に蠕虫状で，穴に入った状態で生息し，掘り出した空間を満たすように成長する．

ラディオリテス（*Radiolites*）

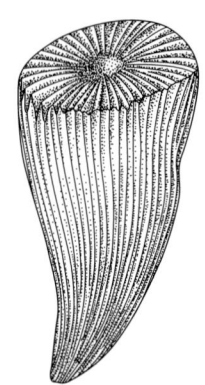

二枚貝類　白亜紀

厚歯二枚貝類として知られる，膠着する二枚貝類のこのように高度に変化した型は白亜紀によくみられた．ラディオリテスには著しく異なる2つの殻がある．下方の殻は厚い壁の円錐形で（高さ約12cm），上方の殻は縮小して，小さく平らな蓋になっている．このようなサンゴ類様の厚歯二枚貝類は群生で成長する傾向があり，海底の上の穏やかで澄んだ海水中で採餌した．

トゥリテラ（*Turritella*）

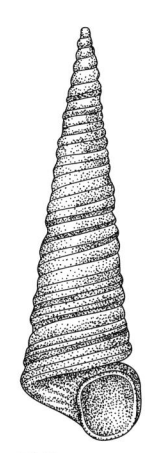

腹足類　白亜紀〜現世

トゥリテラは，前鰓亜綱中腹足目に属する．高くとがった尖端をもち，多数の螺層をもつ殻には単純で丸みのある殻口があり，外部表面には螺旋状の肋がある．水管はない．高さは約 5cm.

通常，現代の種は海洋の浅海環境の軟らかい堆積物中に，螺旋を下方に向けて埋まった状態で発見される．食物は外套腔に引き入れられる海水から採集される．

プラノルビス（*Planorbis*）

腹足類　ジュラ紀〜現世

前鰓亜綱中腹足目に属するこの淡水生の腹足類には，ほぼ平巻き型の殻がある（直径約 1cm）．属内には形態の変異もあるが，大部分の種はなめらかな殻をもっている．

様々な淡水環境に生息するプラノルビスは藻類と植物を餌にする．一部の種は完全に水中で暮らすが，一部の種は大気を求めて水面に出る必要がある．

ブッキナム（*Buccinum*）

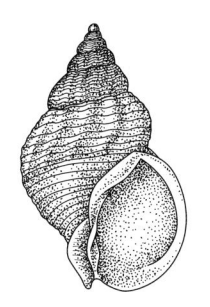

腹足類　鮮新世〜現世

この中腹足類は長円形の殻口と短い水管をもち，中庸の高さの螺旋状の殻がある．一般的には，殻の外部に肋状の彫刻がある．高さは約 8cm.

内臓塊は殻の中にあり，螺旋状に巻いている．防御のため，頭部と足を殻内に引き込むことができ，蓋で殻口を閉じる．水深 200m までの海水に生息するブッキナムは，堆積物上方に水管を伸ばして外套腔内に澄んだ海水を取り込み，半埋在性で暮らしている．ブッキナムは肉食である．

ヒグロミア（*Hygromia*）

腹足類　始新世〜現世

ヒグロミアは陸生腹足類で，後鰓亜綱に属する．ヒグロミアには空気呼吸の肺の機能をする，変化してねじれのない外套腔がある．一般的に，殻は薄くなめらかで，円錐状の螺旋を示す．高さは約 5mm.

ヒグロミアは様々な陸上生息域で見つかり，カルシウムが豊富な土のある湿った環境で最もよく見られる．

パテラ (Patella)

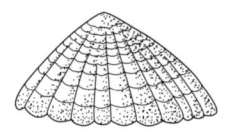

腹足類　始新世〜現世

この原始腹足類は巻きのない，円錐形の笠状殻で特徴づけられる．頂から放射状に広がる顕著な肋が殻を強くしている．円錐形の高さは約 3cm．

パテラは潮間帯に生息し，足で岩石にぴったりついている．干潮の間，動物は脱水を避けるために，「締金でしっかり閉じる」．満潮時には，パテラは被覆性の藻類を求めて岩石の表面を擦食する．

ガストリオセラス (Gastrioceras)

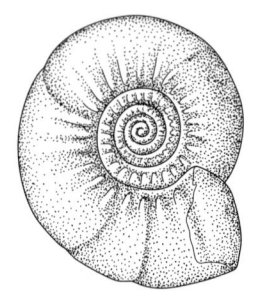

頭足類　石炭紀後期

この古生代のアンモナイトにはゴニアタイト型の縫合線がある．殻はふくらんでおり(広い腹面をもち殻断面が幅広いかまぼこ形)，外部表面には細かい肋がある．殻の直径は約 5cm．中庸に深いへその縁に小さい突起が並んでいる．

ガストリオセラスは海成頁岩中に見いだされ，石炭紀後期の有用な示帯化石である．

ダクティリオセラス (Dactylioceras)

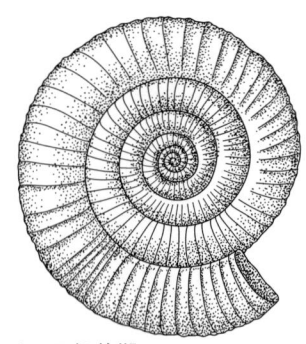

頭足類　ジュラ紀前期

一般的には，このアンモナイトは非常に緩巻きで何回も巻いた螺環が互いにほとんど重なっていない．外部表面には肋がある(殻の直径は約 6.5cm)．体腔は管状で細長い．

数的なモデルによると，重心と浮力の中心は互いに極めて近いことが示されている(図 9.16 参照)．このことは，このアンモナイトは水中で様々な方向で浮けただろうが，安定を欠いていただろうことを意味している．

アマルテウス (Amaltheus)

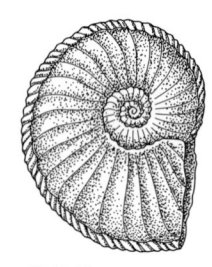

頭足類　ジュラ紀前期

アマルテウスは螺環の幅が狭く，円盤状の殻で同縁は鋭く，へそはせまい．カーブしたS字状の肋の彫刻がある．「パイの皮」のような竜骨が腹部沿いに発達している．縫合線の型はアンモナイト型である．殻の直径は約 8cm．

体房は大きく，重心と浮力の中心の位置は，この動物が現代のオウムガイが採っている姿勢に類似した状態で浮いていたことを示している．

ヒルドセラス (*Hildoceras*)

頭足類　ジュラ紀前期

　このアンモナイトには広いへそを伴う緩巻きの殻がある．螺環の断面はおおまかに四辺形である．外部表面には特徴的な鎌形の肋の模様がある．腹部には両側にくぼみ，すなわち溝を伴う鋭い竜骨がある．縫合線の型はアンモナイト型である．殻の直径は約 6cm．

コスモセラス (*Kosmoceras*)

頭足類　ジュラ紀中期

　このアンモナイトの殻断面は幅狭く，顕著な肋は腹部に向けて二叉に分岐している．縫合線の型はアンモナイト型である．性的二型が知られている．二型の小さい方のミクロコンクでは，殻口は幅狭く，耳状突起が発達している．マクロコンクの殻の直径は約 5cm．

スカフィテス (*Scaphites*)

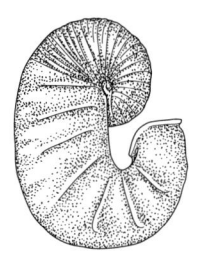

頭足類　白亜紀

　スカフィテスは白亜紀に典型的な異常巻きのアンモナイトである．この部分的に巻きのほどけたアンモナイトには，少しくびれた殻口を伴い，上向きに鉤状の体房がある．殻の外部表面には肋がある．一般的には，殻の「高さ」は 7cm．

　殻口の方向から，スカフィテスは海面近くに受動的に浮いており，自由遊泳能力は限られていたと考えられている．

ネオヒボリテス (*Neohibolites*)

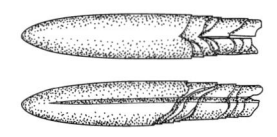

頭足類　白亜紀前期

　このベレムナイトには小さい紡錘形の哨があり（長さ約 4cm），哨のまわりの部分に長い腹側の溝がある．

　ベレムナイト類の軟部形態は化石ラーガーシュテッテンでともに産した，例外的に保存された複数個体から知られている．このような標本には鉤のある長い触手と墨袋がある．

10 筆石類
Graptolites

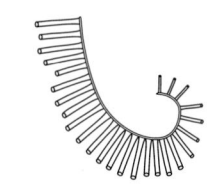

- 筆石類は浮遊性の種と底生の種を含んでいた．
- 浮遊性の正筆石類は古生代前期の動物プランクトンのうち最も豊富だった．
- 筆石類の広い分布と急速な進化は，生層序にとって，筆石類を極めて有用なものにしている．
- 筆石類は謎めいたグループだったが，翼鰓類とよばれる現生の類縁動物がいる．

筆石類は海に群生した動物の絶滅グループで，コラーゲンが優位を占める様々な蛋白質で骨格をつくっていた．群体の大きさは長さ 2mm から 1m を越えるものまで様々で，形状も単純な棒状から複雑で樹木の茂み状のものまで様々だった．筆石類は半索動物門という，よく知られていない門に属し，この門の現生メンバーも少数しかいない．これらの中で，翼鰓類が筆石類に最も近縁だと考えられている．

最古の筆石類はカンブリア紀中期の底生種である．底生のグループはオルドビス紀に多様化し，管形類，房形類やホマログラプトゥス類を含む，よくわかっていない様々な型がこの時代に繁栄した．最もよくみられる底生の筆石類は樹木の茂み状の樹形類だった．また，樹形類はすべての筆石類の中で生息期間が最も長く，石炭紀後期まで生き延びていた．筆石類の底生種は広く行きわたったが，それほど多くはみられず，古生代の大部分の浅海化石群集のごく一部だった．

しかし，オルドビス紀初期に，この底生グループから浮遊性の正筆石類が生じ，正筆石類ははるかによりめざましい歴史をもっている．この生物は本当に豊富で保存されやすい最初の大型動物プランクトンだった．これらは極めて型にはまってはいるが，様々な形状のものに急速に放散し，世界の海洋中に広がった．

最初，大部分の正筆石類は多くの枝をもっていたが，その枝の数は一貫して減りつづけ，オルドビス紀後期までには，背中合わせに配置された 2 本の枝しかない種がその動物相の優位を占めた．筆石類が生き延びられた最大の絶滅事件，すなわち，オルドビス紀末の絶滅は筆石類の形態上の主要な変化を生み，シルル紀とデボン紀の群集では枝が 1 本の筆石類が優位を占める．事実上，筆石類の詳細な生層序は専門家の学問領域だが，オルドビス紀の動物相とシルル紀の動物相の識別や各紀の初期と後期部分の識別には，専門知識はほとんど必要ない（表 10.1 参照）．

筆石類の種類が最も多くなったのはオルドビス紀初期で，その後の連続した危機で多様性は減少した．個々の危機後の回復で生じた種数は以前より少なかった．正筆石類はデボン紀中期に絶滅した．

正筆石類の急速な種分化と広範な分布は，古生代前期の生層序のうえで正筆石類を抜群なものにしている．正筆石類は沖合の群集，特に黒色頁岩中で最もよくみられるが，しばしば浅海でも見つかっており，これも一般的に有用とするに足りる．シルル紀前期の一部では，この期間を正筆石類を使い 50 万年未満の単位に分ける相対的時間尺度を構築できる．

正筆石類は濾過食者だったと考えられているが，軟部の詳細は全く発見されておらず，その生活様式についての推論は硬部形態，種分布，および現生類縁動物の研究に基づいている．

形　　態

　筆石類は比較的単純な構造だった．これは浮遊性の正筆石類に特にあてはまる．

　底生種はいくつかの型のカップ状部，すなわち胞でできた枝，つまり枝状体をつくり，個虫は胞の中に生息していた．胞は枝状体から等間隔で突き出しており，枝状体を切断すると胞の束がみられる．筆石類の群体つまり胞群は特徴的な様式で配置された一組の枝状体で構成されている．底生の筆石類では，この様式が細部では不規則になる．最もよくみられる形は広がった円錐形で，枝状体は一組のつなぎ用の体節間膜で束ねられている．生時，胞群は剣盤から発達した固着器官で海底に固着していた．剣盤は円錐形の胞で，群体が最初に骨格化するのはこの部分からだった（図10.1a）．

　浮遊性の正筆石類では，固着器官は細管，すなわち剣盤の頂から伸びる軸に替わっている．通常，この特徴は1本の単純な枝状体になるが，羽弁状のものや他の付加物がある場合もある．枝状体は極めて規則的な型式の剣盤で増築され，種ごとに単一の型式の胞でできている（図10.1d）．

　細部的に，群体の構造には2つの部分があった．まず，胞の開口部に付加されたコラーゲンでできた一連の半環から主な形状がつくられた．その後にくる，合体と強化の第2段階では，胞の壁の両側にコラーゲンの包帯状の付加が含まれる（図10.1b）．

　群体の枝状体の数と姿勢を記載するために，詳細な専門用語が発達している．この機構の最も重要な要素を図10.1cに示した．

　群体中の全個虫間には軟質の連結部があり，1つの個虫は1つの胞内に住んでいたと推定されている．個虫の詳細な形状はわかっていないが，現代の翼鰓類の外見に類似していたと考えられている．

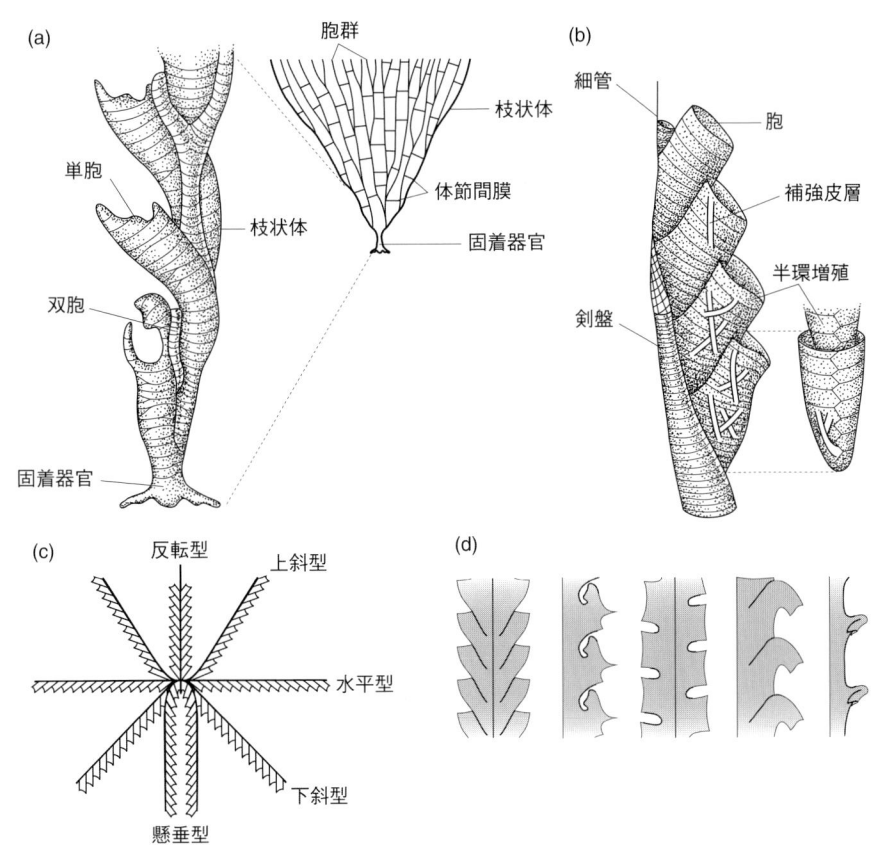

図 10.1　筆石類の硬質部形態の主な要素．(a)樹形類，(b)正筆石類，(c)筆石類の枝状体の定位を記述する用語．(d)異なる胞の型．左から右へ，グリプトグラプトゥス型，ディクラノグラプトゥス型，クリマコグラプトゥス型，鉤のあるモノグラプトゥス型，くるみこみのあるモノグラプトゥス型．

表 10.1　筆石類の歴史における主な進化事件と主要動物相の挿図と時代別重要事件の注記.

底生相の多様性	浮遊相の多様性		動物相の記載

石炭紀

樹形類筆石類が絶滅する.

デボン紀

シルル紀

形態的に単純なモノグラプトゥス類は一連の小さな放散と絶滅を経験した.

がっしりしたモノグラプトゥス類に当たるサエトグラプトゥス類が放散した. 初期の胞には棘があることが多い. 胞群まわりに骨格枠組をもつ異常な正筆石類であるレチオリテス類が一般的になった.

モノグラプトゥス類動物相
デボン紀
A, B：単純な「モノグラプトゥス」("*Monograptus*")

モノグラプトゥス類動物相
シルル紀後期
C：レチオリテス (*Retiolites*)
D：サエトグラプトゥス (*Saetograptus*)

モノグラプトゥス類は湾曲したり螺旋状の枝状体, また, 複雑な胞をもつ様々な型に放散する. 胞は孤立状, 非対称, 鉤状, また, 棘の多いものになった. 胞にある棘から枝を出し, 螺旋状の体型をしたモノグラプトゥス類であるキルトグラプトゥス類が進化した.

ディプログラプトゥス類の1属だけがオルドビス紀末の絶滅事件で生き残っている. そのグループがモノグラプトゥス類に進化し, 単一の枝状体をもっている.

モノグラプトゥス類動物相
シルル紀前期
F：ノルマログラプトゥス (*Normalograptus*)
G：スピログラプトゥス (*Spirograptus*)
H：「モノグラプトゥス」("*Monograptus*")
E：キルトグラプトゥス (*Cyrtograptus*)

2つの胞が背中合わせに配置された正筆石類が動物相を支配した. これらのディプログラプトゥス類の種は箱状の胞とか湾曲した胞壁をもち, 以前にみられたものに比べ胞の形により変化を示した. V型とY型の正筆石類が進化した.

ディプログラプトゥス類動物相
I：「クリマコグラプトゥス」("*Climacograptus*")
J：ディケログラプトゥス (*Dicellograptus*)
K：ディクラノグラプトゥス (*Dicranograptus*)

オルドビス紀

筆石類が最大の放散を示す. 世界中で約200種. 2つの主要な地方——低緯度太平洋地方とより高緯度の南半球の大西洋地方の高度な地方的動物相. 4本または2本の枝状体をもつ正筆石類が一般的である.

ディコグラプトゥス類動物相
L：ディディモグラプトゥス (*Didymograptus*)
M：「イソグラプトゥス」("*Isograptus*")
N：フィログラプトゥス (*Phyllograptus*)

樹形類の筆石類が底生から浮遊性になる. 胞の型の差異はなくなる. 枝状体の数は減るが, 胞群の規則正しさの度合いは急速に増す. 軸をもつ型が優先した真の正筆石類が急速に出現する.

アニソグラプトゥス類動物相
O：クロノグラプトゥス (*Clonograptus*)
P：スタウログラプトゥス (*Staurograptus*)

最初の浮遊性の筆石類は樹形類である.
Q：ラフィドネマ (*Rhaphidonema*)

カンブリア紀

底生の筆石類が筆石類と翼鰓類の共通祖先から進化した. 底生の型が最も多様だったのはカンブリア紀後期とオルドビス紀初期である.

代表的な筆石類の種	より幅の広い視点
	樹形類の筆石類は徐々に少なくなり，結局絶滅したが，この事件は何らかの大量絶滅に関連したものではない．ラブドプレウラ (*Rhabdopleura*) やケファロディスクス (*Cephalodiscus*) のような翼鰓類は比較的最近の岩石からも知られているが，その化石記録は極めて貧弱である．
	すべての海生プランクトンの多様性の大きな低下．これは絶滅の進度の増大というよりは，創生種の欠如によって起こった．ペルム紀まで続いたこの多様性の低下は，陸上植物の台頭によって起こったようである．陸上植物が風化型式の急激な再編成をひき起こし，陸上の莫大な量の有機炭素と栄養物を差し押さえたことによる．
	数回の小さな放散と絶滅がシルル紀に起こったが，気候変化に関係していたらしい．この時代の深い海洋での岩石層序は，海底における低酸素条件を示す黒色頁岩と，より酸素の多いことを示す灰色の沈泥と泥が互層になっている．酸素は海流を通じて海底に供給される．したがって，この岩石層序の互層は海洋における海流の活性度の尺度になる．筆石類の動物相での高い多様性の時期は黒色頁岩が堆積した時代と関係し，海洋の水はあまり混ざらなかった．しかし，また，この観察についても，ある程度の人為性があるだろう．というのは，酸素がないことで海底から腐食者が除去され，筆石類ははるかによく保存されたかもしれないからである．
	オルドビス紀末の絶滅は1回の，突然で，短命な氷河時代が原因していた．この事件は1000万年続いたと考えられ，顕生代の最長の温暖期を区切りづけた．大規模な絶滅は低緯度域のプランクトンと底生生物に起こった．
	動物相の地方性はこの時代にはなくなり，再建されることもなかった．ほとんどの種が極度に広い地理的分布をもっていたと考えられるので，正筆石類の多様性が制限されたのだろう．
	約200種に及ぶ筆石類の最大の多様化は，明らかに発展した地方動物相と符合していた．これらの動物相はオルドビス紀初期を通じての広い海洋の分離で維持された．イアペトス海 (Iapetus Ocean) の最大の発展期だった．

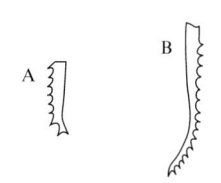

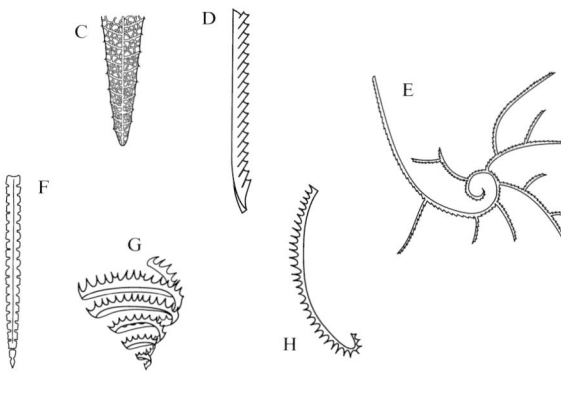

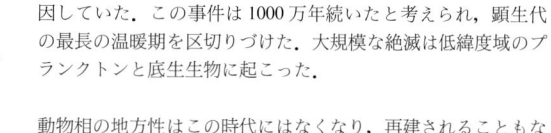

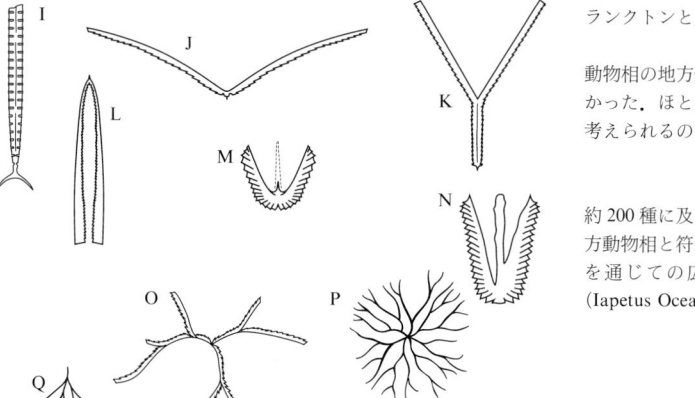

翼鰓類——筆石類の現生類縁動物

翼鰓類は**ラブドプレウラ**（*Rhabdopleura*）と**ケファロディスクス**（*Cephalodiscus*）の2属だけである（図10.2）．翼鰓類にはカンブリア紀中期にさかのぼる化石記録があり，この時期に翼鰓類と筆石類の両者がある共通祖先から進化したとみられる．

現生翼鰓類は世界中から知られているが，通常は小型で見過ごされやすい．標準的な塩度の海水であれば，潮間域から深海の深みに至るまで発見される．海水の流れが速い地域を好み，水流による分級作用の進んだ水路の丸石や死んだ動物の殻に固着していることが多い．

どちらの型も群生の濾過食者だが，互いには全く異なっている．ケファロディスクスは透明なコラーゲンの群体を成長させ，個虫は群体内を自由に移動する．個虫の1つまたは数グループが1つの群体中で見つかることがあり，個々のグループには様々な発達段階の2〜20の個虫が含まれている．成熟した個虫の大きさは約1mmで，収縮性のある茎でグループの残りのものと結びついている．これらは単純な体と奇妙な頭部をもっており，頭部から環状になった濾過用の触手が発生している．これは触手冠とよばれ，濾過用の球状の配列を形成する．頭部には頭楯も含まれている．頭楯は高度に進化した奇妙な器官で，骨格を分泌するため，および，個虫をその場に保つために使われる．

ラブドプレウラは透明〜茶色の群体を成長させ，群体中の各個虫は独自の「胞」をもち，群体中の他のすべての個虫と組織の細い管でつながっている．各個虫には頭楯と濾過食用の一対の腕がある．群体の型は単純な枝状から複雑な茂み状まで様々である．最もよくみられる型は常に別の管と接して成長する一連の管で，殻や丸石の表面に複雑な平面の迷路を形成する．

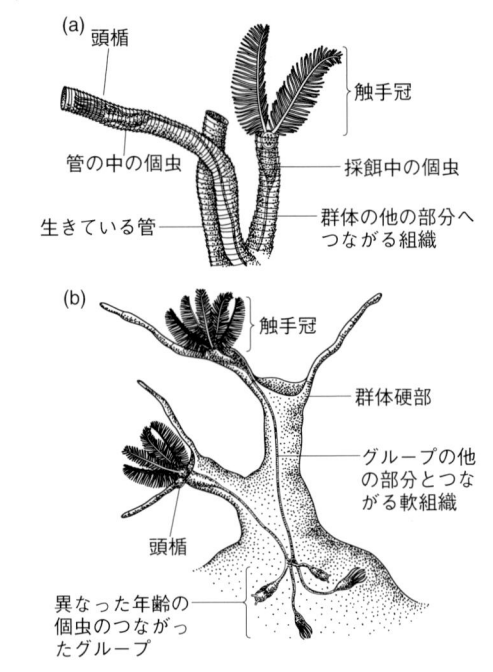

図10.2 現生翼鰓類の図．(a)ラブドプレウラ（*Rhabdopleura*）と(b)ケファロディスクス（*Cephalodiscus*）．個虫の体長は約1mm．

筆石類の生活様式

筆石類の個虫は，現代の翼鰓類の個虫，特にラブドプレウラの個虫と外見が類似していたと考えられている．頭楯は筆石類の胞群の表面にみられるコラーゲン状の包帯状物を分泌するために必要だった可能性があり，個虫がこの表面に立ち入ることができたという事実は外部の軟組織がなかったことを示唆する．

浮遊性の正筆石類にみられる最も注目に値する適応のひとつは，極めて規則的な群体の形状で，これは海中で自由に生息するための適応だったように思われる．浮遊生物の生活様式では，主要な制御はしばしば水力学が関係する．つまり，浮き，食物を運ぶ水流に対し適当な定位を保つ必要である．正筆石類は様々な方法でこれを達成した．正筆石類の独自に進化した多くの形態は，正筆石類が移動するにつれて回転するつくりになっており，安定性を向上させるとともに，各個虫が試食する海水の量を増していた．極めて単純な形状の場合（二列型の型やモノグラプトゥス類など），安定性および流れに面する剣盤の正しい定位は，細管をもつことで達成されていた．細管は凧の尾のように働き，その位置は主要な群体の下流に保たれた．

正筆石類の分布は古生代前期の海洋の栄養分レベルと相互に関連があったように思われる．大陸棚の多くの部分で筆石類の多様性が最も高いのは，正筆石類が餌にしていた一次生産者に硝酸塩とリン酸塩を供給したであろう湧昇流のある，大陸棚縁の近くである．一部の地域では，正筆石類の最盛期——現代のプランクトンにみられる最盛期に類似——が認められることがあり，火山灰の薄い帯と関連している．このような帯は生命維持に必要な微量元素，特に鉄と亜鉛を海洋に供給したであろう噴火を表している．

ディクティオネマ（*Dictyonema*）

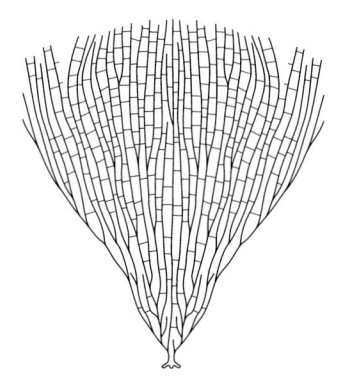

カンブリア紀～石炭紀

底生で樹形類に属する筆石類で，高さは最高で20cm．完全に成長した群体には1000をはるかに超える個虫が入っていた可能性がある．胞群は円錐形で，一連の体節間膜で堅く結ばれ，固着器官で海底に固着していた．

ディディモグラプトゥス（*Didymograptus*）

ディコグラプトゥス類動物相　オルドビス紀前期～中期

2つの枝状体をもつ筆石類で，この場合は2つの枝状体がたれ下がっている．一般に長さ2～8cm．胞は単純で，枝状体の長さの大部分にわたり次第に大きくなる．

テトラグラプトゥス（*Tetragraptus*）

ディコグラプトゥス類動物相　オルドビス紀前期

4つの枝状体をもつ筆石類で，この例では，枝状体が2つのU字型のように配置されている．とても大きくなることがあり，枝状体は最長40cmになるが，通常は長さ10cm未満である．

ディクラノグラプトゥス（*Dicranograptus*）

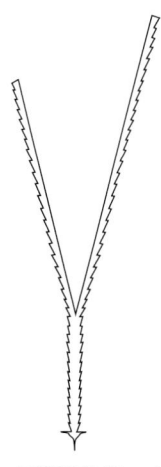

ディコグラプトゥス類動物相　オルドビス紀後期

2列で突出し，急に折れ曲がり，しばしば棘があることを特徴とする，顕著な胞を持つY字型の筆石類．一般的には長さ2～4cmだが，長さ10cmを越えることもある．分かれた後の枝状体には螺旋状に配置された胞がある．

クリマコグラプトゥス（*Climacograptus*）

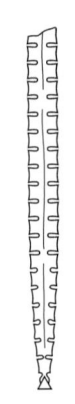

ディプログラプトゥス類動物相および初期のモノグラプトゥス類動物相　オルドビス紀〜シルル紀

形態の属，すなわち，ある共通祖先でなく，共通の形態をもつ種の一組．しかし，このような形態属は，野外での予備的なレベルでの同定には，やはり，有用である．クリマコグラプトゥス類は箱のような胞をもち，常に二列型である．一般的には長さ 2〜6cm．

キルトグラプトゥス（*Cyrtograptus*）

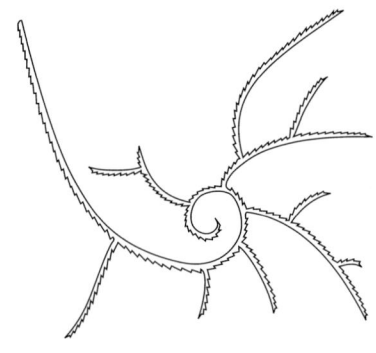

モノグラプトゥス類動物相　シルル紀

変わった胞をもつ螺旋状に巻いた正筆石類で，各胞の開口部に棘がある．これらの棘は枝に発達することができ，個々の枝は同じ型の胞でできており，再度，枝分かれすることもある．これらの種は大型で分枝が多く，水平に配置されたディコグラプトゥス類の絶滅で空位の生まれた生態的地位を占めた可能性がある．通常は幅 5〜60cm．

ボヘモグラプトゥス（*Bohemograptus*）

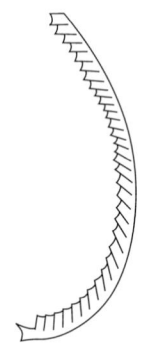

モノグラプトゥス類動物相　シルル紀

単純な胞がある，1つの枝状体をもつ筆石類．枝状体は湾曲している場合とまっすぐな場合があり，通常，長さは 5〜20cm 程度，幅は 2〜3mm 程度．

ラストリテス（*Rastrites*）

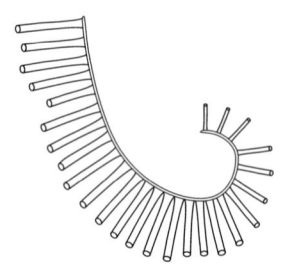

モノグラプトゥス類動物相　シルル紀前期

小型で通常は湾曲している単筆石類で，極めて大きくて細い胞があり，個々の胞は隣の胞から分離している．通常，胞群全体は長さ 4cm 未満．胞は最長 2cm になることがあり，開口部に鉤またはフード状のおおいをもつ傾向がある．

11 脊椎動物
Vertebrates

- 脊椎動物は動物の種のうち，最大のものと最速のものを含む．
- 脊椎動物は陸と空に進出した数少ない生物グループのひとつだった．
- 脊椎動物はカンブリア紀以降の顕生代の岩石中で見つかる．
- 脊椎動物には魚類，両生類，爬虫類，恐竜類，哺乳類および鳥類が含まれる．
- 脊椎動物の骨格は様々な機能に，特有の方法で適応できるように思われる．

　オルドビス紀以降の，水生と陸生の生態系における脊椎動物の重要さははかりしれない．一般に，脊椎動物は捕食者および腐食者として存在し，現代動物相のほぼ至る所にいるようになった．しかし，脊椎動物の多くの部位からできた特徴的な内骨格は化石化しにくく，化石群集中では実際の数量より少なく現れてくる．

　脊椎動物は脊索動物門の最も重要なグループである．脊索動物に特有な要素は脊索，つまり動物の背に沿って延びる強化された棒状体である．通常，脊椎動物の脊索は鉱化して背骨を形成しており，長い神経束を取り囲んでいる．骨格をもつすべての脊椎動物において，使われている素材はリン酸カルシウム($CaPO_4$)で，一種の桁受けとして使われる有機物と混ざっている．この変わった高くついた選択には，脊椎動物が成功を収める一助となったであろう生理学的な意味がある．生物は酸素の摂取より消費の方が速くなると無機的に機能しはじめる．このことが体内の酸性度を高め，炭酸カルシウム分泌物は急速に溶食しはじめるだろう．しかし，リン酸カルシウムはこのような溶解に耐性をもち，短期間にしても脊椎動物に過度の出力を許し，有効なエネルギー増強を提供している．

　最初の脊椎動物はカンブリア紀のもので，コノドント類(歯)と希少な魚類が含まれる．脊椎動物に近縁な祖先はバージェス頁岩(Burgess Shale)の動物 **ピカイア**(*Pikaia*)である．異なる脊椎動物グループの放散は連続して起こり，魚類がシルル紀に，両生類がデボン紀に，爬虫類の各種の子孫がペルム紀・三畳紀・ジュラ紀に，そして，鳥類と哺乳類が新生代に，それぞれ一般化し多様になった(図11.1)．生態的地位は，しばしば，脊椎動物の継承グループによって次々に埋められたが，競合による場合と受動的な交替による場合があった．

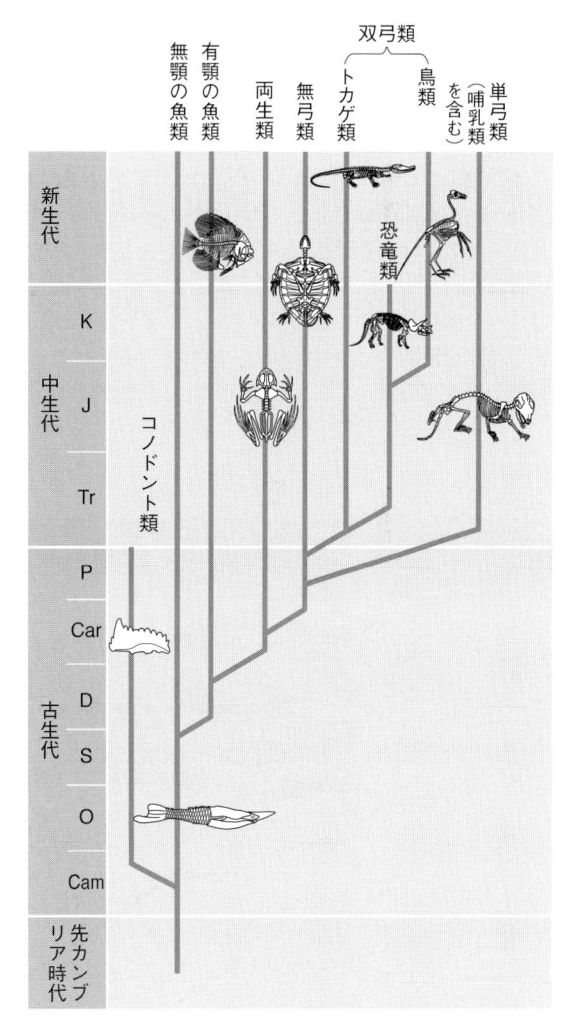

図 11.1 脊椎動物の主要な進化上の類縁関係．K：白亜紀，J：ジュラ紀，Tr：三畳紀，P：ペルム紀，Car：石炭紀，D：デボン紀，S：シルル紀，O：オルドビス紀，Cam：カンブリア紀．

魚　　　類

最初の脊椎動物は**魚類**(fish)だった．そのすべてが海生で，デボン紀まで淡水に進出する魚類はいなかった．これらの初期魚類のほとんどには顎がなく，すべての鉱化作用が歯あるいは体の外部装甲に集中していた．顎はシルル紀に発達し，時に**有顎類**(gnathostomes)として知られるこのグループは，すぐに支配的な化石魚類群集になった．原始的な有顎類は連続して進化し，現代の魚類で最も一般的な2つのグループ——軟骨魚類と硬骨魚類に進化した．また，**板皮類**(placoderms)や**棘魚類**(acanthodians)など，いくつかの絶滅グループへも進化した．硬骨魚類の1グループである**肉鰭類**(lobefins)は，同様に，四肢動物に進化した．私たちの直接の祖先である(図11.2)．

最も一般に保存されている初期脊椎動物は，メクラウナギ様の原始的魚類である**コノドント動物**(conodont animals)である．この生物はその歯——コノドントとよばれる微化石——から最もよく知られている(詳細については第13章参照)．コノドント動物はすべて海生で，その遺物は主にカンブリア紀～三畳紀の浅海堆積物中に発見される．歯は象牙質とエナメル質でできていた．しかし，鉱化した体部要素としては唯一のものとして現れている．軟体部の遺物はこの生物が活動的な遊泳者で，体長が5～50cmの細長い体と大きい眼をもち，顎がなかったことを示している．コノドント動物が捕食者または腐食者だったことはほぼ間違いないが，コノドント要素が濾過食向きの配置を示す復元も試みられている．保存状態のよいコノドント要素の摩耗形状は，捕らえ，切る歯に予期される形状とも矛盾しない．

他の原始的な魚類はカンブリア紀とオルドビス紀の岩石から知られており，そのすべてに保存された顎がない．全体として，顎のないこれらの魚類は**無顎類**(agnathans)として知られ，古生代前期の魚類動物相によくみられる要素になっていた．今日このグループを代表するのは腐食者であるメクラウナギと，寄生的な生き方をするヤツメウナギである．おそらく，より初期の種は生態的により多様で，最初の海生捕食者の一部も含まれていただろう．堆積物や浮遊生物を食べることに良く適応していたと思われる魚類もいた．

シルル紀以降の魚類進化は，顎器官のうえと正確に速く泳ぐ能力のうえで，重大な変化をもたらした．対になった鰭，強く柔軟な体，食物を吸い上げるための

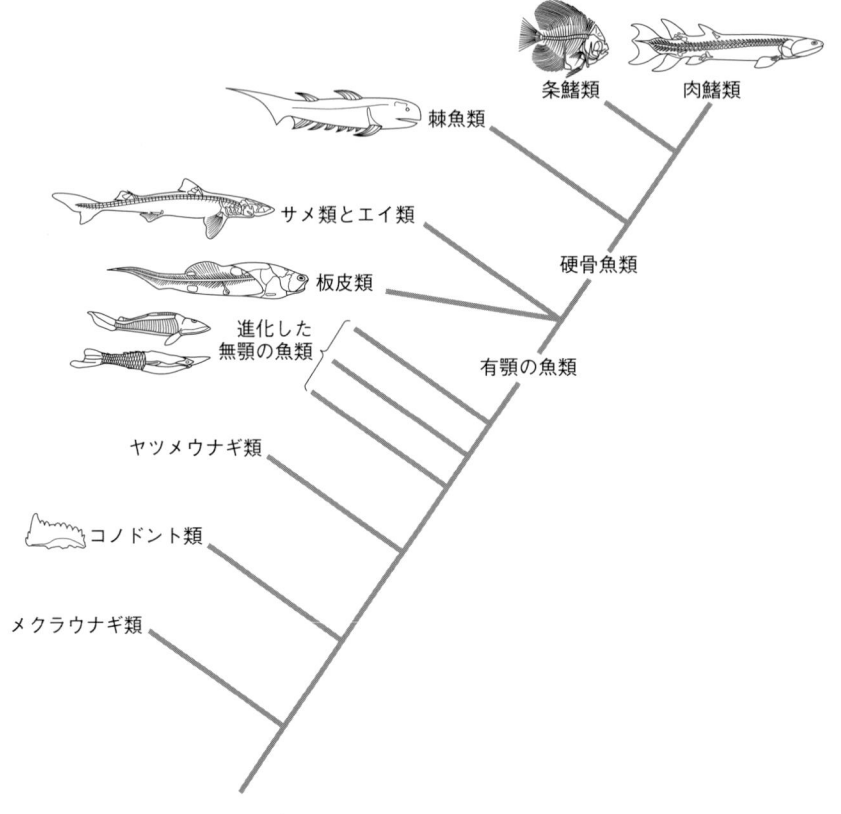

図 11.2　魚類進化上の類縁関係．

突き出せる口——これらはすべてこのグループ内で出現した適応の例である．

顎のある魚類，つまり有顎類はシルル紀後期に進化した．おそらく，顎の起源は鰓を支持する骨質の鰓弓で，鰓を通る水の流量率を向上させるため，また，採餌目的のために変化した可能性がある．しかし，この論拠は現代の魚類に基づくもので，古生代の祖先の相似器官とするには不十分かもしれない．

有顎類はシルル紀-デボン紀境界にまたがって急速に多様化し，進化上の類縁関係の決定は難しくなっている．当時の魚類動物相は重装甲の板皮類と軽装甲の棘魚類を含んでいた．棘魚類は個々の鰭の前部に支えの棘があることで特徴づけられる．ドゥンクレオステウス（*Dunkleosteus*）などの板皮類は体長が10mに達し，捕食性の習性をもっていた．一部の棘魚類には鰓弓に棘があり，現代のヒゲクジラ類のように，この棘で海水からプランクトンを濾し分けていた可能性がある．原始的な有顎類はデボン紀に一般的で，世界中の淡水成と海成の堆積物から知られている．その後，原始的な有顎類は衰退し，最後の棘魚類もペルム紀末の大量絶滅で滅び去った．

現代のサメ類とエイ類は鉱化していない軟骨でできた骨格をもっている．しかし，その歯と鱗は脊椎動物に特徴的なもので，全般的なボディプランも同様である．これらの魚類は軟骨魚類として知られ，化石記録中での明確な初出はデボン紀である．サメ類とその類縁動物の放散は2回あり，1回は石炭紀，1回は三畳紀/ジュラ紀である．現代の型のほとんどは中生代までさかのぼることができ，捕食者およびウバザメ類などの巨大濾過食者が含まれていた．

現代の骨質の魚類，すなわち硬骨魚類はシルル紀後期に出現した．これらの魚類はデボン紀に2つの主要グループに急速に多様化した．現代の水生環境で優位を占める，鰭条のある鰭をもつ魚類と肉質の鰭を持つ魚類である．後者のグループには，現代の肺魚類と有名な「生きた化石」のシーラカンス類が含まれる．現代の世界ではまれだが，このグループは私たちを含むすべての陸生脊椎動物を生んだ．

鰭条のある鰭をもつ魚類は**条鰭類**（actinopterygians）として知られる．条鰭類には柔軟な鰭があり，この鰭は放射状の骨，つまり鰭条（ひれすじ）をもつ軽いつくりの扇状構造物で支持されている．ほとんどのものは泳ぎが速く，通常，この泳ぎのための力は胴体または尾の動きで供給され，鰭は舵取りの機能を果た

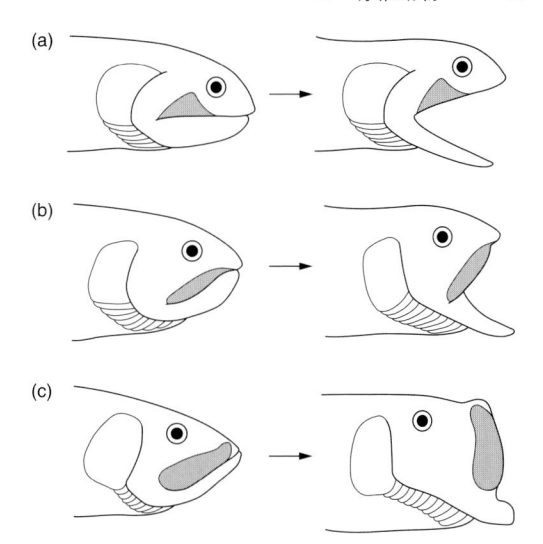

図 11.3 有顎の魚類における顎運動の撓曲性増大．(a)初期の有顎の魚類．(b)原始的な硬骨魚類．(c)進歩した硬骨魚類．

している．時の経過とともに，これらの魚類はより軽量化する傾向があり，外骨格要素はなくなった．条鰭類には，これまでに3回の主要な放散があった．この放散は古生代後期，三畳紀後期/ジュラ紀，およびジュラ紀後期/白亜紀に起こっている．この最後の放散で**真骨魚類**（teleost fish）の広がりがみられた．真骨魚類の口器は突き出すことができ，巧みな吸い込みとか，つまみ取りの形になる（図11.3）．この革新が，現在では少なくとも2万種を含むこのグループの成功した一因だったかもしれない．

肉質の鰭をもつ魚類は**肉鰭類**（sarcopterygians）として知られる．肉鰭類の鰭は頑丈で，中央にある数本の大きな骨で支持され，骨格との強い結合で支えられているのが一般的である．条鰭類とは対照的に，魚の推進力は鰭の動きで得られる．この頑丈なつくりの強力な鰭が陸上生活への重要な前適応だった．もうひとつの有益な適応が空気呼吸の能力である．空気呼吸は魚類では比較的よくみられ，よどみがちな温かくて浅い水に生息する魚類には特によくみられる．このような環境では，多くの魚類が空気の泡を吸い込み，そこから酸素を得ている．現代の肺魚類は無期限に空気呼吸をすることができる．肉鰭類はデボン紀に多様性が最大になり，両生類を生んだのもデボン紀である．デボン紀以降，肉鰭類が形成する魚類動物相での構成部分は極めて小さくなる．

両　生　類

両生類(amphibians)は水中に産卵する四肢動物(四肢をもつ脊椎動物)である．両生類は爬虫類，恐竜類，哺乳類，鳥類を含む他のすべての四肢動物の祖先グループである．

両生類および他のすべての四肢動物の祖先として最も可能性が高いものは，**リピドスティア類**(rhipidistians)として知られる，絶滅した肉鰭類魚類のグループである(図11.5)．この魚類は最初期の両生類に似た頭骨形態と，人類を含む後続四肢動物に共通した四肢骨の様式をもっていた(図11.4)．四肢の上部に1本の骨，下部に2本の骨，多くの末梢骨があるという様式である．ほとんどの四肢動物には，私たちの指のように，末梢に5本の指の骨がある．しかし，一部の種はこの数を変化させ，最初期の両生類ではこれより多く，一般的には，7本または8本指をもつ傾向があった．

強力な鰭と空気呼吸の能力をもつ肉鰭類の魚類は，ある程度まで，陸上で暮らす生活に素晴らしい前適応をしていた．さらに，海洋と淡水両方の，浅水の生息場所にも適応していた．このことが，肉鰭類を物理的に陸に近づけた．この陸地は，乾季の期間，あるいは水の停滞が酸素供給の欠乏を起こしたときに，断続的に問題を引き起こしうる環境にあった．現代の肺魚類はこのような状態を回避し，食物を見つけるために水から離れる．陸上を這い歩く能力は，腐食者からの保護のため，肉鰭類が孤立した水域に産卵することも可能にしただろう．

最もよく知られた初期両生類は，**イクチオステガ**(*Ichthyostega*)と**アカントステガ**(*Acanthostega*)である．これらはグリーンランドのデボン紀後期の堆積物に発見され，いずれも湖に生息する魚食者だったとみられ，そのような生活に高度に適応していた．しかし，両者は魚類のような形質と両生類のような形質の魅力的な混合物でもあり，四肢動物進化のこの段階に対して真に洞察できる情報を提供している．

このグリーンランド産の両生類は，どちらも流線形の体と頭部，長くて柔軟な尾部，そして顕著な尾鰭をもっていた．歯は魚類のものに極めて類似していた．四肢は短く，手首と足首の関節のつながり具合は不完全だった．奇妙なことに，イクチオステガは後肢に7本の指があり，アカントステガは前肢に8本の指があった．これは重要なことで，その理由は5本の指をもつ手と足，いわゆる五指性の四肢は後世に発達したものであると同時に，グループ全体の共有形質のひとつではないことを示しているからである．

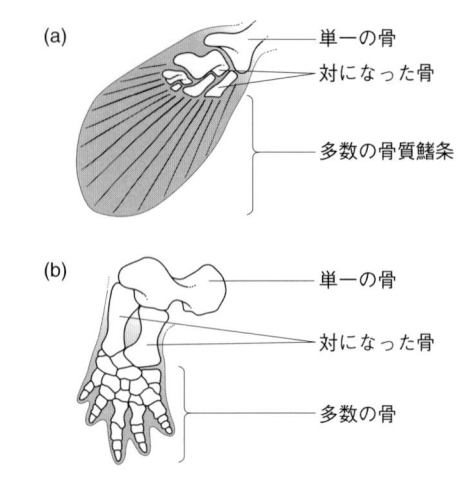

図 11.4　(a)リピドスティア類の鰭と(b)原始的な四肢動物の肢の比較．

両生類は石炭紀に約40科に放散し，暖かく湿気のある石炭森林で繁栄した．これらの生物は型や大きさが多様で，分類を難しくしている．ヘビのような動物，成体の体長が10cm未満の小型両生類，三角翼のような幅広の頭部をもつ水生型などが含まれている．この高度に多様な群集の中で2つのグループが，より現代的な四肢動物の進化のうえで重要である．現代の両生類を生んだ**切椎類**(temnospondyls)，および，おそらく爬虫類・哺乳類・鳥類の祖先を含む**爬型類**(reptilomorphs)がそれである．

これらの石炭紀両生類の進化上の可能性を制約する要素が3つあった．産卵のために水に戻る必要があり，すべてが肉食者であり，陸での移動性が限定されていたことの3つである．四肢は一般に短く，膝と肘で関節しており，体が地面に触れそうな不格好な動きになっていた．

現代の両生類はカエル類とヒキガエル類，イモリ類とサンショウウオ類，および四肢のない無足類の3つのグループに分けられる．これらは共に平滑両生類として分類され，三畳紀に切椎類の祖先から進化したと考えられている．最も初期のカエル類は時代的にはジュラ紀初期で，現代のカエル類に特徴的な形状をもっていた．サンショウウオ類の標本がカザフスタンのジュラ紀後期の岩石から発見されている．最古の無足類が知られる時代もジュラ紀で，まだ小さい四肢があった．平滑両生類の化石記録は相対的に貧弱である．

石炭紀の爬型類には，体長約1mの中型で魚食の**炭竜類**(anthracosaurs アントラコサウルス類)などのグループが含まれていた．**プロトギリヌス**(*Protogyrinus*)などの一部の炭竜類には比較的長い四肢があり，陸上

で十分に動き回れたらしい．**フォリデルペトン**(*Pholiderpeton*)など，水中での生息に適応しているものもいた．このグループの未知のメンバーが陸に産卵する能力を進化させた．この羊膜卵が爬虫類や哺乳類などの子孫グループの成功にとって決定的になった．

双弓類：恐竜類，鳥類，翼竜類，海生爬虫類，トカゲ類とヘビ類を含む．

無弓類：ウミガメ類とカメ類．

陸上環境での生活，二次的に水と空へ進出．効率的な運動手段，陸地での産卵，子供を産む．温血の可能性がある．

陸上環境に住み，二次的に水に進出．陸地に産卵．冷血．

単弓類：盤竜類，哺乳類型爬虫類，哺乳類を含む．

ヒロノムス(*Hylonomus*)：最古の爬虫類と考えられ，卵を産んだらしい．

現代の両生類

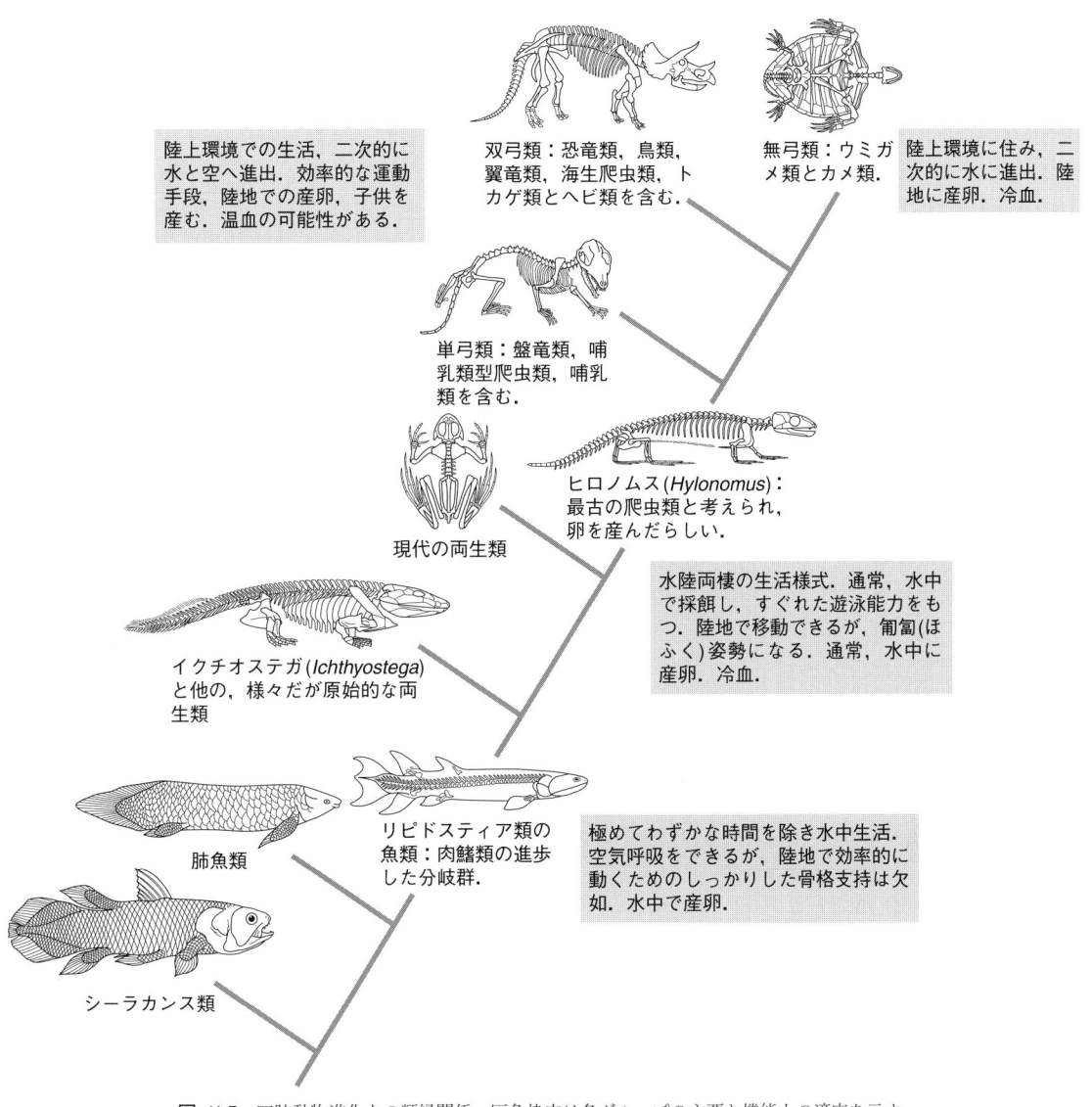

水陸両棲の生活様式．通常，水中で採餌し，すぐれた遊泳能力をもつ．陸地で移動できるが，匍匐(ほふく)姿勢になる．通常，水中に産卵．冷血．

イクチオステガ(*Ichthyostega*)と他の，様々だが原始的な両生類

肺魚類

リピドスティア類の魚類：肉鰭類の進歩した分岐群．

極めてわずかな時間を除き水中生活．空気呼吸をできるが，陸地で効率的に動くためのしっかりした骨格支持は欠如．水中で産卵．

シーラカンス類

図 11.5　四肢動物進化上の類縁関係．灰色枠内は各グループの主要な機能上の適応を示す．
［訳注：無弓類については p.85 の訳注を参照．］

羊膜類（有羊膜類）

爬虫類(reptiles)は石炭紀に両生類から進化した．爬虫類の重要な革新は陸に産卵する能力である．この羊膜卵は水から離れた胚にとって生命維持の体制である．**羊膜卵**(amniotic egg)によって，爬虫類とその子孫は両生類には利用できなかった多様な環境にコロニーをつくることができるようになった．

羊膜卵は単一の受精細胞から発達する．羊膜卵内には胚に発達する卵黄とその栄養源（「卵白」）が入っている．さらに，老廃物の貯蔵腔と，外気と気体交換をする空気腔がある．羊膜卵の全体は防水の膜で包まれ，この膜は堅い場合と柔軟な場合がある（図 11.6）．

残念ながら，卵は化石記録の中では極めてまれで，知られる最古の卵の時代は三畳紀である．しかし，現代の**羊膜類**(amniotes)が生むすべての卵は同じ方法でつくり出される．当然，この複雑な一連の過程は進化のうえで1回だけ，最も原始的な羊膜類で起こった可能性が高いと考えられている．したがって，羊膜類の解剖学的構造のその他の細目が，化石記録中の産卵者の出現を推測するうえで利用できる．どれをとっても，このグループの祖先でありうる初期爬虫類群が知られている．初期羊膜類である可能性をもつもののひとつが**ウェストロチアナ**(*Westlothiana*)で，スコットランド，ミッドランド・ヴァレー(Midland Valley)から出た，石炭紀火山湖堆積物中で発見された小型四肢動物である．しかし，現在では，この型は羊膜卵の進化より少し先行していたと考えられている．よく知られている最初期の爬虫類は**ヒロノムス**(*Hylonomus*)とよばれ，カナダ東部の石炭紀化石森林の，中空の木の切り株内で発見されている．

初期の爬虫類は小型で，これはその生理機能の反映かもしれない．現代の爬虫類は冷血で，機能的な体温を行動手段で維持する必要がある．例えば，日光浴をすることであり，過度の暑さから逃れるため穴掘りが必要になることもある．このような体温調節は表面積・体積比が高い小型動物では，はるかに速くなる．これとは対照的に，初期両生類ははるかに大きくなれた．体温調節がより楽な水中の生活が主だったからである．

爬虫類は石炭紀に進化上の主要な3つの系列，つまり分岐群に放散し，それ以来，この3系列が陸生環境に優位を占めている．この初期の放散はまったく異なる系列への放散で，頭骨構造によって最も特徴的に区別される．無弓類の系列は原始的で，眼と鼻の開孔部以外，頭蓋に孔がない．今日，この系列は現代のウミガメ類とカメ類で代表される．この系列は現在より多様だったことも時折あったが，この系列から進化した2つの系列と重要さのうえで匹敵することは決してなかった．次に進化した単弓類は，頭蓋の眼窩後方に1つの孔がある．このグループは哺乳類型爬虫類に進化し，結局，哺乳類に進化した．後に進化した双弓類は頭骨の眼窩後方にある2つの開孔部で特徴づけられる．このグループは現在の爬虫類グループのほとんど，海生爬虫類，恐竜類，および鳥類に多様化した（表 11.1）．

進歩した爬虫類の各科は，陸上におけるより高い可動性という問題に対し，異なる解決策を発達させた．両生類は膝と肘で関節する四肢をもつ．骨盤と肩帯は堅く，間にある背骨は歩く際に左右へ交互に曲がる．このことが両生類の速度と動いていられる時間の長さを限定する．脊柱が曲がる際，2つの肺は交互に圧縮され，呼吸と歩行を同時に行えなくなる．この制限はワニ類などの現生の爬虫類にもあてはまり，獲物に突進することはできても，どのような距離であれ，獲物動物を追跡することはできない．単弓類と双弓類は，異なる時点で，遺伝的なキャリアーの制約として知られるこの問題を，多様な個別の方法で解決した．

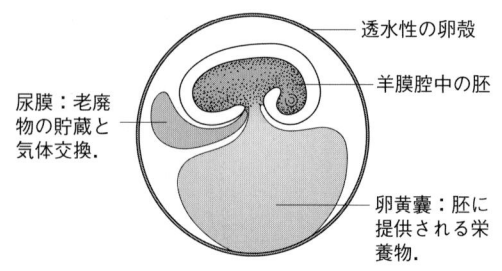

図 11.6 羊膜卵．この卵が進歩した四肢動物の完全な陸地進出を可能にした．

表 11.1 爬虫類の3つの主要な分岐群.

	起源	主な放散	一般的な例
無弓類 眼窩後方に頭骨孔がない	石炭紀 (爬虫類の原始的なグループ)	あまり多くも，多様化もしていない ペルム紀に型の上での最大の多様化 三畳紀に甲の進化の後に最大の成功	ウミガメ類，カメ類
単弓類 眼窩後方に1つの頭骨孔	石炭紀	ペルム紀初期の盤竜類，ペルム紀後期の獣弓類 暁新世に真の哺乳類	ディメトロドン(*Dimetrodon*)，カンガルー，ウマ，人類
双弓類 眼窩後方に2つの頭骨孔	石炭紀	三畳紀の主竜類，海生と飛行性の爬虫類 ジュラ紀の恐竜類 暁新世の鳥類	魚竜類，首長竜類，翼竜類，トリケラトプス(*Triceratops*)，ティラノサウルス(*Tyrannosaurus*)，ウミカモメ類

無 弓 類

無弓類(anapsids)は最も初期の爬虫類と，少数のペルム紀・三畳紀型，および，その化石記録が三畳紀までさかのぼる現代のウミガメ類とカメ類を含むグループである．[訳注：近年では，カメ類は二次的に側頭窓を失った双弓類であり，かつ主竜類に近縁とみなす考えがある．]

ペルム紀と三畳紀の無弓類は3つの科に分類される．ペルム紀のミレレッタ類は南アフリカから知られ，当時の南アフリカは温帯の南方緯度域にあった．**ミレレッタ類**(millerettids)は小型で活発な昆虫食者としては並みの大きさで，一般的には，長さ約5cmの頭骨をもっていた．ペルム紀後期と三畳紀の**プロコロフォン類**(procolophonids)は南方の中緯度域から高緯度域にかけて生息し，雑食または植物食だった．ペルム紀後期の**パレイアサウルス類**(pareiasaurs)は北半球で見つかり，体長は2～3mに達することがあった．パレイアサウルス類はどっしりしたつくりの植物食者である．

この採餌戦略の多様性は現代の無弓類，カメ類，ウミガメ類にもみられるが，このグループには歯がない．そのすべてが保護用の甲の中に体を引き込められるという共通の特徴を分け持っている．甲は2つの要素，すなわち，上面の背甲と下面の腹甲からなっている．ウミガメ類やカメ類の背中の皮膚内では骨質の板が成長し，その後，角質の板や角鱗でおおわれる．背甲の板が肋骨と脊椎に付いているのに対し，腹甲は肩帯に付いている．

最古の化石ウミガメ類の時代は三畳紀後期で，プロコロフォン類またはパレイアサウルス類から進化したように思われる．多様性が最高だったときは25科に達した．化石は海洋，淡水，陸の各環境から見つかっており，背甲の直径が2mを超す大型になることもあった．

単弓類

単弓類(synapsids)の**哺乳類型爬虫類**(mammal-like reptiles)は石炭紀後期とペルム紀の諸大陸で優位を占めていた．最初の放散は盤竜類として知られるグループによるものだった(図11.7)．このグループは乾燥した一連の環境に進出し，大型に進化し，植物食へ進化したものもいた．最もよく知られる盤竜類は**ディメトロドン**(*Dimetrodon*)で，その骨格は脊椎の伸長で支持された巨大な帆で特徴づけられる．おそらく，この帆はその動物が選択した体温の維持に役立ち，このグループの大型化と生態的多様性に貢献した多様な革新のひとつだっただろう．盤竜類の子孫である獣弓類はペルム紀後期に広範に放散し，四肢動物の勢力範囲を，いっそう高緯度域へと拡大した．これらの生物は盤竜類に比べて体長が短く，ずんぐりしており，おそらく体熱の一部を体内で産み出すことができた．つまり，ある程度までの温血だっただろう．その子孫である犬歯類は三畳紀によくみられ，頬ひげがあった証拠を示す**トリナクソドン**(*Thrinaxodon*)が含まれる．頬ひげは変化した体毛であるから，このグループは毛皮におおわれていた可能性がある．毛皮でおおわれていることが利点になるのは温血生物だけである．

哺乳類型爬虫類は多くの点で進歩していたが，どれも両生類の祖先と匍匐姿勢を共有していた．このことは，進化中の多くの双弓類のような，より可動性のある生物との競合に当たって，哺乳類型爬虫類の成功の制約になっただろう．三畳紀，単弓類は生存をめぐる競争の結果，恐竜類の祖先によって駆逐され，白亜紀末の絶滅事件後まで少数グループに留まった．

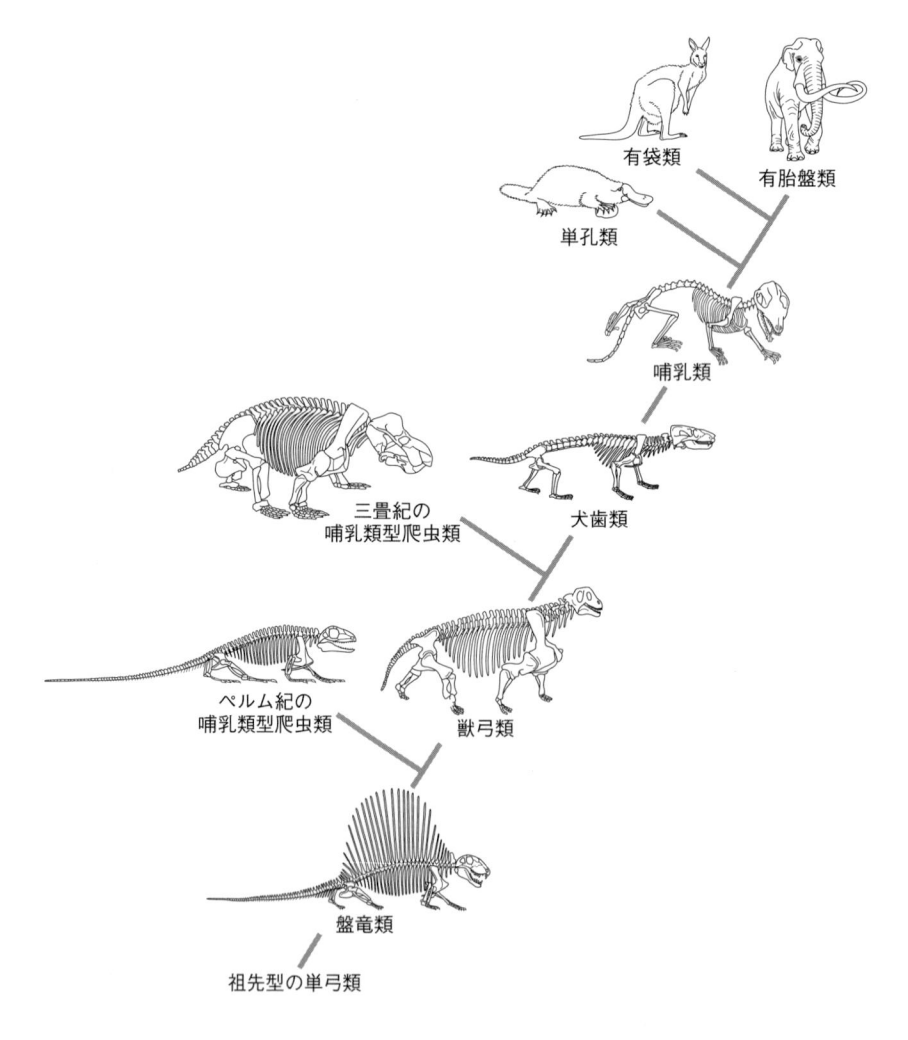

図 11.7 単弓類の進化上の類縁関係．

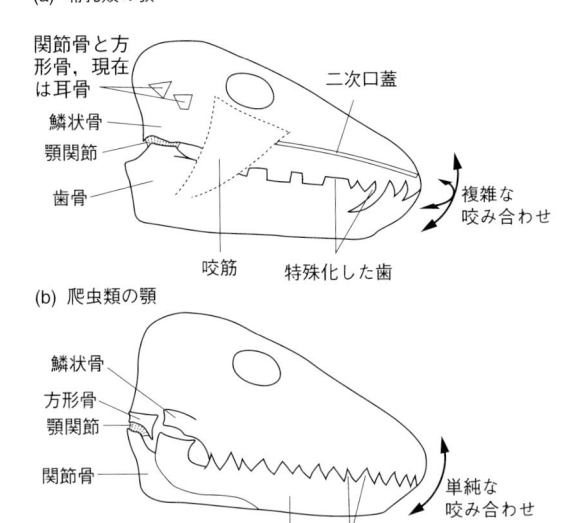

図 11.8 (a)哺乳類と(b)その祖先の間における顎構造の主要な相違点を示す略図．これらの特徴は漸進的に獲得されたもので，中間段階の種は原始的特徴と進歩的特徴の「モザイク」を呈したものが認められることもある．

哺乳類

トリナクソドンに似た犬歯類が，ジュラ紀に**哺乳類**(mammals)へと進化した．哺乳類の形質獲得は寄せ集めの出来事で，どこで祖先グループがその子孫に進化したといううるかという有意な時点を突き止めることは難しい．関連のある主要な変化は運動性と顎の構造にある．

真の哺乳類は，直立姿勢，つまり四肢を肩と腰で関節する姿勢を進化させた最初の単弓類だった．これにより，哺乳類はキャリアーの制約を克服し，運動と呼吸が同時に行えるようになった．肺を圧縮から保護するための横隔膜の進化も，哺乳類がこの問題を克服する助けになった．

真の哺乳類の顎の配置には高度に特殊化した歯と大きな頬があり，咬む動きは両顎の間に伸びる咬筋という大きい筋肉で制御されている．下顎は歯骨という単一の骨で構成され，歯骨は上部の鱗状骨と関節している．哺乳類型爬虫類と双弓類では，顎関節に別の2つの骨，関節骨と方形骨が参加している．哺乳類では，この2つの骨は耳の内部に移動し，空気伝播する音波をとらえ，脳に伝達することを可能にしている（図11.8）．

現代の哺乳類で最もなじみ深い特徴は子供を産む能力である．しかし，カモノハシ類などの単孔類は卵を産み，有袋類と有胎盤類の妊娠方式は極めて異なっている．多くの無脊椎動物グループが子供を産む能力を独自に進化させた．したがって，この特徴は分岐群の同定にも，また，おそらくは新生代における哺乳類成功の説明にも，さほど重要さをもたないだろう．

中生代哺乳類のほとんどは，地域の層序決定に重要な歯か，または不完全な頭骨だけから知られている．それらはすべて小型で，夜行性だったかもしれない．大部分は捕食者または雑食者だった．これらの哺乳類は様々な絶滅グループに加え，今日見られる3つの亜綱——単孔類，有袋類，および有胎盤類を含んでいた．ほとんどのグループは限られた地理区に制限されていた．哺乳類の初期進化中に超大陸パンゲアが分裂したことで，この制約が増大した．したがって，卵を産む単孔類はオーストラアジア(Australasia)だけでみられる．袋の中で幼体に授乳する有袋類は，南アメリカとオーストラアジアにみられる．幼体を体内により長く保つ有胎盤類はアジア，ヨーロッパと北アメリカにみられる．

6550万年前，恐竜類は白亜紀末の大量絶滅の間に絶滅した．その後1000万年以内に，哺乳類は霊長類やクジラ類を含む，現代のよく知られる科のほぼすべてに放散した．多くの平行進化が起こり，似たような有胎盤類と有袋類が異なる大陸で独自に進化した．例えば，犬歯がサーベル状に発達した有袋類が南アメリカで知られているが，これは最後の氷期に存在した有胎盤類の有名な剣歯虎類にそっくりである．

恐竜がいなくなった後の世界に住みついた最初の大型陸生動物は，奇妙な生物の仲間だった．この仲間は現代のダチョウ類よりはるかに大型で，捕食者でも草食者でもある飛べない鳥類を含んでいた．体長10mの巨大なワニ類も，最上位の捕食者としての生態的地位を巡って競争していた．これらの型と並行して放散した哺乳類は，小型の肉食者，腐食者，そして植物食者が主だった．暁新世と始新世に徐々に出現したより大型の肉食哺乳類は，肉歯類として知られる絶滅哺乳類グループに属していた．新生代の最初の1000〜1500万年間，陸での動物相交代は極めて限られており，各大陸における広範な哺乳類の独自進化につながった．これらの放散には，現代の肉食動物，クジラ類，コウモリ類や蹄をもつ草食者など，現代の哺乳類グループのほとんどが含まれている．

気候寒冷化の主要期間は始新世に始まった．このことは植生の様式に劇的な影響をもち，多くの陸上生態系でのストレス原因になった．極地の氷冠の発達に伴う海水準の下降によって，以前は分離していた諸大陸をつないで陸橋が生じた．このような変化の最終結果は，哺乳類各科の間で広範にわたる絶滅の原因になった．その生き残りが，主として，私たちになじみのある現代型の哺乳類である．

霊長類と人類

私たちが属する霊長目は，私たちの直接の祖先の他に，キツネザル類，有尾猿類および無尾猿類を含んでいる．このグループは白亜紀後期までさかのぼるが，新生代初期の広く森林におおわれた低緯度環境で放散した．無尾猿類と人類の祖先は約2500万年前，極地に氷が増え始めるとともに，地球が乾燥化し寒冷化した時代に進化したと考えられている．この傾向はアフリカではよりいっそう顕著だった．アフリカ大陸の北方への漂移と，その北方で**テチス海**(Tethyan Ocean)が閉じたことによって生じた地域的な気候の影響が原因だった．

約600万年前，草地が森林を置きかえるとともに，人類の祖先は平野に進出した．人類の祖先はこれによって直立姿勢を獲得し，自由になった上肢で食物や道具を運べるようになった．このような直立し，草地に生息する無尾猿類の中で，最も初期のものがアウストラロピテクス類だった．降った火山灰に発見された足跡の年代は約400万年前のもので，最古で保存状態のよい**アウストラロピテクス・アファレンシス**(*Australopithecus afarensis*)の骨格の年代は約320万年前とされている．アウストラロピテクス類は2つの異なる方向に進化した．一方は脳が小さく，がっしりした体格の植物食者へ向かい，他方は生存のために単純な道具と共同行動を利用する，ほっそりした体格の雑食者へ向かった．通常，よりがっしりした方の系列は**パラントロプス**(*Paranthropus*)として知られている．パラントロプス属の多様な種がアフリカで同定されており，これらの大型植物食グループは私たちの直接の祖先と共存した可能性もある．アウストラロピテクス属のうち，それほどがっしりしていないメンバーがホモ属(*Homo*)に進化した．この属は**ホモ・ハビリス**(*Homo habilis*)と**ホモ・エレクトゥス**(*Homo erectus*)という種を通して，私たち自身の他に**ネアンデルタール人**を含む**ホモ・サピエンス**(*Homo sapiens*)に進化した（図11.9）．

ヒト科の骨格に有形の変化が生じるとともに，行動面でもそれに匹敵する発達がみられ，これが道具として，また化石骨格自体に保存されている．発見した物を道具として使うのとは性質が異なる道具づくりは，人類にとって特有であり，ヒト科の進化を通して，だんだんにより洗練された形へと発展した．より広範な素材が道具一式をつくるために使用され，道具が果たす機能の範囲も同様に増大した．脳の形状および喉の構造の分析は，ヒト科のより初期の種にも言語能力が

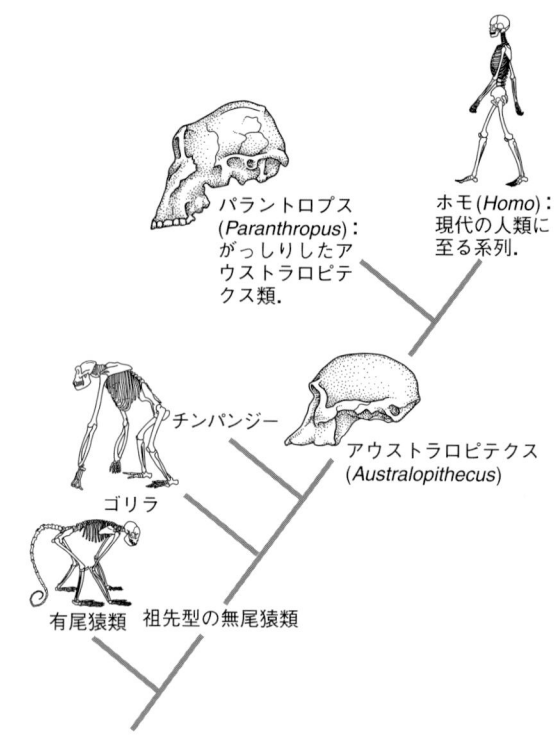

図 11.9　霊長類の進化上の類縁関係．

あったらしいことを示唆しているが，現代人類が獲得したものに比べれば，多様性はより限られていただろう．儀式を伴う死者の埋葬はネアンデルタール人の遺跡から知られており，現代型人類が居住していた遺跡からは多様な型の芸術が約4万年前から知られている．[訳注：たとえばDNA解析などの知見から，ヒト科にチンパンジー亜科などを含める意見もある．]

ヒト科進化の的確な本質については大論争があり，そのほとんどは貧弱な証拠に基づいている．特に，ヒト科がいつアフリカを出たかは大論争をひき起こしており，全人類の最後の共通祖先が生息した時点についても同様である．表11.2はヒト科の最も重要な種についての基本的な情報を要約したもので，脳容量，身長，および行動の複雑さにおける特徴的変化を跡づけている．

無尾猿類と人類の間に際立った「失われた環(missing link)」といったものは存在せず，化石記録は貧弱ではあるが，私たちの進化は三葉虫類，軟体動物，あるいは魚類の進化とあらゆる点において類似していることを裏づけている．アフリカの寒冷化，および，それに続いて起こった北半球を横断しての氷の広がりは，人類進化の背景だっただけではなく，そのきびしい試練でもあった．

表 11.2 ヒト科のよく知られる種の主な特徴．表は以下の種の身体的特徴，変化する自然世界における分布，保存された人工遺物や骨格構造にみられるような知能発展の証拠などを示す．

	身体的特徴	定住地と気候	発展
ホモ・サピエンス・サピエンス (*Homo sapiens sapiens*)	脳量：1500cm^3 身長：1.7〜1.8m 解剖学的現代人はおそらく9万年前には出現し，4万年前以降に一般化した．	アメリカ，オーストラリアを含む世界各地で広く知られる．主要な氷床より十分南方で，多くの場合，より温暖な所に住んでいただろう．	石器時代の共同体は絵画や彫刻の造形を含む多様な道具と人工遺物を産んだ．活発な狩猟採集民だった．
ホモ・サピエンス・ネアンデルターレンシス (*Homo sapiens neanderthalensis*)	20〜3.5万年前 脳量：1500cm^3 身長：1.6〜1.7m 肉太の体格の人類で，頑丈な肢骨と眉上弓をもつ．	寒い条件に適応．氷床辺縁部で最もよく知られる．ヨーロッパと近東で広くみられる．	要素の非常に多様化したムスティエ文化の道具類．火と洞穴の使用．死者埋葬の証拠．大型哺乳類を活動的に狩猟．
ホモ・エレクトゥス (*Homo erectus*)	170〜50万年前 脳量：1100cm^3 身長：1.3〜1.8m 頭骨構造，特に眉上弓の違いを除くと，身体的には現代人に似る．	アフリカ，アジア，ヨーロッパに知られる．おそらく遊動生活．氷冠が形成され，多くの陸橋がつくられた気候悪化の時期に生息していた．	握斧と槍を含むアシュール文化の道具類を産んだ．広く多様化した材料が利用された．宿営地から火の使用が知られ，洞穴住居が知られている．
ホモ・ハビリス (*Homo habilis*)	200〜150万年前 脳量：700cm^3 身長：1.0〜1.5m 四肢と体の釣合いは現代人に似ている．言語をもっていたかもしれない．	アフリカのサバンナ環境のみで知られる．［訳注：グルジアのドマニシ遺跡の発見に基づくと，175万年前にホモ・ハビリスがユーラシアに広がったらしい．遺跡からオルドヴァイ型石器も発見されている．］	主にチャートや燧石の破片を利用した，一連のオルドゥヴァイ文化の道具類製作者．これらの道具でホモ・ハビリスは活発な狩猟と屍肉食が可能になり，雑食性の食餌を生んだ．
パラントロプス・ボイセイ (*Paranthropus boisei*)	200〜120万年前 脳量：550cm^3 身長：1.1〜1.5m 粗い植物向きの大きな歯と，がっしりした体形．完全に地上生活に適応．	アフリカのみで知られ，主として草原地帯に住んでいた．当時の気候は世界的な寒冷化，乾燥化が進み，植生の著しい変化があった．	すぐれた把握能力をもち，おそらく，目にしたものを道具として利用できた．植物食の食餌は採集に長い時間を要し，社会の発展が制約されたと考えられる．
アウストラロピテクス・アファレンシス (*Australopithecus afarensis*)	300〜250万年前 脳量：350cm^3 身長：1.1〜1.5m 無尾猿類のような多くの特徴をもつが，直立して歩くことができた．地上と樹間で暮らしたと考えられる．	アフリカのみで知られ，森林地が広範に開け，安定した気候の時期だった．森林と平野の間に住んだと考えられる．	目にしたものを道具として使ったかもしれない．植物食の食餌，特にサバンナの草原で得られるものより，樹木の果実や葉により多く依存していた．

双弓類

爬虫類のもうひとつの主要グループである双弓類の進化をたどるためには，三畳紀まで戻らなければならない．初期の**双弓類**(diapsids)は小型または中型の肉食動物に進化していたが，哺乳類型爬虫類と成功裡に競合することはできないでいた．しかし，ペルム紀末の絶滅事件の結果として著しい放散を起こし，三畳紀の間に，ほぼすべての生態的地位における活発な競合で単弓類にとってかわった．この双弓類の成功を収めたグループが**主竜類**(archosaurs)とよばれている．主竜類はキャリアーの制約に対する一連の解決策を発達させたため，生存をめぐる競争の末，哺乳類型爬虫類を駆逐できたのかもしれない．多くのものが二足姿勢を進化させ，そこから運動と呼吸を同時に許容する直立歩行を進化させた．原始的な主竜類は温血だったかもしれないことを証拠が示唆している．内温性は多大のエネルギーを必要とし，所定の獲物動物数で生きられる捕食者数は減少する．三畳紀の生態系における捕食者と獲物の割合は，現代の温血捕食者と冷血捕食者の中間にあった．

ほとんどの主竜類は三畳紀末に絶滅し，その生態的地位はその子孫である**恐竜類**(dinosaurs)によって埋められた．同時に，空を飛ぶ最初の脊椎動物が出現し，それが**翼竜類**(pterosaurs)である．恐竜類は小型で肉食の主竜類から進化し，三畳紀末までには，3つの主要グループに放散した．いくつかの点では原始的な**獣脚類**(theropods)，**竜脚類**(sauropods)，および鳥類のような骨盤をもつ恐竜類である**鳥盤類**(ornithischians)である（図 11.10）．

中生代はしばしば「恐竜類の時代」とよばれるが，なじみはないが「双弓類の時代」とよぶ方がいいかもしれない．海洋では海生爬虫類，空では翼竜類，陸では恐竜類が全生態系の中位と上位で優占し，最上位捕食者の役を演じるとともに，より下位の捕食者，雑食者，植物食者の役もしばしば演じていた．他のどんな化石に比べても，これらのグループについては多くが書かれ，一般に知られているせいか，その化石が一般的には希少な点や，生活習性・外観にまだ不確かな点が多いことを忘れがちである．

翼開長が数 cm から 15m 以上に及ぶものまで，翼竜類の大きさは様々だった．翼竜類は活発な飛翔者で，変化した第4指と，おそらく，大腿部に付く狭い膜状の翼をもっていた．その翼の空気力学は，翼竜類が主として滑空者または滑翔者だったことを示唆しているが，よりまれな種はその他の飛行習性に適応して

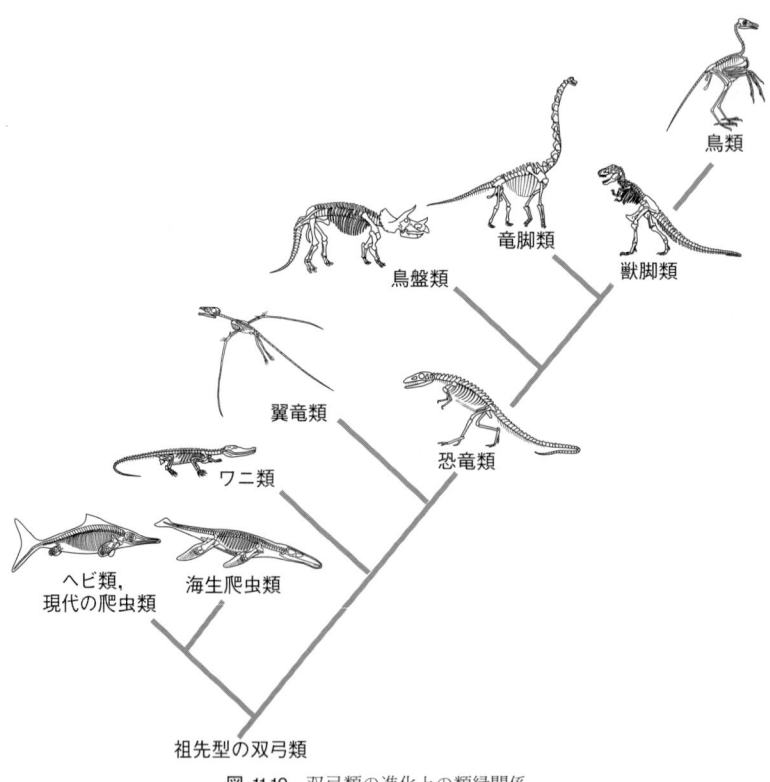

図 11.10　双弓類の進化上の類縁関係．

いた．翼竜類は体毛でおおわれ，その高エネルギーの生活様式は翼竜類が温血だったにちがいないことを意味している．ほとんどの翼竜類は沿岸または海洋の捕食者だったように思われるが，これは化石保存環境上の偏りを示すせいかもしれない．このような環境は骨格が最も保存されやすい環境だからである．恐竜類同様，翼竜類は白亜紀末に絶滅したが，生理的に類似している鳥類は生き延びた．

海生爬虫類は三畳紀に出現し，中生代のほとんどを通して放散した．水に移動した一部のグループは，今日もなじみのあるウミガメ類やワニ類などである．一部のグループは絶滅し，このうち最も重要なものが魚竜類，および，プレシオサウルス類とプリオサウルス類を含む鰭竜類である．魚竜類の起源は不明で，高度に進化した，つまり派生した科である．魚竜類には大きい眼と円錐形の鋭い歯があり，保存のよい標本は腹腔に魚類の鱗やベレムナイト類の鉤が入っていることがしばしばある．出産の行為が保存された希少な標本は，魚竜類が子供を産んだことを示している．鰭竜類は現代の爬虫類とヘビ類につながる系列から，ペルム紀に進化した．鰭竜類は高度に変化した四肢のひれ足を使って泳ぐ海生の捕食者に進化した．一部は海底採餌者に特殊化していたようだが，一部はより小型の海生爬虫類を捕食していた．翼竜類や恐竜類とともに，ほとんどの海生爬虫類は白亜紀末に絶滅した．

恐竜類

最も有名な中生代の双弓類が恐竜類である．獣脚類の恐竜類は三畳紀後期に出現し，すぐに大型へと進化し，ジュラ紀初期までには体長9mを越える種もいた．ほとんどの獣脚類は捕食者で，このグループには白亜紀の恐竜ティラノサウルス・レックス(*Tyrannosaurus rex*)が含まれる．[訳注：獣脚類の中には植物食の可能性があるものがあり，ドロマエオサウルス科のように恥骨が坐骨と平行し，後方に向くなどの多様性がある．]獣脚類はジュラ紀に鳥類に進化した．

鳥盤類，つまり鳥類のような骨盤をもつ恐竜類も，ジュラ紀に獣脚類から進化した．鳥盤類はすべてが植物食者で，高度に特殊化したイグアノドン類やカモノハシ竜類の他に，トリケラトプス(*Triceratops*)やステゴサウルス類などの装甲をもつ型を含んでいた．これ

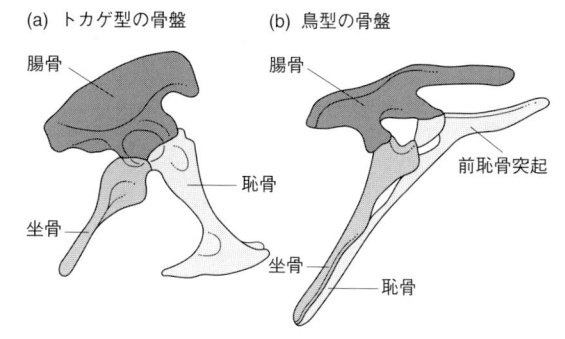

図 11.11 (a)竜盤類と(b)鳥盤類の恐竜の腰帯．

らの恐竜は高度に変化した歯と顎をもち，飲み込む前に食物を入念に咬むことができ，消化に要する時間は大幅に短縮された．鳥盤類という名称は図11.11に示した骨盤部の改変に由来している．

竜脚類も獣脚類から進化し，より原始的な，トカゲ状の骨盤様式を獣脚類と共有している．竜脚類は鳥盤類の恐竜類と同様の植物食者だったが，中生代の咬み切りにくい植物を咬み取り処理するための異なる戦略を進化させた．竜脚類は極めて大型に進化した恐竜グループで，体長20m，体重50トンを越すことがしばしばあった．

恐竜類は世界中で発見され，冬には数カ月にわたって暗かったであろう高緯度域も含まれている．中生代の地球規模の温暖条件下においてさえ，高緯度域では温血習性を必要としただろう．さらに，恐竜類は活動的な捕食者であり，群れ生活者だった．また，恐竜類の捕食者・被食者比は内温性と矛盾しない．長期間にわたる卵と幼体の保護の証拠，また，ディスプレイとコミュニケーションのための複雑な適応は，恐竜類が広範な異なった環境で複雑な社会様式を進化させたことも示唆している．

白亜紀末に起こった，双弓類の主要グループの絶滅理由はわかっていない．おそらくメキシコのユカタン(Yucatan)地方での，壊滅的な隕石衝突がこの大量絶滅の原因だったかもしれない．しかし，白亜紀境界付近には，インドでの巨大な火山噴火の証拠もあり，これが重大な気候変化の原因だった可能性もある．最大の謎は，鳥類と哺乳類が生き延びたとき，なぜ恐竜類，海生爬虫類と翼竜類が絶滅したかである．

鳥　　類

　鳥類はジュラ紀に獣脚類から進化した．中間段階である原始的な鳥類の始祖鳥（*Archaeopteryx*）は，ドイツ南部のジュラ紀後期の岩石から知られている．始祖鳥は小型肉食獣脚類のデイノニクス（*Deinonychus*）に形状ではとても似ているが，始祖鳥には明らかに羽毛がある．始祖鳥はおそらく滑空者，あるいは，せいぜい下手な飛行者で，羽毛は運動以外の目的で進化してきたことを示唆している．鳥類はジュラ紀と白亜紀初期の生態系では，あまり重要ではない構成要素だった．鳥類は白亜紀末近くに，より多様化し一般的になり，主として，潜水性の鳥類を含む水生または沿岸生の種だったように思われる．翼竜類の場合と同様，これは化石保存環境の偏りを示すせいかもしれない．

　空を飛べない大型の鳥類が新生代の初期に進化した．走鳥類として知られるこのグループは体高3mまで成長し，新生代初期の最上位の捕食者の一部に含まれる．今日の，その子孫にダチョウ類とエミュー類が含まれる．現代の動物相に優位を占める，枝などにとまる鳴鳥は中新世に進化した．鳥類が木に住む習性を進化させ，密集した森林地に住みついたのはこの時代だったかもしれない．

12 陸生植物
Land plants

- 陸生植物は，緑藻類から生じたと考えられる．最新の証拠は，非維管束植物がシルル紀に進化したことを示唆しているが，議論の余地のない最も初期の非維管束植物化石はデボン紀前期のものである．
- 維管束組織の発達により，植物はだんだん水生環境に依存しなくなった．
- デボン紀は植物が急速に多様化し，種子をもつ植物および最初の森林の出現で特徴づけられる．
- 中生代の陸上生態系では針葉樹，ソテツ類とシダ類が優位を占めていた．
- 顕花植物は白亜紀にめざましく多様化し，植物のうち最も豊富なグループである．

　植物の化石記録は一般に断片的である．概して，植物は保存される可能性が低く，通常，その化石群集は解体した素材だけで構成されている．生活環の中で，一部の植物では体の構成部分が脱落することがある．他の植物では，化石の生成過程で分解し，断片化を起こす．結果として，同じ植物の異なった部位が，異なった器官属に入れられることも多い(図12.1)．植物が保存される程度はその植物の形態と生態に左右され，植物の部位によって保存の可能性は異なってくる．

　植物質物質は蓄積した堆積物の圧力で圧縮されたときに保存されることが多く，この結果，溶性の植物構成要素が除去され，その植物質物質は炭素の薄膜に変化する．このような圧縮化石は非海洋性のデルタ環境でよくみられる．さらなる変化の結果，有機素材は完全に失われ，植物の印象だけが残ることもある．したがって，植物化石には印象面や圧縮面が存在することがある．岩石の割れ方で化石の様式が決まる．植物質物質は雌型または雄型として保存されることもある．よりまれには，植物質物質が鉱化または石化作用で保存される．この場合，鉱物が飽和状態になった流体が細胞や細胞間隙に浸透する．続いて起こる結晶化が植物部分の内部構造をみせてくれる．

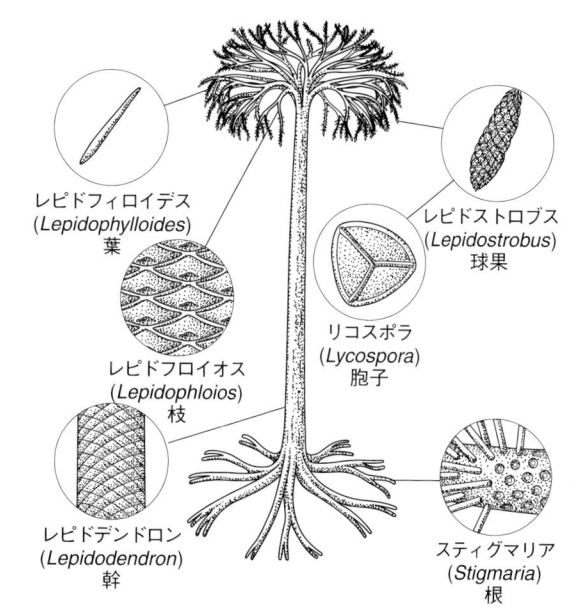

図 12.1　レピドデンドロン(*Lepidodendron*)の復元(高さ50m)．

植物の分類

陸生植物の一分類を表12.1に示した．この概要では略式のグループ分けを用いている．これはある種の人為分類で，進化上の類縁関係の説明ではなく，植物の多様性の実用的解説を提供するものである．一部のグループは自然なものではなく，例えば「シダ種子類」には他のグループに含められない種子植物が組み込まれている．

陸生植物は維管束系をもつものともたないものに分けられる．非維管束植物には3つの重要なグループである**ツノゴケ類**，**苔類**，および**蘚類**があり，そのすべてが現存する．維管束植物は種子のない植物と種子植物に分けられる．種子のない維管束植物は3つの絶滅グループ，および，現生類縁植物の3グループである**ヒカゲノカズラ類**，**シダ類**，**トクサ類**を含む．維管束種子植物は，種子がむき出しの植物である**裸子植物**と，種子が果実の中に入っている植物である**被子植物**に分けられる．裸子植物の最も重要なグループは**針葉樹**，**ソテツ類**，**イチョウ類**である．被子植物は顕花植物で，現生植物相で優位を占めている．

表 12.1 植物の分類．一般的な系統ではなく，共通の形態的特徴に基づく．これらは化石植物にとっては最も有効な仲間分けである．

	説明	例	生息期間
非維管束植物			
ツノゴケ類	苔類に似ているが，胞子嚢は継続的に成長できる		デボン紀前期〜現世
苔類	平たくなった葉のような体(葉状体)をもつ小さな植物		デボン紀後期〜現世
蘚類	単葉と根のような構造(仮根)をもつ繊維状のマット(原糸体)		石炭紀〜現世
種子のない維管束植物			
リニア類 クックソニア(*Cooksonia*)	二叉分枝で単軸の絶滅植物 胞子嚢は頂端につく		シルル紀〜デボン紀前期
ヒカゲノカズラ類	葉の上面または葉と茎の交点上に胞子嚢をもつ葉の多い植物		シルル紀後期〜現世
ゾステロフィルム類 サウドニア(*Sawdonia*)	絶滅した二叉分枝の植物で，時に棘状の軸をもつ 胞子嚢は軸の側面		デボン紀前期〜後期
原裸子植物 アルカエオプテリス (*Archaeopteris*)	木質の組織をもつ絶滅したシダ状の植物		デボン紀中期〜後期

表 12.1 (続き)

	説明	例	生息期間
維管束種子植物 シダ類	葉の下面に胞子嚢のある大型の葉をもつ植物		デボン紀中期〜現世
トクサ類	葉と枝が輪生している植物 実枝に頂生の胞子嚢穂がある		デボン紀後期〜現世
維管束種子植物〔裸子植物〕 シダ種子類	葉の上に胞子のつくシダ状の植物		デボン紀後期〜ジュラ紀
針葉樹	針状または鱗状の葉をもつ木質の樹木 球果中に種子		石炭紀前期〜現世
ソテツ類	ヤシまたはシダ状の葉と球果のある木質の茎をもつ植物		石炭紀前期〜現世
ベネティテス類 シカデオイデア(*Cycadeoidea*)	ソテツ類に似ているが,花状の球果をもつ絶滅植物		三畳紀〜白亜紀後期
イチョウ類	扇状の葉をもつ木質の樹木 球果はない		三畳紀後期〜現世
グネツム類	花に似た球果の房をもつ特異なグループ		三畳紀後期〜現世
維管束種子植物〔被子植物〕 被子植物(顕花植物)	花のつく植物 種子は果実に内包される		白亜紀〜現世

植物の生活史

世代交代が植物の進化の中で重要な特徴であることを証拠が示唆している．植物には，生長のうえで，形態的に異なる2段階——**配偶体段階**(gametophyte)と**胞子体段階**(sporopyte)の存在することがある(図12.2)．配偶世代は乾燥しやすい薄膜状の葉状体で，半数体細胞で構成され，性細胞である配偶子を生産する．配偶子は融合して，二倍体の接合子になる．造胞世代は二倍体の接合子から発達し，胞子を生産する段階である．胞子の発芽は次の配偶世代を生産する．胞子体にはよく発達したクチクラがあり，地上環境に適応している．

異なる世代が陸生植物相の進化で優位を占めてきた．最も原始的な植物では，配偶世代が優位を占めている．これは現代の蘚類の状況でもある．シダ植物，裸子植物および被子植物の進化は，胞子体の優占度が増大したことで特徴づけられる．

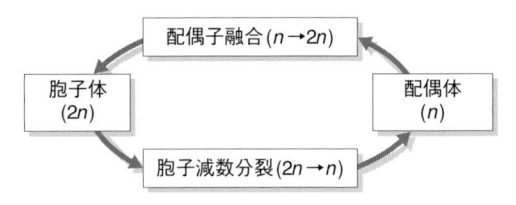

図 12.2 植物における世代交代．

植物進化の主要段階

1 陸への住みつき：いくつかの新しい形態的特徴の進化(根，気孔，クチクラ，リグニン(木質素)，葉，および維管束組織)と新しい繁殖構造の発達(胞子，花粉，または種子)により，植物は水生環境に依存しなくなった．陸地では，資源は空間的に分割されている．地下の根系は水と鉱物を吸収する一方，茎と葉は光合成で有機物を生んでいる．維管束組織は植物体中の異なる部位に養分と水を運び，植物が地上環境で繁栄することを可能にしている．

2 葉の進化：葉はほとんどの現生植物の主要な光合成器官である．葉をもたない初期の維管束植物は，茎を使って光合成をしていたと考えられる．2種類の葉——小さくて単純な葉と，大きくて裂開した葉が進化した．茎から直接生じ，顕著な中央の葉脈をもつ小さくて単純な葉は茎から出た枝(棘)が起源だったかもしれない．大きく平らで裂開した葉は枝先端の反復した再分裂，および，各枝の間の光合成組織(網状組織)の発達が起源だったかもしれない．

3 種子の始まり：より巧みに陸生に適応した胞子体の優勢，また，しっかり保護された種子内で配偶体が少数の半数体細胞へ**減数分裂**(reduction division)したことにより，裸子植物と被子植物はいっそう広い範囲の，より乾燥した環境に住みつけるようになった．

4 森林の発達：木質の植物は根と茎の幅が増加する第二次成長を経験する．この第二次成長は独特な分裂組織である形成層で生じ，その内部には木部，外部には篩部が生じる．木部はリグニンで厚くなり，植物がより高く成長することを可能にする二次木部をつくる．最初の森林はデボン紀後期から知られている．維管束植物は，森林の発達に関連した新しい環境の創設されたことに対応して，劇的に多様化した．

5 花の進化：花は繁殖機能を帯びるようになった，変化した葉から進化した．被子植物の向上した繁殖効率は，昆虫による花粉媒介の発達，および，植物と昆虫の複合した共進化関係によってなしとげられた．最も極端な例では，花の構造から，その植物に授粉できるのは特定の昆虫だけになっている．

最も初期の陸生植物

9億年前の信頼できそうな化石緑藻類が，オーストラリアの珪質堆積物である**ビター・スプリングス・チャート**(Bitter Springs Chert)から記載されている．緑藻類はしばしば露出されやすい浅海や海岸線環境にコロニーをつくった可能性がある．この方法で，周辺環境に生息する緑藻類は，しばしば露出されることや，結果としての陸上生活に適応するようになったのかもしれない．このような植物は絶えず海面下で生息する植物に比べ，選択的な利点をもっていたと思われる．

最初の陸生植物はおそらく非維管束，つまり植物体内部に水や養分を運ぶための特殊化した体制をもっていなかった．非維管束植物はツノゴケ類，苔類，蘚類という3つの異なるグループを形成する(表12.1参照)．保存される可能性が低いため，これらの化石記録は断片的である．分岐論による分析では，非維管束植物はシルル紀に生じたことを示している．化石化した最古の非維管束植物は，ベルギーのデボン紀前期から記載された苔類である(図12.3)．この植物の復元では，頂生の胞子嚢をもつ，直立した多数の細長い茎を示している．苔類化石は，アメリカ，ニューヨーク州のデボン紀からも知られている．

単純な維管束植物はシルル紀から知られている．これら初期型の植物体は細長く，葉と根がなかった．胞子嚢は枝の単純でふくらんだ先端だった．最古の真の維管束植物は**クックソニア**(*Cooksonia*)で(図12.4)，シルル紀中期からデボン紀初期まで繁栄した．シルル紀の型は数mmの高さしかなかったが，高さ6.5cmに達するデボン紀の型の不完全標本が見つかっている．

図 12.3 スポロゴニテス(*Sporogonites*)．この化石苔類は最も古い，化石化した非維管束植物である(高さ2cm)．

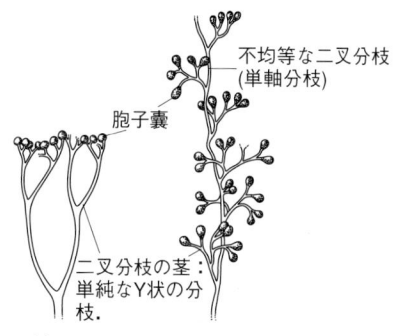

図 12.4 2種のクックソニア(*Cooksonia*)．高い方の標本は高さ6.5cm．

陸上への住みつき

水から陸への移行で，植物は多くの適応を行った．水という媒体から大気という媒体への移行のもたらす環境上の主要課題には次のようなものがあった．十分な水分の獲得，水分損失の規制，より強い光と大気中の異なる二酸化炭素・酸素比に対処する光合成体制の順応，および気温変化への耐性である．植物における陸生への適応で重要なものは次のように要約できる．

1 根：根は植物を土壌に固定し，植物に支持を与え，養分と水を得るための機構を提供する．

2 クチクラ：茎と葉にある，この蠟質で水に不溶性の被覆は，蒸発作用による水の喪失を減少させる．

3 気孔：気孔は植物の茎と葉の下面にある微小な孔で，光合成のための二酸化炭素が植物体内に入ることを可能にしている．また，結果として生じる水の損失が冷却機能を果たすこともある．入る二酸化炭素と水分損失の釣合いで，陸生植物の占有できる生息地の場所が決まる．

4 維管束系：この特殊化した体系は，植物体内での生命維持に必要な物質の運搬を可能にする．2種類の維管束組織——木部と篩部——は，それぞれ，溶けた鉱物塩と有機栄養物を含んだ水を運搬する．

5 リグニン：リグニンは維管束植物にみられ，強化の働きをする重合体で，支持を提供して植物の直立を可能にしている．リグニンは植物がより高く成長することも可能にしている．

6 葉：葉は陸上のより強い光と二酸化炭素レベルに適応している葉緑体を内に含み，光合成に対応して増した表面積を備えている．

7 胞子，花粉，および種子：陸生植物は，乾燥に耐性があり，風で運ばれることのある胞子，花粉，および種子を発達させた．

初期の維管束植物

　水生環境から陸生環境への移行は，数千万年にわたって起きた，ゆっくりしたものだった．植物は陸環境の課題に着実に適応し，水生環境への依存度合が減少した．

　最初の真の維管束植物はシルル紀中期のものである．しかし，耐性のあるクチン化した胞子がオルドビス紀後期から知られており，真の維管束植物の進化はより早かったかもしれないことを示唆している．シルル紀中期から知られる，葉と根の両方または一方がない初期の型は，維管束系に関連するすべての特徴をもっているとはかぎらない．最古の単純な維管束組織はシルル紀後期からで，気孔が初めて記録されたのはデボン紀初期である．

　最も初期の維管束植物はリニア類だった．リニア類は葉や根がない，細長い二叉分枝の植物で(図 12.5)，クックソニアはこのグループのメンバーである．デボン紀の初期と中期にリニア類と共存したのがゾステロフィルム類だった．リニア類に似ており，このグループの一部のメンバーには小さい棘状の突出物があった(図 12.6)．これらの原始的植物のほとんどは背丈が極めて低く(わずか数 cm)，根茎つまり地下の水平の茎で固定されていた．初期の維管束植物は湿った沼のような環境に生息し，いまだに水生環境と関連していたことを，堆積物は示している．

ライニー・チャート (Rhynie Chert)

　珪質の鉱化の結果，繊細な細部にわたって保存された完全なリニア類が，英国スコットランド北東部，デボン紀前期の**ライニー・チャート**から知られている．この産地からの資料は，初期陸生植物の維管束系は極めて単純で，水を運ぶ木部だけで構成されていたことを示している．表皮に保存されていた気孔はこれらの植物が光合成だった証拠を提供しており，茎は緑色だったと推定される．そのすべての植物に根がなく，**リニア**(*Rhynia*)がふさのような根茎で固定されるのに対し，**ホルネオフィトン**(*Horneophyton*)は細い糸のような根茎を持つ球根のような構造をしている(図 12.7)．

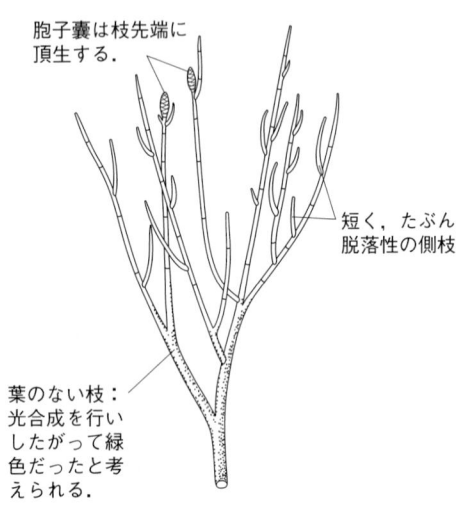

図 12.5　リニア(*Rhynia*)．高さ 17cm．

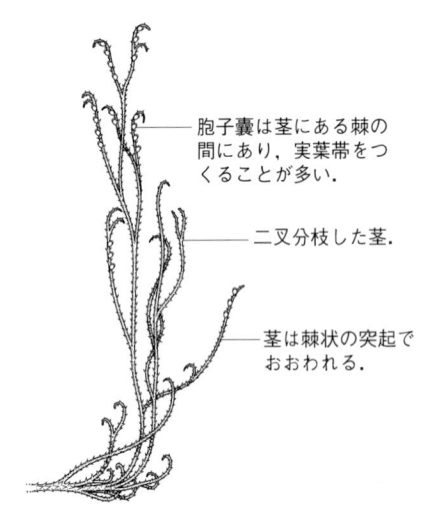

図 12.6　サウドニア(*Sawdonia*)．高さ 20cm．デボン紀のゾステロフィルム類．

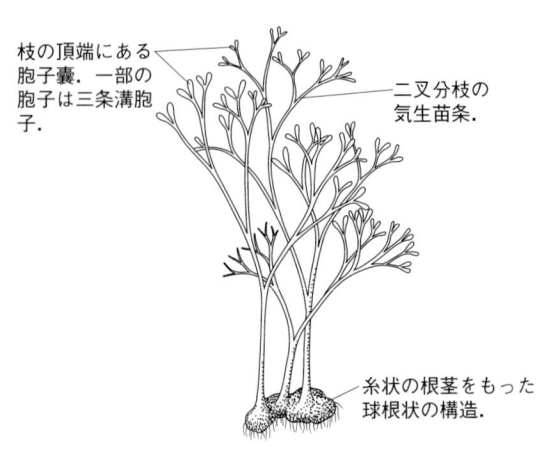

図 12.7　ホルネオフィトン(*Horneophyton*)．

胞子をもつ植物

　真の葉と根がある，胞子をもつ進歩した植物，ヒカゲノカズラ類，トクサ類，シダ植物，および原裸子植物(種子をもつ裸子植物の前身)はデボン紀に進化した．一部の植物は特殊化した木質組織を発達させ，樹高を獲得できるようになった．

　ヒカゲノカズラ類はデボン紀植物相の主要部を形成していた．ヒカゲノカズラ類からは2つの独特な進化系列が発達した．現在は絶滅している一系列は，石炭紀の石炭湿地に優位を占めた高木に進化した．2番目のグループは小型に留まり，木質組織を発達させなかった．現生ヒカゲノカズラ類は，通常，鱗のような小葉のある，背丈の低い植物である．おそらく，これらの小葉は変化した茎の伸び出たものを表している．ヒカゲノカズラ類の胞子嚢は葉と茎の交点上に位置し，保護用の胞子嚢穂中に密集している．

　トクサ類は節に分かれた中空の茎と輪生で融合した特徴的な穂状の葉をもつ．ヒカゲノカズラ類に似ており，胞子嚢は頂端の胞子嚢穂に配置されている．化石トクサ類は現代の型より，はるかに大きい傾向がある．石炭紀の一部の種は高さ20mまで成長した．

　シダ類は石炭紀から知られ，胞子をもつ現生植物では最も一般的なものである．胞子嚢は，多くの小葉で形成された，**フロンド**(frond)とよばれる大きな複葉の下面に位置している．個々のフロンドには分岐した葉脈系がある．これらの葉は分岐先端間の網状組織の形成を通して進化したと考えられる．現生シダ類のほとんどは，地上の根茎から生じた葉をもっている．化石型の一部と熱帯性の木生シダ類は，何mもの高さになる直立した幹のような茎をもっている．

　原裸子植物は種子をもつ植物である裸子植物の先駆者だった．外面的には木生シダ類に似ているこれらの植物は，一部の針葉樹に似た構造の木質の幹をもっている．これにより，生長機能に関する構造上は種子植物に，生殖機能上はシダ類に似たものになっている．原裸子植物はデボン紀と石炭紀前期の岩石から知られるのみである．

石炭紀の石炭森林

　石炭紀に，胞子をもつ植物の優位を占める広大な森林が，低地の沼沢地域に繁栄した(図12.8)．極めて背の高いヒカゲノカズラ類である**レピドデンドロン**(*Lepidodendron*)と**シギラリア**(*Sigillaria*)が，氾濫原の植生に優位を占めた．レピドデンドロンは枝分かれしない高い幹をもち，その先端に分枝のつくる小さな林冠があった．一部の植物では高さが50mを越え，幹基部で直径が2mを越えた．**スティグマリア**(*Stigmaria*)は根のような付属器官を伴う地下の分枝軸をもち，これが巨大な幹を支えていた．巨大なトクサ類である**カラミテス**(*Calamites*)も低地にある沼沢地を占有していたが，はるかに少数だった．この樹木のような植物は高さが30mに達し，幹の直径は40cmを越えていた．シダ類と針葉樹は，より乾燥した，より高地にコロニーをつくっていた．石炭紀末近くになり，気候がより乾燥するとともに，低地にある沼沢地域は完全に乾いてきた．種子をもつ初期の針葉樹類，**コルダイテス**(*Cordaites*)が石炭紀森林の重要な構成要素になった．高さが30mに達し，繰り返し分枝するこの木には，長い単葉と種子をもつ球果があった．ペルム紀末までに，ほとんどのヒカゲノカズラ類，トクサ類，および針葉樹類は，より乾燥した環境にいっそう適した種に置きかわられた．

レピドデンドロン(*Lepidodendron*)：高さ50mを越す巨大な植物．

シギラリア(*Sigillaria*)：レピドデンドロンと近縁である．この種は分枝しないか，たった一度，分枝するかのどちらかである．

針葉樹はより乾燥した，より高い生息地を占有した．

カラミテス(*Calamites*)：樹木並みの大きさのこのトクサ類は非常にまれだった．

シダ種子類

図12.8　石炭紀森林の復元．

種子をもつ植物——裸子植物

種子をもつ植物は2つのグループに分けられる．露出した（むき出しの）種子をもつグループの**裸子植物**（gymnosperms），そして，花が咲き，果実内に種子をつくる植物としての被子植物である．種子をもつ植物はデボン紀後期に初めて出現し，古生代後期に急増した．裸子植物の発展は中生代に頂点に達した．胞子に対して，種子には生殖の上で4つの主要な利点がある．

1 多細胞の植物の胚が種子内に保たれているのに対し，胞子では単細胞になる．

2 種子には，植物が自足できるまでの植物を育てる食料源が含まれている．

3 種子には耐性のある保護被覆がある．

4 受精と授粉は自由水に依存していない．

種子が進化したことで，植物は生殖のための湿気のある環境に制約されなくなり，個体散布の可能性がはるかに高くなった．

シダ種子類は石炭紀とペルム紀に繁栄した．外面的には胞子をもつシダ類に似ているが，内部構造は大きく異なっている．シダ種子類は原裸子植物から発展したと考えられる（図12.9）．

針葉樹の起源は不明だが，シダ種子類またはコルダイテス類の植物から進化したのかもしれない．主として乾燥した環境を占有した針葉樹は，石炭紀とペルム紀の重要な植物だった．高さが30mに達し，長い帯状の葉をもつ**コルダイテス**は，古生代後期の極めて特徴的な針葉樹類だった（図12.10）．

現代の針葉樹は，そのグループが大放散した三畳紀までさかのぼることができる．ソテツ類とベネティテス類は中生代の植生の重要な構成要素だったが，現生ソテツ類は数属にすぎない．シダ類とヤシ類に似ているソテツ類には大型の複葉がある．通常，茎または幹は枝分かれせず，鱗のような葉脚でおおわれている．個々の「鱗」は以前に葉が付いていた所を表している．シカデオイデア類はソテツ類に極めて似ているが，球果の構造が異なり，葉の痕跡は幹に保存されていない（図12.11）．

ペルム紀に起源をもつと考えられるイチョウ類は，中生代に多様化し，広範に分布していた．しかし，新生代に衰え，現在では1種だけが生き延びている．イチョウ類は全縁または二裂の葉をもち，枝の密な大木である．化石イチョウ類の葉は現生種の葉に極めて似ている．現生イチョウ類は落葉性であるから，化石種も季節的に落葉したかもしれない．

グネツム類は裸子植物の多様なグループで，化石記録が増えつつある．花のような球果の集団の存在は，グネツム類が被子植物と祖先を共有していた可能性を示唆している（図12.12）．

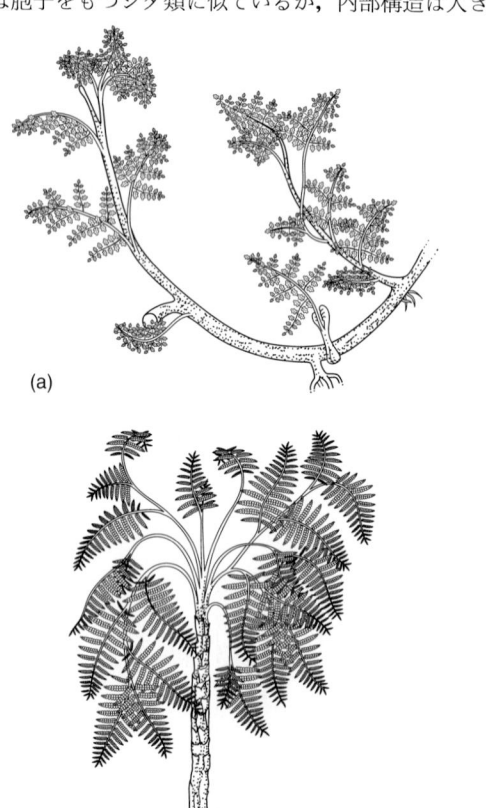

図 12.9 (a) カリストフィトン（*Callistophyton*）．下層群落のよじのぼりシダ類（フロンドの長さは約50cm）．(b) メドゥロサ（*Medullosa*）．原始的な複葉をもつ木生シダ類（高さ10m）．

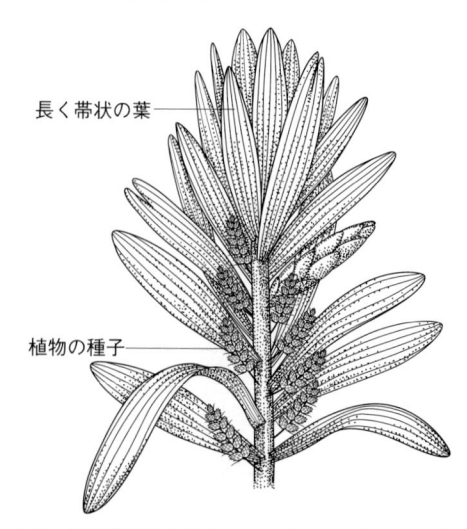

図 12.10 葉と球果軸を伴う，コルダイテス（*Cordaites*）の実枝の復元図．葉の長さは1mに達することがある．

図 12.11 シカデオイデア (*Cycadeoidea*) の復元．高さ 2m．

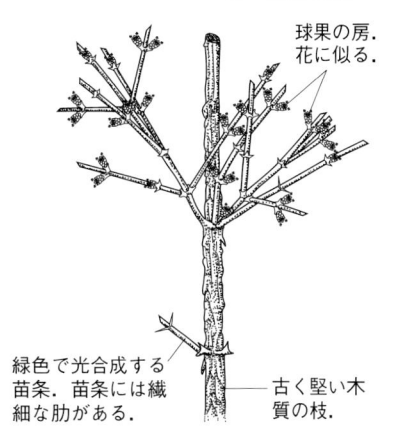

図 12.12 苗条を伴うエフェドラ (*Ephedra*) の枝．高さ 10cm．球果の房．花に似る．緑色で光合成する苗条．苗条には繊細な肋がある．古く堅い木質の枝．

種子をもつ植物——被子植物

被子植物 (angiosperms) は現生植物のうち最も多様で広く行きわたったグループである (図 12.13)．被子植物のような植物の葉の印象は三畳紀から知られている．最初の真の被子植物化石は白亜紀からである (図 12.14)．被子植物は白亜紀に，特に低緯度域で急速に多様化し，白亜紀末までにはほとんどの環境で優位を占めていた．被子植物の増加に符合して，胞子をもつ植物と裸子植物は白亜紀を通して衰えた．他のほとんどの植物グループでも，豊富さと多様性は減少した．針葉樹の多様性は比較的安定したままだったが，だんだん地理的に周辺(高地)環境に集中した．

被子植物は花を使って有性生殖する．花は本質的には変化した葉の集団で，一部には生殖の役割がある．現生裸子植物の 720 種に比べると，現生被子植物は 23 万 5000 種以上ある．被子植物の成功は次のような進化上の発展に帰せられる．

1　支持を提供し，水をより効率的に運搬するための導管をもつ維管束組織．

2　昆虫類による花の花粉媒介を含む，多様な花粉媒介機構．これらは風まかせの花粉媒介よりはもっと効率的な方式である．

3　重複受精を含む強化された生殖方法．植物の胚と食料源が種子内に包含されているという結果を生んだ．

4　種子を保護し，また種子散布を助ける果実内への，発育中の種子の封入．

5　胞子体である種子内への配偶世代の封入．被子植物のより広範な環境でのコロニーづくりを可能にする．

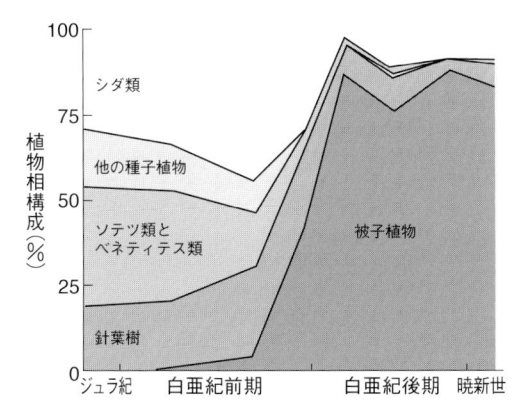

図 12.13 ジュラ紀，白亜紀，および暁新世の植物相に対する主要植物グループの寄与率．

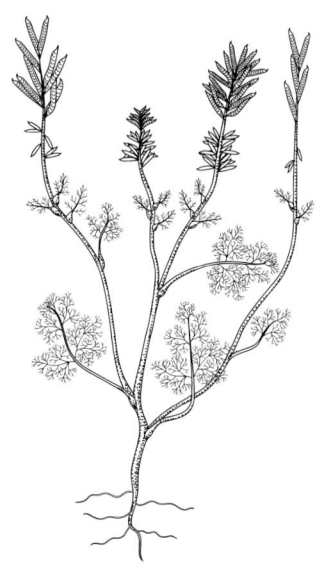

図 12.14 アルカエフルトゥス (*Archaefrutus*) の復元．(Sun *et al*. (2002) *Science*, **296**, 899-904, fig. 3. ⓒ 2003 American Association for the Advancement of Science [米国科学振興協会] の許諾を得て転載)

カラミテス（Calamites）

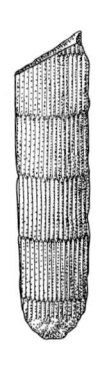

トクサ類　石炭紀

カラミテス（トクサ類の一種）は絶滅した巨大トクサ類の茎の遺物だが，一般的に植物全体の描写に使われる．

通常，カラミテス類は雄型として保存されている．茎の外側部分は耐性のある木部でできていたが，中心部は軟組織の髄で形成されていた．死ぬと，髄は急速に腐敗し，中空で木質の筒が残った．次に，その空隙を堆積物が埋め，硬化して「髄の雄型」をつくる．化石の外表組成には，茎内部のその植物の管系の構造がみられる．

図示した茎の断片は長さ18cm．

スティグマリア（Stigmaria）

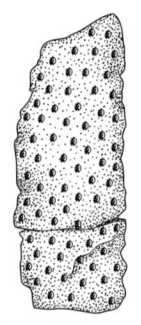

ヒカゲノカズラ類　石炭紀

スティグマリアは根茎の部分で，この上に化石ヒカゲノカズラ類であるレピドデンドロン（ヒカゲノカズラ類の一種）の巨大な幹が位置を占めていた．スティグマリアは，小さな根のような付属器官をもった，水平に分枝した地下軸だった．表面の小さな円痕は地下の小さな支根，つまり，仮根の付いていた場所の跡である．

図示したスティグマリアは長さ15cm．

アンヌラリア（Annularia）

トクサ類　石炭紀〜ペルム紀

アンヌラリアは巨大なトクサ類カラミテス（トクサ類の一種）に関連した群葉である．ほっそりした小葉は輪生して，より小さな茎のまわりに並んでいる．個々の葉はその付け根部分でつながり，葉の長辺に沿って走る分枝しない1本の脈があった．小葉の長さは約4cmだった．

トクサ類は石炭紀の低地の沼地に豊富だった．

スフェノフィルム（Sphenophyllum）

トクサ類　石炭紀後期

トクサ類のスフェノフィルム（トクサ類の一種）に関連する葉群．巨大トクサ類と同時代で，その形状は現代の草本の種であるトクサ（Equisetum）に似ていた．

楔形の小葉が輪生して細い茎を囲んでいた．小葉は二分枝の脈をもち，長さは約1cmだった．

シギラリア(*Sigillaria*)

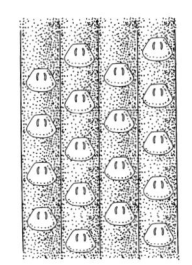

ヒカゲノカズラ類　石炭紀～ペルム紀

化石ヒカゲノカズラ類シギラリア(ヒカゲノカズラ類の一種)の茎の部分．その外表組織はかつての葉脚の場所を示している．胞子嚢はそれらの間の茎表面についていた．

図示した茎の断片は長さ 6cm．

スフェノプテリス(*Sphenopteris*)

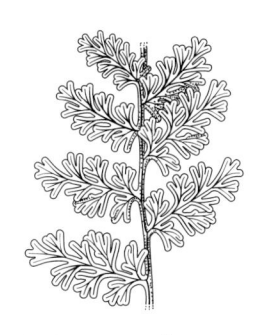

シダ類　デボン紀～ペルム紀

絶滅したシダ類スフェノプテリス(シダ類の一種)の葉群部分．フロンドに特徴的な，浅い切れ込みのある小葉がある．

図示したフロンドの部分は長さ 6cm．

レピドデンドロン(*Lepidodendron*)

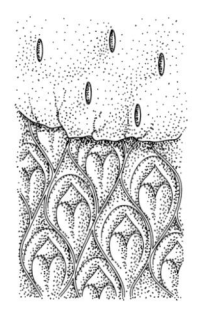

ヒカゲノカズラ類　石炭紀後期

レピドデンドロンの葉脚の特徴的な様式を示す枝の一部．レピドデンドロンの葉は直線状に並び，ふくらんだ接着面をもっていた．葉の接着個所には，茎表面に特徴的な菱形の印象(葉枕)が残っている．密に詰まったこれらの印象は葉群が密だったことを示している．葉の大きさは種によって異なり，葉は主により小さな枝に限定されていた．

葉枕の長さは約 3cm．

マリオプテリス(*Mariopteris*)

シダ種子類　石炭紀後期

シダ種子類マリオプテリスのフロンド．マリオプテリスのフロンドは一般的に小さく(長さ 50cm)，一部の標本は葉の尖端に糸状の巻ひげをもち，このシダ種子類はつたに似たよじのぼり性だったと思われる．

13 微化石
Microfossils

- 微化石は顕微鏡的な生物またはマクロ生物の顕微鏡的な部分の化石遺物である．
- 研究される主要グループは原生生物，介形虫類，コノドント類，胞子と花粉である．
- 微化石は生層序の指標として重要である．
- 微化石は古環境復元に役立つ．
- 微化石を利用して古海洋循環の変化様式を突き止めることができる．

微古生物学は顕微鏡的な化石の研究である．微古生物学は化石の大きさだけに基づいているため，微古生物学という用語は他の点では関連のないグループを一体に扱い，顕微鏡的な生物とマクロ生物の顕微鏡的な部分が含まれる．多くの堆積物は微化石を含んでおり，微化石は生層序，古環境および古海洋の重要な指標である．微化石が生層序で重要なのは，その豊富さと世界的な分布，そして耐久性による．微化石は環境条件に敏感なため，古環境の復元に役立つ．

この章で考慮するグループを表13.1に列挙した．原生生物は単細胞の真核生物で，独立栄養生物である「植物的な」生物と，従属栄養生物である「動物的な」生物に分けられる．多細胞だが小さい生物は介形虫類で代表される．マクロ生物の顕微鏡的な部分のうち，ここでは，コノドント類（脊椎動物の歯のような要素）および胞子と花粉（植物の生殖部）を取り扱う．

表 13.1 この章で扱った微化石グループ．

微化石の主なグループ	化石	説明	大きさ	構成	生息環境	生息期間
植物的な原生生物	アクリターク類	中空の小胞，おそらく藻類の嚢子	$<100\mu m$	有機物	海生	原生代〜第三紀
	渦鞭毛藻類	有機物の壁のある嚢子をもつ藻類	$5\sim150\mu m$	有機物	水生	シルル紀〜現世
	コッコリソフォア類	小板によって形成された球状の殻をもつ藻類	$<50\mu m$	方解石	海生	三畳紀〜現世
	珪藻類	2個の長い，または円形の殻からなる細胞中に含まれる藻類	$<200\mu m$	二酸化ケイ素	水生	ジュラ紀〜現世
動物的な原生生物	放散虫類	網目様の球型または錐型の，繊細な外骨格をもつ原生生物	$0.03\sim1.5mm$	二酸化ケイ素	海生	カンブリア紀〜現世
	有孔虫類	単一の室でフラスコ状，または複雑な多室の殻をもつ有殻の原生生物	$0.01\sim100mm$	有機物 膠着物 石灰質	海生	カンブリア紀〜現世
微細無脊椎動物	介形虫類	2枚の甲皮をもった甲殻類の節足動物	$1\sim10mm$	石灰質	水生	カンブリア紀〜現世
微細脊椎動物	コノドント類	無顎脊椎動物の歯状の要素	$0.1\sim5mm$	リン酸塩質	海生	カンブリア紀〜三畳紀
植物	胞子	外界からの保護耐性	$5\mu m\sim4mm$	有機物	陸生	デボン紀〜現世
	花粉	外界からの保護耐性	$5\sim200\mu m$	有機物	陸生	デボン紀〜現世

植物的な原生生物

アクリターク類

アクリターク類(acritarchs)は中空で，有機物の壁をもつ微化石である．アクリターク類は現代の渦鞭毛藻類というグループに類似した浮遊性藻類の生活環のうち，**嚢子**(**シスト** cyst，一時的に休止状態にある原生生物)段階を表すものと考えられている．これは両方のグループがディノステラーネという特徴的な分子を生じるからである．アクリターク類は最古の化石グループのひとつで，先カンブリア時代後期に大放散した．

形態

アクリターク類の小嚢のほとんどは $50〜100\mu m$ の大きさで，通常，黒色頁岩中に圧縮された薄膜として保存されている．一般的にアクリターク類は回転楕円状だが，形状の変異幅が大きい．小嚢の壁は1層の場合と2層の場合があり，ほとんどの中央室には運動性の世代を放出するためにあるとみられる開口部がある．外面的には，アクリターク類は滑らかな場合と粒状の場合があり，多くのものには小嚢表面から突き出た突起がある．一部の突起は枝分かれしたり，堅い控え壁状の支えをもち，手の込んだ遠位端構造をもっている．また，より単純で可撓性のある突起もある(図13.1)．アクリターク類は形状，壁の構造と厚さ，開口部の構造，装飾，および突起の形状に基づいて分類されている．

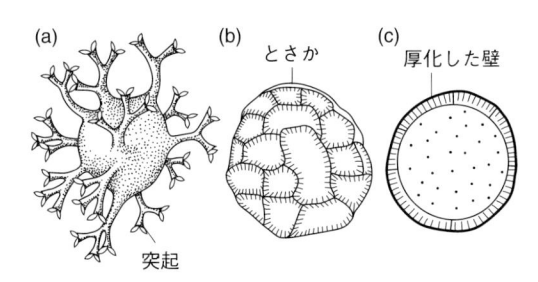

図13.1 アクリターク類の形態．(a)遠位末端で二分岐した広い基盤をもつ突起を伴う亜円形の小胞(直径 $30\mu m$)．(b)とさか状の表面彫刻をもつ亜円形の小胞(直径 $40\mu m$)．(c)厚化した外壁をもつ円形の小胞(直径 $25\mu m$)．

古生態

アクリターク類は主に海成堆積物中に産出し，しばしば他の海生化石と共産する．アクリターク類は世界中に分布し，多産するが，このことは消費者ではなく，一次生産者であることと矛盾しない．このような証拠から，アクリターク類は植物プランクトンのメンバーだったことが強く示唆される．さらに，その形態は浮遊性の生活様式と矛盾しない適応を示している．現代の植物プランクトンと同じで，海岸に近いアクリターク群集は多様性が低く，しばしば1つの種が優位を占める傾向をもつのに対し，沖の群集はより多様性がある．

進化史

アクリターク類は最古の，記録が残っている化石のひとつである．27億年前の化学化石から知られるアクリターク類は初めて豊富になったのが10億年前で，先カンブリア時代の最も複雑な微化石であったことはまず間違いない．ほとんどの型が単細胞としては大型で($50〜100\mu m$)，二重の壁構造と装飾的な突起をもつ種を含んでいる．このような多様性は先カンブリア時代後期における海洋の生産性増大を示しているのかもしれない．アクリターク類はカンブリア紀初期に再度の放散をしたが，それらの型は先カンブリア時代の型に比べいっそう小型だった．アクリターク類はオルドビス紀を通して繁栄しつづけた．オルドビス紀末の絶滅事件で影響は受けたが，シルル紀には回復し，このときに多様性が最高に達したかもしれない．多様性のこの水準はデボン紀を通してデボン紀後期まで維持されたが，デボン紀後期になると多様性は明確に減少した．古生代の残りの期間，アクリターク類は希少にとどまった．少数の特殊化した型がペルム紀に出現したが，中生代と新生代の有機物の壁をもつ微化石で優位を占めたのは渦鞭毛藻類の嚢子，胞子と花粉である．

原生代後期のアクリターク類の最初の放散は，真核植物プランクトンの初期実験の進化段階を表しているかもしれない．植物プランクトンのこの急速な進歩は，アクリターク類の嚢子が性的な生活環の一部だったとすると，有性生殖の確立とも結びつけられるかもしれない．カンブリア紀初期の2度目の放散は懸濁物食者の主要な広がりと符合し，進化史におけるアクリターク類の重要な役割を際立たせている．

渦鞭毛藻類

渦鞭毛藻類（dinoflagellates）は有機物の壁のある囊子をもつ，水生の単細胞生物である．通常，藻類とされているが，渦鞭毛藻類は植物的な特徴と動物的な特徴の両方をもっている．生活史の間に，約10％の渦鞭毛藻類は化石化しやすく耐性のある囊子を発達させる（図13.2）．このような囊子が最初に知られるのはシルル紀で，生層序の重要な指標である．

形態

渦鞭毛藻類の生活環には，めったに化石化しない運動性の段階，および，より耐久性のある，底生の囊子段階の2つの段階がある．囊子は耐久性のある有機素材で形成されている．表面装飾は滑らかなもの，粒状のもの，盛り上がった「とさか」や棘をもつものがある．

生態/古生態

現生渦鞭毛藻類のほとんどの種は光合成を行い，海生である．これらは海洋プランクトンの重要な部分を形成し，外洋の主要な一次生産者のひとつである．グループとしては，渦鞭毛藻類は水温と塩度に広範な耐性がある．若干の条件下では，**赤潮**とよばれる浅海の渦鞭毛藻類の異常発生が他の海生グループに悪影響を与え，大量死の原因になることがある．

化石記録にみられる囊子と比較できるような囊子を生む現生種は少数に限られるため，渦鞭毛藻類の古生態に関して決着をつけるのは難しい．さらに，囊子は海流で運搬されやすく，囊子化石は現生種に関係のない地域で見つかることがある．しかし，化石の型の一部は古水温の指標として利用される．

コッコリソフォア（円石藻類）

コッコリソフォア（coccolithophores）は海生で単細胞の，光合成をするプランクトンで，極めて小さい（50μm未満，したがって**ナノプランクトン**（nannoplankton）とよばれる）．コッコリソフォアは方解石の小板すなわち**コッコリス**（coccoliths）を分泌し，これが結合して，**コッコスフェア**（coccosphere）という球状の殻を形成する．コッコリスは特徴的な円形または長円形をしている．形状が類似した方解石の超微化石は中生代と新生代の**チョーク**（chalk）を形成している．

形態

コッコリソフォアは車輪状の10〜30個の小板が球状の骨格をつくる．これらの板は極めて小さく，一般的には直径8μmである．コッコリスの形状と構造には変異性がある．典型的には，コッコリスは長円形のボタンのような形状で，中央のクロスバーと放射状に配置された構成要素がある（図13.3）．大きさは似ているが，5角形，菱面体，星形または馬蹄形の化石小板が，しばしば，長円形のコッコリスと共産する．これらは**ナノリス**（nannoliths）とよばれることがある．

生態/進化

現生のコッコリソフォアは透光帯に限られ，35〜38‰（千分率）の標準塩度の海水を好む．渦鞭毛藻類とともに，コッコリソフォアは海洋の主要な一次生産者のひとつである．他の植物プランクトン同様，コッコリソフォアの多様性は熱帯地方で最も高く，高緯度域で最も低い．タフォノミーの過程，特に分解と長距離運搬に左右されるが，コッコリスは古気候の有益な指標である．一部の種は耐性のある温度範囲が狭く，古水温を直接決めるのに利用できる．これに対し，相対的な水温は，温かいのを好む型と冷たさに耐性のある型の比率を用いて推測できることがある．

コッコリスは三畳紀後期から知られるが，極めてまれである．ジュラ紀と白亜紀を通して豊富さと多様性が次第に増し，大放散は白亜紀後期に起こった．チョークはほぼ完全に石灰質の超微化石で形成されており，この時代に広域にわたって堆積した．白亜紀末の絶滅事件を生き延びたコッコリスはほとんどいなかったが，再び多様化し，始新世に多様性の一頂点に達した．それ以来，多様性は変動しており，現在は白亜紀以降での最低にある．コッコリスは中生代から現世にかけての生層序に重要である．

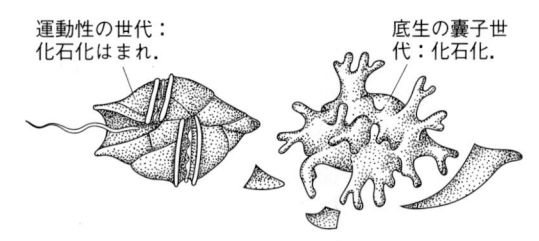

図13.2 渦鞭毛藻類の運動性の世代と囊子世代．長さ約25μm．

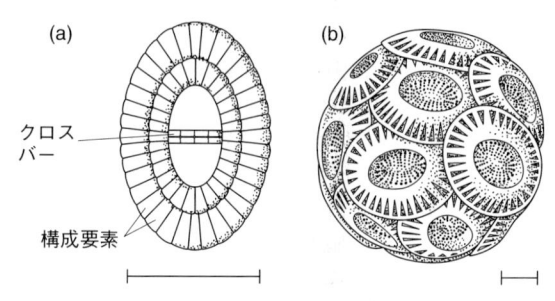

図13.3 (a)コッコリス．(b)コッコスフェアとコッコリス．目盛1μm．

珪藻類

珪藻類(diatoms)は単細胞の藻類で,2つの部分からなる特徴的な珪質の骨格,つまり,2殻を併せた状態になっている.事実上,珪藻類はあらゆる海洋,汽水,淡水環境で見いだされ,極緯度域でさえもよくみられている.ねばねばした分泌物を使い,珪藻類はコロニーを形成したり,底質に付着することができ,現代の海洋における重要な一次生産者である.**珪藻軟泥**(diatom ooze)は高濃度の二酸化ケイ素,硝酸塩,リンを含む豊かな海の堆積物を形成する.このような軟泥が石化して形成されるのが**珪藻土**(diatomite)で,濾過剤や研磨剤の用材として商業的に採掘されている.

形 態

珪藻類の殻は2つの重なり合った,入れ子構造の殻で形成されている.ほとんどの2殻の直径は,10〜100μmである.殻の構造と表面の組成が珪藻分類の基礎をなしている.構造中央部が直線上に並び,長円形で左右相称の珪藻類は羽状類とよばれる.中心点まわりに放射相称を伴う円形の型は中心類とよばれる(図13.4).珪藻類を属や種のレベルに同定する際には,装飾,孔の型と特殊化した構造の存在が用いられる.

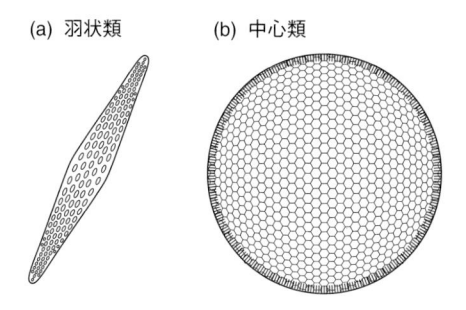

図13.4 珪藻類の形態.(a)ラフォネイス(*Rhaphoneis*).長さ約80μm.(b)コスキノディスクス(*Coscinodiscus*).直径約60μm.

生態/古生態

珪藻類は光合成をするので,成長と繁殖は日光と養分に依存する.珪藻類は透光帯に限られ,海洋の湧昇域に最も豊富で,ここでは養分に富む,より深い場所の海水が表層水にもたらされている.2〜3週間続く珪藻類の極端な最盛期は,季節的な湧昇に応じて起こる.中心類が海生プランクトンとして最もよくみられるのに対し,羽状類は海洋の底生の生息地または淡水環境で,より一般的である.

珪藻類の分布は温度,塩分,養分とpH(ペーハー)に左右される.古環境の温かい水に対する冷たい水の割合の復元では,古気温を推測するために,珪藻類の種が利用されている.また,第四紀については,珪藻類を古塩度の指標として用いることにより,間氷期と氷期が突き止められている.珪藻類は太古の湖の水の状態を解釈するうえでも利用できる.pHと肥沃度の指標として,また,酸性雨と環境汚染の観測においても,珪藻類群集は重要である.

進化史

最古の真の珪藻類はジュラ紀から記録されている.珪藻類は白亜紀に大放散し,白亜紀末の被害は他の微化石グループに比べてはるかに少なく,属の23%しか絶滅しなかった.多様性は新生代を通して増しつづけ,豊富さの変動は海洋循環の変化様式と関連している.珪藻類が淡水の生息地に初めて大きく広がったのは暁新世である.珪藻類がその頂点に達したのは中新世で,珪藻類が必要とする二酸化ケイ素を提供した火山活動の増大に関連があるかもしれない.

生物地理学

恒久的な湧昇域は珪藻類の豊富な堆積物の分布と一致しており,現代の海洋の3つの主要な帯状部に集中している(図13.5).南方の帯状部は環南極流と関連があり,赤道域の帯状部は赤道域の湧昇地帯と一致し,北方の海洋にはわりに弱い帯状部がある.

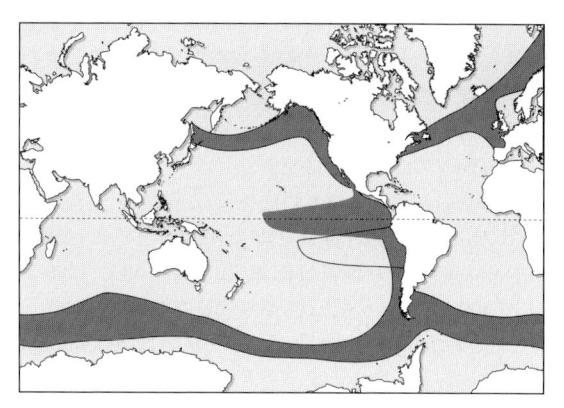

図13.5 海洋水表層のプランクトン類による二酸化ケイ素抽出が高度な海域(年m^{2}あたり250gを越える二酸化ケイ素).珪藻類は海洋の主要な珪質プランクトンのグループであるため,この地図は珪藻類の生産記録に近い.

動物的な原生生物

放散虫類

放散虫類(radiolaria)は単細胞の海生微小動物プランクトンで，珪質の複雑な内部骨格で特徴づけられている．分布は世界的で，あらゆる深度に生息している．放散虫類の地質学的歴史はカンブリア紀から現在までと長く，その急速な進化により，生層序の有益な指標となっている．

形態

現生放散虫類は入り組んだ内部骨格，つまり殻のある，原形質の丸い塊りと考えていいかもしれない．一般的に，殻には珪質の諸要素から形成される繊細な格子状構造があり，諸要素には外部の棘，離れている骨片，内部の棒が含まれる．放散虫類の浮力は，密度を下げるためのずんぐりした小球と気体の空胞の存在と，殻の構造によって維持される．長い棘で抵抗が増し，殻の球形と円錐形の形状のために沈みにくい．**スプメラリア**(spumellar)と**ナッセラリア**(nassellar)という2つの主要な化石目が殻の構造に基づいて認められている(図13.6)．スプメラリアは放射相称を示す球状の殻をもっているのに対し，ナッセラリアは円錐形で鐘状の殻をもっている．

生態/古生態

保存のよいすべての原生生物の中で，放散虫類は海洋での分布がいちばん広い．他の動物プランクトンとともに，その分布は海洋循環の様式と関連し，また，放散虫類の種は特定の特徴をもつ水塊と関連していることがある．化石群集の分布の分析は古海流の循環様式を推測することに利用できる．ほとんどの種は水温と結びついた上下方向の層化を示し，熱帯域の深海でよくみられる種は，極域ではより浅いところに現れる．群集の明瞭な境界は水深50，200，400，1000および4000mで認められており，スプメラリアは浅い方の水深で優位を占め，ナッセラリアは2000m以上の水深を好む．放散虫類が最も豊富なのは，不可欠な養分，特に二酸化ケイ素が表層水にもたらされる湧昇域である．放散虫類の最も高い多様性は，表層水が発散して湧昇の原因となる赤道緯度域でみられる．現生放散虫類と化石群集の比較は水塊の水温変化，例えば，新生代の南極海(the Southern Ocean)の冷却を確

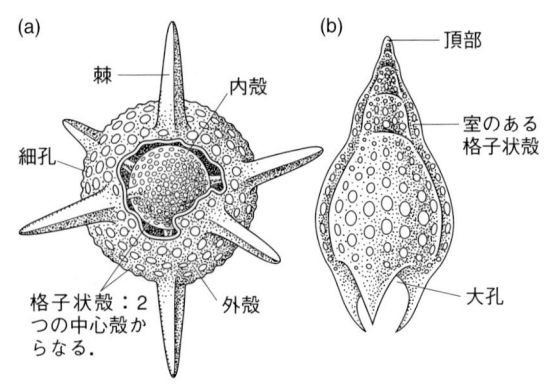

図13.6 放散虫類の形態．(a)スプメラリア．この例は直径約80μm．(b)ナッセラリア．この例は長さ約90μm．

認する助けになっている．

放散虫軟泥

放散虫類の丈夫な珪質の殻は他のほとんどの微化石に比べ，他の珪質の型に比べても，溶解しにくく，放散虫素材は海成堆積物中に蓄積できる．**炭酸塩補償深度**(calcite compensation depth)，つまり方解石が海中で溶解する深度(3000〜5000m)より深いところでは，珪質のデトリタス(微生物の遺骸などがたまったもの)が優占する．現代の海洋では，放散虫軟泥は海底の2.5％をおおっており，生産性の高い海域下，主として，赤道直下の太平洋の深海堆積物中に見いだされる．平均して，放散虫類の素材は1000年に4〜5mmの割合で蓄積する．骨格素材は単に海底に沈む場合と，殻が糞物質に含まれる場合がある．後者は沈むのがより速いため，堆積物中に保存される可能性が高くなる．特に中生代と新生代の化石記録中にしばしばみられるが，チョークの地層間に挿入されたチャートの層準がある．このような団塊状のチャートは珪質の生物起源で形成されたと考えられている．

放散虫類は古生代と中生代の生層序にとって有用である．放散虫類は石灰質の微化石が存在しない，より新しい堆積物で利用される．例えば，炭酸塩補償深度より深いところに堆積した岩石から標本を回収する場合などである．

有孔虫類

有孔虫類(foraminifera)は最も重要な化石グループのひとつである．分布は世界的で，あらゆる海洋環境に生息し，カンブリア紀から現在に至るまで連続的な化石記録がある．水温と化学的性質の違いに敏感な有孔虫類は，古気候と古海洋の有益な指標になる．また，層序の対比にも重要である．

形 態

有孔虫類は内部に石灰質の甲，つまり殻をもつ，単細胞の生物である．現生の有孔虫類では，原形質のほとんどは内部の殻の中に入っている．殻壁の孔から突き出ている糸状の原形質である仮足は，食物を捕らえるとともに運動を助ける(図13.7)．

殻壁の組成，構造および形状は様々で，分類に重要な特徴である．有機質，膠着質および石灰質という壁の3つの主要な組成が記録されている．有機質の壁は薄くて可撓性のある膜で，膠着質の殻は膠着したデトリタスでつくられる．事実上，すべての化石有孔虫類は石灰質である．石灰質の壁には3種類がある．微粒質の殻は古生代の型によくみられ，しばしば再結晶している．磁器質の殻は半透明で，ガラス質の殻は透明である．

殻の形状は室の配置と形状で決まり，変異幅が極めて大きい(表13.2)．ほとんどの有孔虫類の殻には多数の室があり，だんだんに大きくなる室が単純な列状または螺旋状に分泌される．線状の殻は1列(単列状)，2列(二列状)または3列(三列状)で形成される．室が単一平面に加わる平らな型(平面状旋回)から，室が縦軸沿いに加わる螺旋形の型(こま状旋回)に至るまで，巻いた殻の形状は様々である．室の形状も極めて多様である．室が1つの殻はフラスコ形，管状，分枝状の場合がある．室が複数の型では，室は球状や棍棒状のことがある．最後の室の中には開孔部すなわち口孔がある．口孔は単一の場合と，形状と構造が様々な複数の開孔部をもつ場合がある．殻の外部表面は，完全に滑らかなものから高度に装飾されているものまで多様である．殻の彫刻は浮力の助けになり，有孔虫類を静止浮遊させ，捕食者を抑止すると考えられている．

表 13.2 有孔虫類の形態の変異．

殻の形	室の形	口孔のタイプ	外面の彫刻
単列状	フラスコ状	円状	多棘状
二列状	球状	放射状	肋骨状
螺旋状 (平面状旋回)	三日月状	切れ目状	竜骨弁状
螺旋状 (こま状旋回)	棍棒状	縫い目状	肥厚した縫合線

生態/古生態

有孔虫類は古環境の極めて便利な指標である．**底生有孔虫類**(benthic foraminifera)の形態は底質，水深，および海水の化学的性質の表示である．ほとんどの底生有孔虫類は表在で，有機質の膜である仮足を使って底質に付着または膠着する．シルト質と泥質の底質に関連する種は殻が薄く，繊細で，細長い型になる傾向がある．養分がそれほど豊富でない粗粒の堆積物では，殻が厚く，高度な彫刻のある有孔虫類が，よりまばらな個体群を維持している．さらに，より高エネルギー環境では，自由(浮遊)生活性の種の殻はより強いのが一般的である(より厚い殻壁)．硬い底質を好む膠着型では，通常，扁平または凹面の基部面をもっている．

ほとんどの底生有孔虫類は標準的な海洋塩度(約35‰)にしか耐性がなく，塩度が変動する環境では群集の多様性が低いという特徴がある．膠着質の有孔虫類は湿地帯でよくみられるのに対し，孔があり石灰質の型は潟湖を好む．塩度が極めて高い条件を好むのは磁器質の有孔虫類だけである．ほとんどの有孔虫類は標準的な酸素レベルの海水中にみられるが，少数は深海の低酸素環境で繁栄している．このような種は典型的に小さく，滑らかで，壁の薄い石灰質または膠着質の殻をもっている．

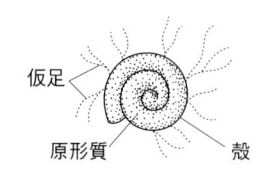

図 13.7 現生の有孔虫類．

底生と浮遊性の有孔虫群集は古測深資料の重要な指標である．古環境と古深度の指標を図13.8に要約した．

浮遊性有孔虫類(planktonic foraminifera)は，微化石のうち，最もよく研究されているグループのひとつである．浮遊性有孔虫類はプランクトンの中では活動的な捕食者だが，一部には光合成する藻類を骨格内で育てるものもある．浮遊性有孔虫類の現代の分布は，現代の水温を反映する5つの主要帯にある．これらの帯は最後の間氷期と氷期を通して認められ，現在より暖かい時代と涼しい時代の海洋の復元に役立つ．

浮遊性有孔虫類の殻は**安定同位体分析**に広く利用される．これらの安定同位体は気温などの変化する気候の特徴に応じて，海洋での相対的な割合が変化する．一部の元素の同位体比は有孔虫類に記録されているが，これは動物が骨格をつくるために海水から素材を抽出しているからである．その化石骨格から得られた測定値は，海洋の水温，生産性，極にある氷の量など，古気候の特徴を推測することに利用できる．

進化史

知られる最も初期の有孔虫類はカンブリア紀前期の岩石産で，膠着質で単純な管状である．これらの型はオルドビス紀に多様化し，石灰質の殻はシルル紀に初めて出現した．多数の室をもつ型の起源はデボン紀になる．石灰質の有孔虫類は石炭紀とペルム紀に繁栄を続け，高度に複雑で多様な殻構造が存在した．古生代末の大量絶滅事件後，底生の有孔虫類は大放散し，新しい生息地(潟湖，湿地や礁)を採用するとともに，より水深の深い環境にも広がった．浮遊性の有孔虫類はジュラ紀中期に初めて出現した．浮遊性有孔虫類は白亜紀に大放散し，その世界的な分布と急速な進化によって，白亜紀の重要な示帯化石になっている．白亜紀に認められている300種のうち，白亜紀末の絶滅事件を生き延びたのは浮遊性有孔虫類の5種だけだった．新生代初期に大放散があったが，暁新世-始新世境界に，底生の型のきびしい絶滅があった．有孔虫類は始新世に多様化したが，始新世末の寒冷化との関連で，熱帯のタクサはさらにいっそうの絶滅を被った．その後，中新世に放散するが，これはより温暖な気候状態と関連している．

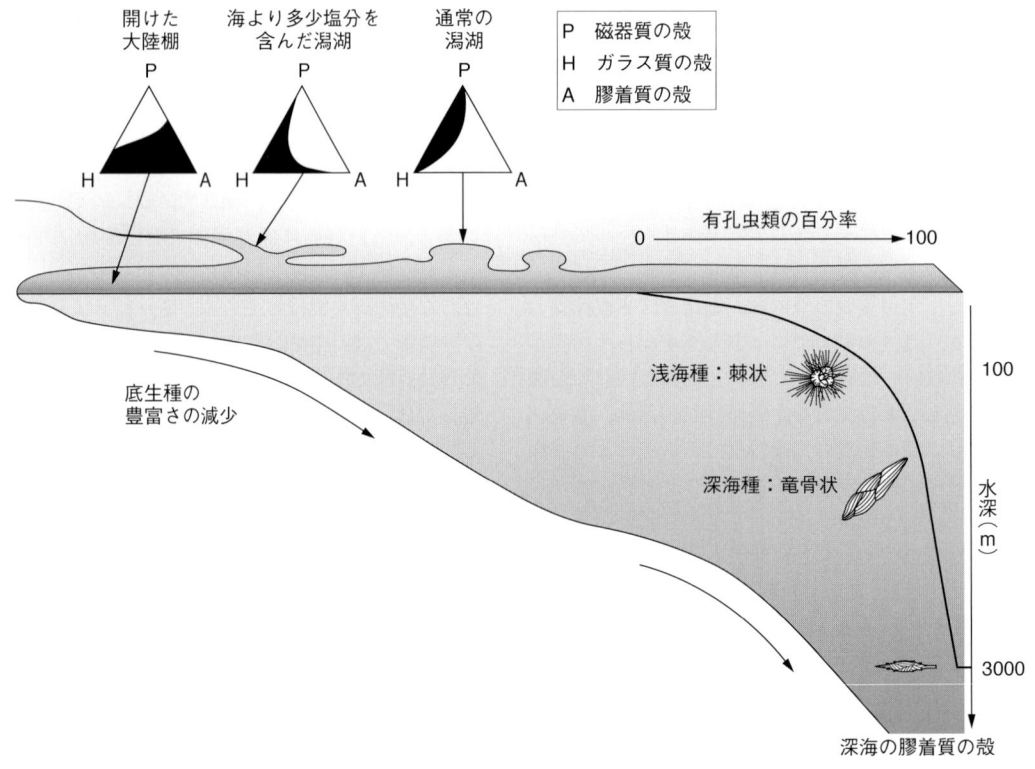

図13.8 有孔虫類の環境分布．

微小無脊椎動物

介形虫類（貝形虫類，オストラコーダ）

介形虫類（ostracodes）は豆のような形で，2つの部分からなる殻に入った小型の甲殻類である．介形虫類はあらゆる水生環境に生息し，カンブリア紀から続く化石記録をもち，太古の塩度の重要な指標である．

形　態

現生介形虫類は石灰質の甲皮を分泌し，この甲皮はわずかに重なり合う，2つの卵形で蝶番のある殻で形成されている．ほとんどの介形虫類は体長2mm未満だが，古生代の一部の種は80mmに達し，現生の少数の型は体長20〜30mmになる．甲皮は高度に石灰化し，肋・稜・いぼで修飾されている場合と，滑らかで特徴のない場合がある．

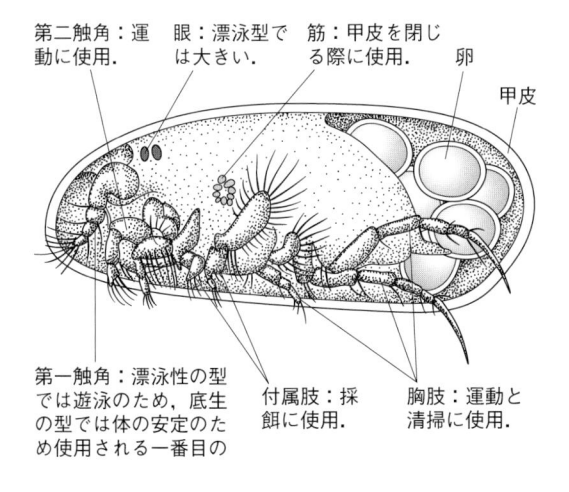

図 13.9　現生介形虫類の形態（雌）．この動物は体長約 1mm．

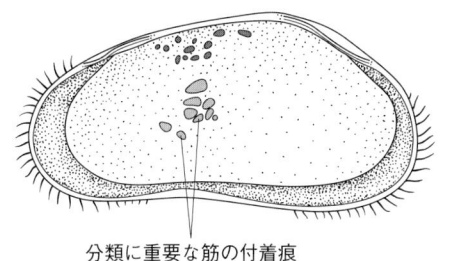

図 13.10　雌の淡水生介形虫類の殻の内面．

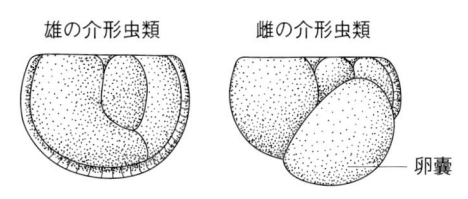

図 13.11　介形虫類の性的二型．

軟部は完全に殻の中に入っている．介形虫類は数の減った付属肢をもつ小型甲殻類で，その付属肢は主として運動（遊泳と歩行）と採餌に使われる（図13.9）．殻は閉殻筋で閉じられ，その閉殻筋は内部表面に筋の付着痕を残している（図13.10）．感覚用の毛状突起である剛毛の入った細い管が甲皮に穴をあけている．明確な眼点が甲皮に発達しているものがあり，介形虫類の感覚上の知覚を高めている．現生介形虫類で最も重要な感覚器官は付属肢と殻にある感覚用の毛である．生殖器官は体内容積の大きな割合を占め，性的二型がよくみられる．通常，雄の方が体長・体高比が大きい．古生代の一部の雌には卵嚢があり，甲皮の外面に特徴的な隆起部を形成していた（図13.11）．［訳注：2003年に英国のシルル紀層産化石で，2枚の殻の間から雄の生殖器官や細長い触角が伸びていることが確認されている．］現生介形虫類の卵は，ふつうは雌により抱卵されるよりはむしろ自由に放卵される．一部の淡水種は乾燥耐性の優れた卵を産む．一部の現生介形虫類はつがいの相手を魅きつけるために生物発光（ルミネセンス）を利用し，青みを帯びた弱い閃光は外部分泌物で産み出される．礁に生息する**ヴァルグラ**（*Vargula*）の雄は閃光を同調させることができ，その結果，劇的なディスプレイになる．

生態/古生態

介形虫類は底生または漂泳性である．漂泳性の介形虫類は海洋環境でしかみられないのに対し，底生の介形虫類は海水または淡水に生息する．甲皮の構造，形状および彫刻は底質の種類，塩度，水温および水深しだいで変わるため，介形虫類は古環境の有益な指標になっている．

淡水の介形虫類は薄く，卵形で，特徴のない甲皮をもつ傾向がある．海洋底生の介形虫類は石灰化の程度がより高く，底質の性質と関連づけられる特定の特徴をもつ．軟らかい細粒の堆積物上を這い歩く介形虫類は平らな腹側面をもつことがあり，自重を分散するための側方突出部をもっていることもある．肋と棘をもつ高度に石灰化した甲皮は，荒れる海岸近くの環境に関連のある，より粗粒の堆積物にみられる．埋在の介形虫類はふつう滑らかで細長い甲皮をもつ．漂泳性の介形虫類も滑らかな甲皮をもつが，形状はより亜円形の傾向がある．特徴的な甲皮形態をもつ介形虫類の特定の種は，特定の塩度と水深範囲に限られている（図13.12）．現生介形虫類の採餌習性は多様で，捕食者，植物食者，腐食者，そして濾過食者の場合がある．捕食性の種は他の甲殻類や巻貝類を捕食する傾向があり，より大型の種は小型魚類を捕らえるために触角を使うことがある．植物食者は主に藻類を食べ，濾過食者は対になった付属肢のうちの一対にある剛毛を使い，懸濁粒子を採取している．

進化史

最古の介形虫類はカンブリア紀初期から報告されているが，このグループは短命だった．新しい型はオルドビス紀に放散し，古生代の残りを通して存続した．主要なグループはペルム紀末に絶滅したが，さらなる放散がジュラ紀に起こり，介形虫類は今日まで存続している．

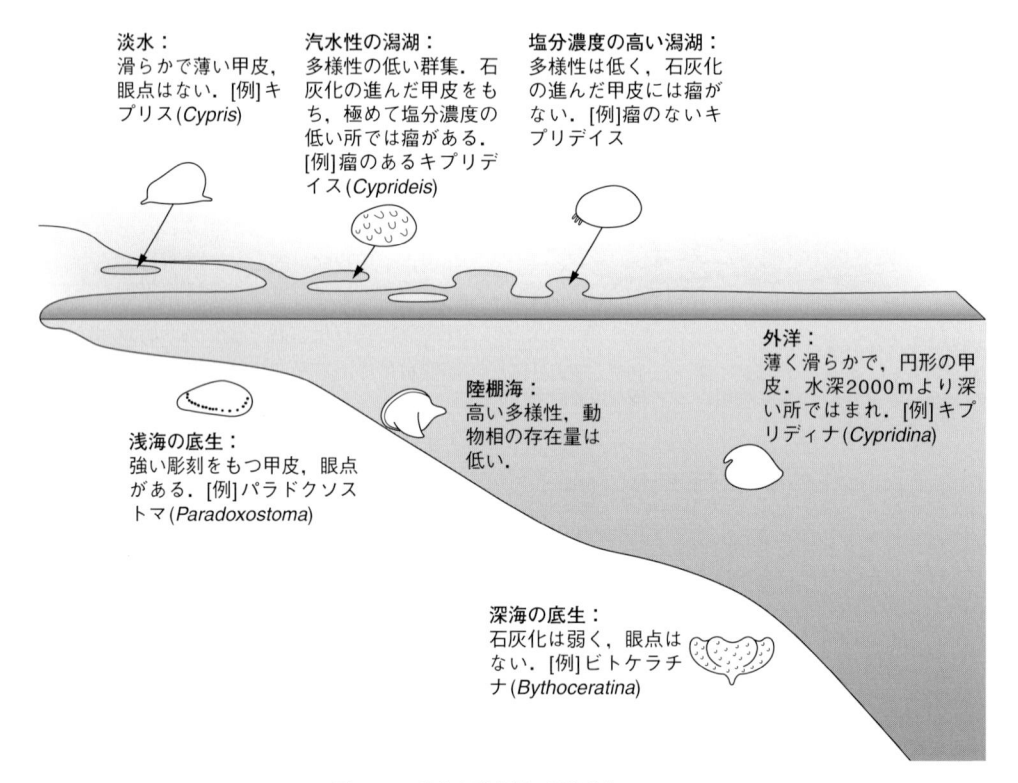

図 13.12　現生介形虫類の環境分布．

微小脊椎動物

コノドント類

コノドント類(conodonts)はリン酸塩の小さい歯のような化石で，ウナギのような形状の絶滅魚の複雑な採餌器官の部分を形成していた．カンブリア紀から三畳紀まで生息したコノドント類は古生代生層序の重要な指標である．コノドント類の色は埋まった温度で変わるため，コノドント類は岩石の熱変性の指標として利用される．

形 態

コノドント類は3つの基本型に分けられる（図13.13）．

1　角状要素(錐状)：湾曲し，狭い先端に向かって先細りになる，尖頭型のコノドント類．

2　複歯状要素(棒状)：刃状で，細長く，多くの小歯からなるコノドント類．

3　板状要素(プラットホーム状)：基底の幅が広く，咬頭状の隆起の多いコノドント類．

希有な化石標本は，コノドント類の集合体が対称的に配置されていたことを示している．このような集合体すなわち器官は，通常，7対あるいは8対のコノドント類で形成された．

コノドント動物

本来の場所にコノドント器官とともに保存された真の**コノドント動物**(conodont animals)は，英国スコットランドを含むいくつかの産地で発見されている．その動物は左右相称で，ウナギのような最長で55cmの長い体，小さい頭部，部分に分かれた筋肉，そして鰭をもっていた．大きい眼が頭部で優位を占め，コノドント器官は眼のすぐ後ろに位置している．コノドント動物はメクラウナギまたはヤツメウナギに似た脊椎動物で，その器官は獲物を捕らえて押しつぶすために使われていたのかもしれない（図13.14）．

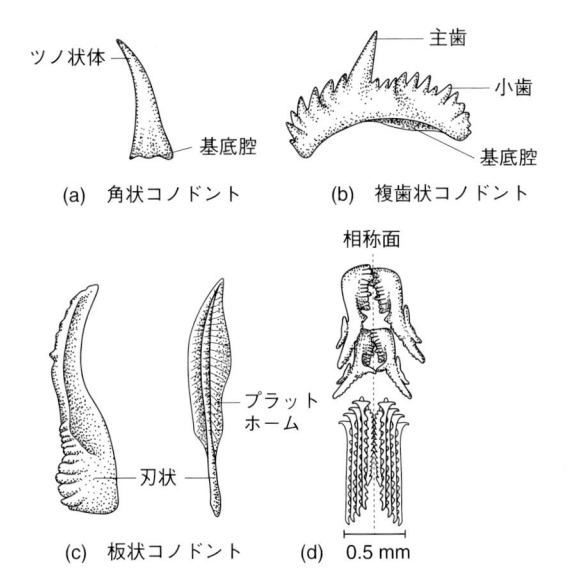

図 13.13　コノドント要素の主な型．(a)ヘルツィナ(*Hertzina*)．6mm．(b)オザルコディナ(*Ozarkodina*)．約1mm．(c)ポリグナトス(*Polygnathus*)．約1mm．(d)スコットグナトス・ティピクス(*Scottognathus typicus*)におけるコノドント要素の自然群集．

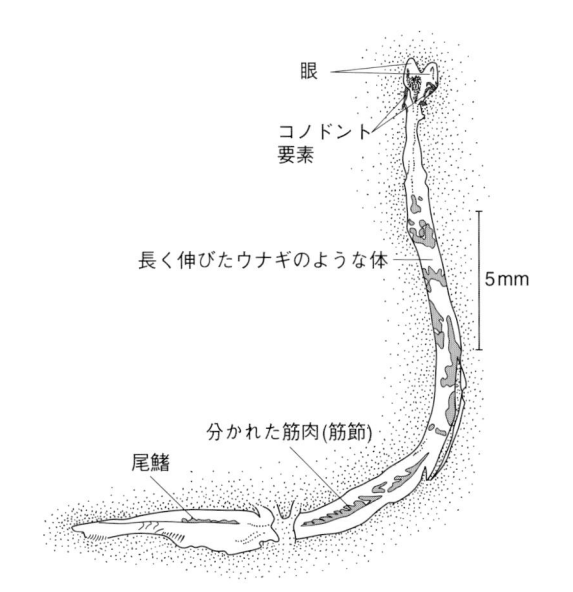

図 13.14　英国，エディンバラ(Edinburgh)近郊の，石炭紀前期グラントン・シュリンプ層(Granton Shrimp Bed)から出たコノドント動物の身体印象化石．

古生態

コノドント類は様々な海洋環境でみられるが，熱帯の海岸近くの環境で最もよくみられる．古生代の一部の群集は水深との関連を示し，より深いところの群集は一般的に多様性がより低い．

進化史

単純な角状要素はカンブリア紀初期から知られている．コノドント類の多様性が最大に達したのはオルドビス紀中期で，属の数は60に達した．多様性はシルル紀を通して急激に減少したが，コノドント類はデボン紀後期に再び放散した．デボン紀の絶滅事件後は，コノドント類の群集の変異性は少なかった．少数の型だけがペルム紀の大量絶滅を生き延び，グループ全体が三畳紀末に姿を消した．

植　物

胞子と花粉

長期にわたる植生の変化の復元に用いられる**胞子**(spore)と**花粉**(pollen)の研究は花粉学とよばれる．胞子と花粉は植物の生殖体制の一部である．胞子と花粉は極めて耐性があり，多数が広域に散布されるため，生層序に重要である．また，古環境，特に第四紀の有益な指標にもなりうる．

形　態

胞子と花粉粒は極めて特徴的である．一般に，花粉粒は胞子より小さく，胞子の直径100～200μmに対し，花粉粒は直径25～35μmである．大型の胞子である大胞子は直径4mmに達することがある．ほとんどの胞子と花粉は二重壁の構造をもち，乾燥に耐え，また，微生物による攻撃を防ぐため，外側の壁は極めて丈夫にできている．壁の彫刻には変異幅がある．表面が粒状のもの，小穴があるもの，棒のような突出物で装飾されているものもある．壁にある開口部は花粉または胞子の発芽を許し，また，湿度の変化に対応して大きさを変化させる．

形状と開口部の型が，花粉と胞子を同定する基礎になっている．開口部の形状に基づいて，4つの主要な型が認められている(表13.3)．

花粉分析

層状堆積物，特に湖と泥炭堆積物中の花粉含有量を調べると，時代を通してのその地域の植生がわかる．花粉の図表はこの情報を量化するため，また，選ばれた各層準での花粉粒の数または割合を記録するために用いられる(図13.15)．この方法によって，広い地域や特定地域の花粉群集帯が確立される．さらに，地域内の特定事件を認め，年代決定をするうえで，これらの花粉群集帯を用いることができる．例えば，第四紀の間氷期とか，初期人類が環境に与えた影響といった事件である．

進化史

真の胞子はシルル紀初期に初めて出現した．当時，陸生植物は海洋環境周辺にコロニーをつくりはじめていたと考えられる．シルル紀後期とデボン紀初期に，陸生植物の爆発的な放散と胞子の型の多様化があった．小型の草本で種子のない植物が植物相に優位を占め，一部のものには特徴的な大胞子があった．種子をもつ最初のシダ類は石炭紀中期に出現し，一連の花粉の型が確立された．石炭紀の湿地に典型的な植生は，石炭紀の広範囲な石炭堆積物から知られている．ペルム紀には，胞子はあまり多くみられず，花粉はより普通にみられた．胞子をもつ植物の減少は，古生代後期

表 13.3　胞子と花粉の重要なグループ．

胞子/花粉	説明	外観
三条溝胞子 [例]シダ類	Y字型の発芽溝をもつ四面体の胞子(三条溝の徴表がある)	
単孔粒花粉 [例]イネ科植物	単一で円形の発芽口をもつ球状粒子	
三口粒花粉 [例]カバノキ類	3個の発芽口が赤道部に等間隔にある球状から四面体の粒子	
囊状花粉 [例]マツ類	少なくとも1個の球状の小胞をもつ特徴的な長い粒子	

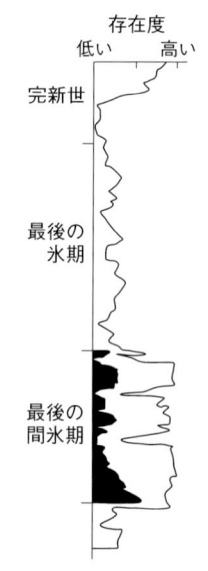

図 13.15　フランス，グラン・ピル(Grand Pile)における花粉記録．白い範囲は樹木の花粉の相対的な豊富さを表し，黒い帯はオークの花粉(*Quercus*)を示す．オーク花粉の存在は最後の間氷期の確認に役立つ．

のより乾燥した条件および考えられる地球寒冷化と関連づけられている．

三畳紀とジュラ紀の植物相では裸子植物が優位を占めた．顕花植物の被子植物は白亜紀初期に初めて出現し，次第に裸子植物にとってかわり，白亜紀後期までには優勢な花粉生産者になった．白亜紀末の植物相は現代の植物と類似していたが，草地は新生代に入るまで出現しなかった．植物進化のさらなる情報については第12章を参照．

ヒストリコスファエリディウム（Hystrichosphaeridium）

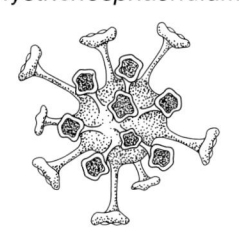

渦鞭毛藻類　ジュラ紀後期〜中新世中期

この化石渦鞭毛藻類の囊子は中央の球体（直径約 $25\mu m$）と，遠位端でじょうご形に開く特徴的な中空突起をもっている．

コスキノディスクス（Coscinodiscus）

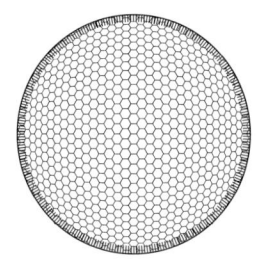

珪藻類　白亜紀〜現世

この珪藻のまるい形状は，この珪藻が中心類のグループに属することを示す．殻は直径約 $60\mu m$．この珪藻は浮遊性で，沿岸および大陸棚の外縁環境に典型的である．

バスロピラミス（Bathropyramis）

放散虫類　白亜紀〜現世

バスロピラミスは格子状の骨格をもつ放散虫で，体高は約 $300\mu m$ である．放射状の3つの棘が三脚構造を形成し，口は開いている．基底部に開いた口をもつこのような円錐型の放散虫類は，上昇海流のある地域で生息することに適応している．

グロビゲリナ（Globigerina）

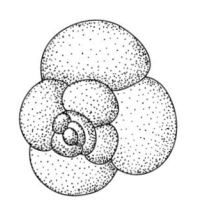

有孔虫類　暁新世〜現世

この薄い壁でできた，小球体からなる有孔虫は浮遊性である．殻（直径約 $300\mu m$）は浮力を保つように変化している．室は膨張し，一部の現生種の表面は泡状の原形質を支持する細い棘でおおわれている．浮遊性有孔虫類は新生代の生層序の標識として極めて重要である．

ボリヴィナ（Bolivina）

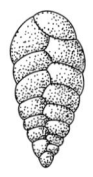

有孔虫類　白亜紀後期〜現世

ボリヴィナは石灰質の細長い殻をもち，この殻は2列の室で形成されている（長さ約 1mm）．この特徴的な有孔虫は深海（2500〜7000m）でよくみられる．

エルフィディウム（Elphidium）

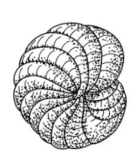

有孔虫類　始新世前期〜現世

汽水でよくみられる，この底生有孔虫は特徴的な畝の彫刻をもつ石灰質の殻がある（直径約 $500\mu m$）．一般的に，エルフィディウムは潟湖，河口域，そして沿岸環境でみられる．

ベイリキア（*Beyrichia*）

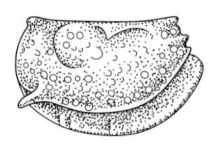

介形虫類　シルル紀前期～デボン紀中期

　この絶滅した海生介形虫類の甲皮には，長い直線状の蝶番線（長さ約1mm）があり，外面は特徴的な粒状，または，あばた状だった．この属は明らかな性的二型を示す．雌の甲皮は卵嚢を収容するためふくらんでいた．この介形虫類は浅海で自由遊泳し，デトリタス，底生生物やプランクトンを餌にしたと示唆されている．

キプリディナ（*Cypridina*）

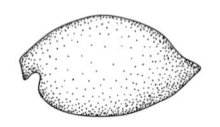

介形虫類　白亜紀後期～現世

　キプリディナは薄く，特徴のない卵形の甲皮で見分けられる（長さ約1.5mm）．この介形虫類は海生で漂泳性の濾過食者で，湧昇と関連のある養分に富んだ海水で繁栄している．甲皮の前部にある突出物は，泳ぎに適応した細長い複数の前肢を囲んでいる．キプリディナには2つの有柄複眼と中央の1つの単眼がある．

エミリアナ（*Emiliana*）

コッコリソフォア類（円石藻類）　新生代～現世

　現代の海洋で最もよくみられるコッコリソフォア類．コッコスフェアの直径は約5μm．

キプリス（*Cypris*）

介形虫類　ジュラ紀？/更新世～現世

　キプリスは淡水環境，特に池に生息する．ほとんどの淡水生介形虫類は滑らかな甲皮をもっている．キプリスでは，甲皮は薄く滑らかで，比較的大きい（長さ2.5mm）．蝶番機構は単純で，眼点はない．

ビトケラチナ（*Bythoceratina*）

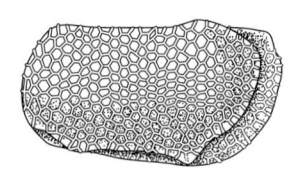

介形虫類　白亜紀後期～現世

　2000～3000mの水深に生息するこれらの介形虫類は，しばしば，サイクロスフェリクとよばれる．このような介形虫類は光の不足，冷水条件（4～6℃），そして一定塩度に適応している．ほとんどは盲目で，大型で彫刻の強い甲皮（>1mm）をもっている．ビトケラチナには滑らかなものと，棘でおおわれるか網状の彫刻をもつものもある．

クエルクス（*Quercus*）

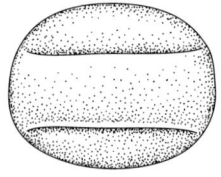

花粉　新生代～現世

　オークの花粉で，一般的には直径約12μm．この花粉の型は温暖な地中海型の気候を示している．

14 生痕化石
Trace fossils

- 生痕化石は生物的な活動の印象が保存されたもので，化石化した生物行動の記録である．
- 種類の異なる生痕化石群集は古生態の解釈に用いることができる．
- 行動に関する体系（動物行動学），および，環境に関する体系（生痕相）の，2つの主要な分類体系がある．
- 生痕はそれを残した者ではなく，その形状について命名される．
- 生痕化石は先カンブリア時代‐カンブリア紀境界の識別に重要である．

生痕化石は生物起源の堆積構造で，穴掘り，歩行，採餌などの生物的な活動を記録している．堆積構造であるため，通常，生痕化石は本来の場所に保存され，死後に運搬されやすい体化石に比べ，より正確で，信頼できる堆積環境の指標になる．生痕化石の群集は安定したグループ分けになり，古環境の復元に広く利用されている．しかし，化石種と生痕化石の関係は複雑で，種と活動，そして生痕の間には，単純な相関がない．また，通常，生痕化石につけられる名前はその生痕を残した動物に関係しない．生痕化石の証拠を正しく理解し利用するには，以下の原則を明確に理解する必要がある．

1　異なる行動様式に関連して，同じ種が異なる生痕を生むことがある．

2　異なる堆積物では，同じ生痕が異なって保存されることがある．

3　同じ行動をとると，異なる種が同じ生痕を生むことがある．

4　環境条件の変化により，生痕は変化することがある．

生痕化石の属は**生痕属**（ichnogenera）とよばれ，生痕化石の種は**生痕種**（ichnospecies）とよばれる．生痕化石の主要グループは一般的な形状，堆積物中での方向，および生痕の構造に基づいて分類される．この章では海成堆積環境の生痕化石に焦点を置くこととし，糞石（動物の糞便），植物と関係のある生痕化石（例えば，木の穿孔や葉の採餌）および捕食痕はここではとりあげない．

保　存

通常，生物学的痕跡は2つの異なる型の堆積物境界に保存される（図14.1）．生痕は一般的に三次元になるため，正確な形態を確かめるのは難しいことがあり，露出部が限られている場合，あるいは，生痕の断面しか存在しない場合は，特に困難になる．三次元で保存されている完全な生痕が**完全レリーフ**（full relief）である．通常，完全レリーフは後にその空所が堆積物で埋まった巣穴で，雄型として保存される．層理面の表面に形成された，崩壊した巣穴や生痕は**準レリーフ**（semirelief）になる．地層頂部に保存された生痕は**表在レリーフ**（epirelief），地層下面の生痕は**下面レリーフ**（hyporelief）である．

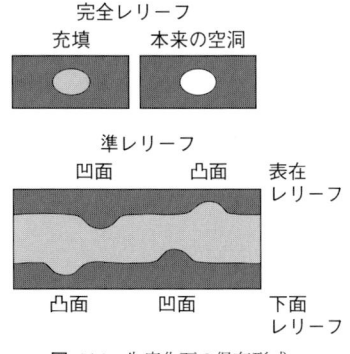

図14.1　生痕化石の保存形式．

動物行動学的(行動による)分類

　この基本分類は生痕化石で表される行動の特徴に基づいている(表14.1)．最も重要な種類は採餌，居住と運動に関連がある．構成単位が活動に基づいて区分されているため，生物が同時に複数の行動(例えば，採餌と這い歩き)をした場合，複数の構成単位間に部分的重複が起こりうる．また，生痕化石構造の異なる部分が異なる種類に入ることもある．

表14.1 生痕化石の行動学的分類．11の部門で体系ができているが，その中の8つの主要グループの特徴を示す．ここで省略したものは，捕食痕(捕食の痕跡)，構造痕(底質の上につくられた構造)，そして繁殖痕(繁殖用の巣)．

部門	行動の説明	保存状態と構造	生痕属の例(および，その考えられる生産者)	
休息痕	運動を一時的に停止した間に形成された，休息または退避の痕跡．通常，休息よりは，座り込んだ摂食者の採食あるいは退避を示している．	通常は地層底部に残された雄型．形態は休んでいる生物の下面の特徴を示す．	アステリアキテス(*Asteriacites*)(ヒトデ)	ルソフィクス(*Rusophycus*)(三葉虫)
居住痕	底質中へ穴を掘る，または穿孔したことで形成された居住痕跡．痕跡はその巣穴に居座っていた動物の長期にわたる住まいだったことを示す．	地層中に発見されるいろいろな形の深い掘穿物．通常は網目状の管状構造物，あるいは直線的もしくはU字形の巣穴．	スコリトス(*Skolithos*)(棲管虫)	タラッシノイデス(*Thalassinoides*)(甲殻類)
逃避痕	動物が突然の堆積物流入による埋没を避けて急速に上方へ移動したとき，また捕食者を避けて側方へ移動したときに形成される逃避構造．後者はよりまれ．	通常は，居住痕に伴って地層中にある．巣穴の近位端の堆積物はつくり直され，葉層(ラミナ)が乱れている．	二枚貝によってつくられた逃避構造	多毛類によってつくられた逃避構造
保守痕(平衡痕)	漸進的な海底の堆積とか削剥に関して，埋在動物がその巣穴を適正な場所に維持した修正痕跡．	通常，居住痕に伴って地層中にできる．はっきりした葉層(ラミナ)が主要な巣穴と平行に形成される．	ディプロクラテリオン(*Diplocraterion*) 上方への動き	ディプロクラテリオン(*Diplocraterion*) 下方への動き
移動痕	方向をもった動き(AからBへ)を示す移動痕跡．歩行，匍行，掘進，そして走行を含む．	地層底部上の雄型として，また表在レリーフとして見いだされる．特徴的には継続的な長い痕跡で，四肢の動作を示すことがある．	クルジアナ(*Cruziana*)(三葉虫)	ディプリクニテス(*Diplichnites*)(節足動物)
摂食移動痕	食物を求めて，堆積物の特定地域での組織だった探査により形成された，摂食痕跡．	層理面の上または下にみられる水平な痕跡．入り組み，曲がりくねった形の特有な溝状の痕跡だが，小さな道が交差することはまれである．	ネレイテス(*Nereites*)(蠕虫)	フィコシフォン(*Phycosiphon*)(蠕虫)
農耕痕	食物粒子を捕らえ，または，藻類を育てる動物によってつくられた，罠や牧場の痕跡．構造は固定した場所での採餌と居住を示している．	表面に多数の開孔部をもつ巣穴でできた，複雑に入り組んだ水平な網状組織．通常，底層表面の下面レリーフとして保存される．	パレオディクティオン(*Paleodictyon*)	スピロラフェ(*Spirorhaphe*)
食住痕(定在摂食痕)	痕跡は堆積物食と住居の2つの機能を表している．掘穿はその生物が堆積物を食べ，その中の食物を消化しているときに行われる．	通常，地層中で三次元の形で見いだされる．一般的には水平だが，より複雑な型では巣穴の枝分かれした網状組織になることがある．	コンドリテス(*Chondrites*)(蠕虫)	ディクティオドラ(*Dictyodora*)(蠕虫)

海成生痕相の分類

おそらく，生痕化石の最も重要な利用法は古環境解釈への適用である．生物の行動は特定の環境条件と結びついているため，この行動の現れ（つまり生痕化石）は特定の環境を示す．異なる種類の生痕化石は，一般的には時を通して安定した，独特なグループ分けを形成する．識別されている生痕相のうち4つは，主としてエネルギー条件，水深，および堆積速度に関連している．他の生痕相は底質の性質を反映している．個々の生痕相は特徴的な生痕属にちなんで命名される（図14.2）．

スコリトス（Skolithos）生痕相

一般的に，この生痕相は海岸に近い環境の浅海に発展する．分級され移動する砂に関連した，より高エネルギー条件の場所に典型的である．深く，垂直でU字形の管状巣穴がこの生痕相を性格づける．スコリトスがオルガンパイプに似ているため，スコットランド北西ハイランド（Highland）のカンブリア紀の岩石には「パイプ岩（Pipe Rock）」という名前がついている．この生痕相に一般的な他の生痕として，オフィオモルファとディプロクラテリオンがある．オフィオモルファはタラッシノイデスに似ているが直径がより大きく，糞粒で形成されたこぶだらけの外壁をもっている．これらのすべての巣穴は底質が動いていたことを示し，その動物が深い巣穴を掘って，浸食と堆積の各期間に繰り返しの巣穴改修に迫られたことを示唆している．

トリパニテス（Trypanites）生痕相

水深とか物理的環境エネルギーを反映するというより，この生痕相は底質を示している．トリパニテス生痕相は完全に石化した底質中，例えば，岩の多い海岸とか硬い地盤で発見される．生物は底質中に穿孔して避難所とし，食物のため表層をはぎ取り，その痕跡を形成する．

クルジアナ（Cruziana）生痕相

クルジアナ生痕相は，砕波帯の外縁と暴風波浪作用限界深度の間にある浅海で，より低エネルギーの条件を反映している．一般に河口，潟湖あるいは大陸棚の環境に発達している．この生痕相には匍行，堆積物食，避難所の痕跡が優先する．高度の多様性がある．

ゾーフィコス（Zoophycos）生痕相

典型的にはこの生痕相は深海環境を示し，深い大陸棚から大陸斜面上部にかけて発達している．複雑な採餌痕跡がこの生痕相を特徴づける．ゾーフィコスは伝統的により深海の環境を反映していると考えられてきたが，現在は低酸素環境に関連するものと考えられており，この生痕相の多様性の低さは酸素からくる圧力条件の反映かもしれない．

ネレイテス（Nereites）生痕相

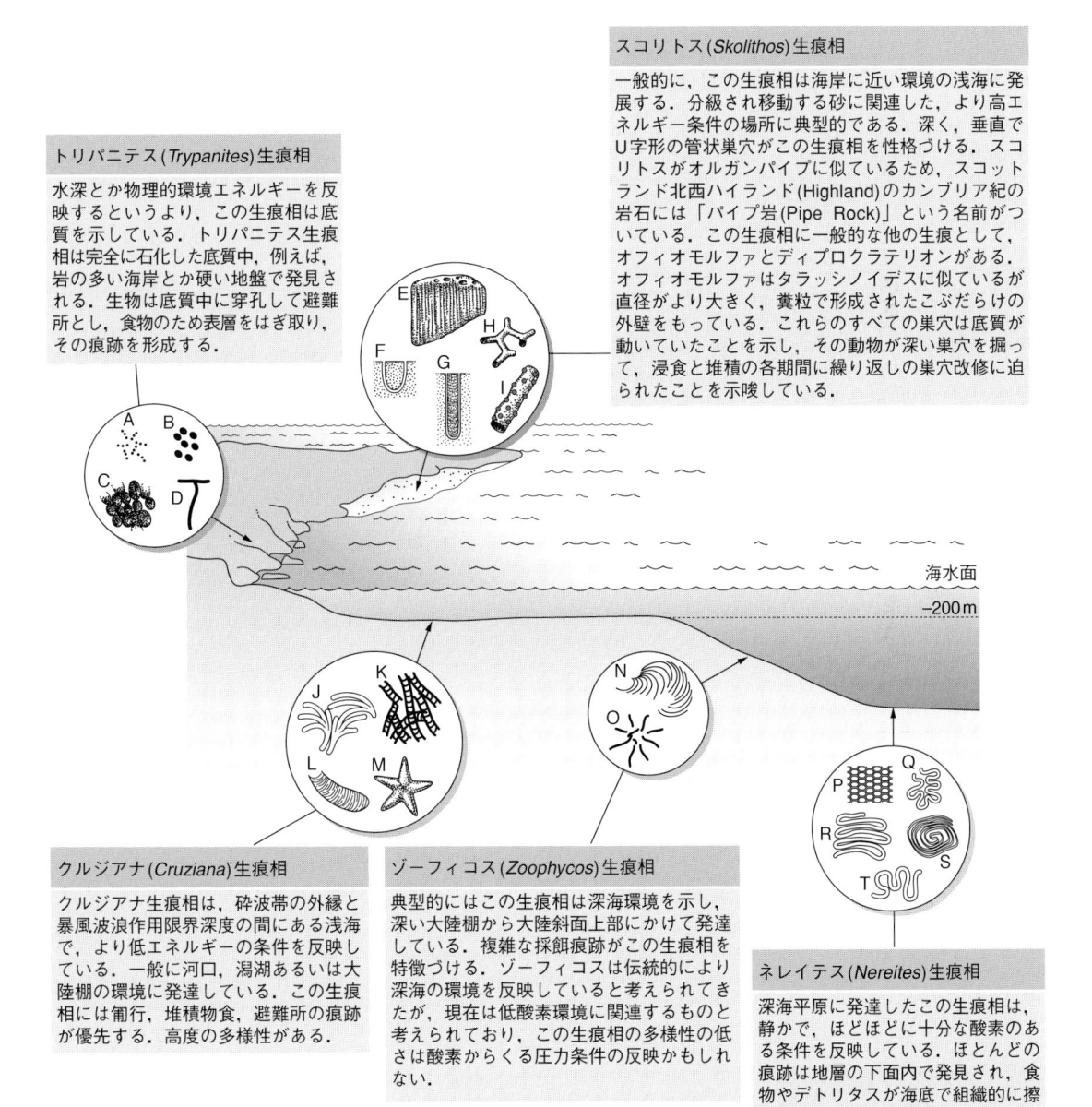

深海平原に発達したこの生痕相は，静かで，ほどほどに十分な酸素のある条件を反映している．ほとんどの痕跡は地層の下面内で発見され，食物やデトリタスが海底で組織的に擦食されていたことを示している．

図14.2 生痕相とその優占生痕化石．A：カウロストレプシス（*Caulostrepsis*），B：ウニ類による穿孔，C：エントビア（*Entobia*），D：トリパニテス（*Trypanites*），E：スコリトス（*Skolithos*），F：アレニコリテス（*Arenicolites*），G：ディプロクラテリオン（*Diplocraterion*），H：タラッシノイデス（*Thalassinoides*），I：オフィオモルファ（*Ophiomorpha*），J：フィコデス（*Phycodes*），K：クロッソポディア（*Crossopodia*），L：リゾコラリウム（*Rhizocorallium*），M：アステリアキテス（*Asteriacites*），N：ゾーフィコス（*Zoophycos*），O：ロレンジニア（*Lorenzinia*），P：パレオディクティオン（*Paleodictyon*），Q：コスモラフェ（*Cosmoraphe*），R：ヘミントイダ（*Heminthoida*），S：スピロラフェ（*Spirorhaphe*），T：タフレルミントプシス（*Taphrhelminthopsis*）．

生痕化石の進化

　生痕化石は堆積環境の性質に支配されるため，良好な示帯化石にはならない．その唯一の例外が先カンブリア時代-カンブリア紀境界にある．カンブリア紀の基部は，蠕虫状の動物**トレプチクヌス・ペドゥム**（Treptichnus pedum）の採餌痕の初出で定義される．カンブリア紀基部の岩石で見つかる生痕化石群集の多様性と複雑さにはかなりの増加がみられ，先カンブリア時代後期に典型的な，単純な巣穴とは対照的である．一般的に，生痕化石群集は時を通して安定しているが，顕生代には識別できる3つの主要な傾向がある．第一に，後生動物の放散と関連して，オルドビス紀末に多様性が増大する．第二に，石炭紀初期に埋在生物の掘る穴が深くなり，古生代後期には深い穴を掘る穴居者が登場する．そして第三に，沿岸の生痕が沖の環境に移動する傾向がある．例えば，オルドビス紀には陸寄りの大陸棚環境に典型的だった**ゾーフィコス**（Zoophycos）が，第三紀までには，深い斜面環境に移動している．また，**パレオディクティオン**（Paleodictyon）はカンブリア紀初期に，浅い大陸棚から，より深い水深に移動している．

15 先カンブリア時代の生物
Precambrian life

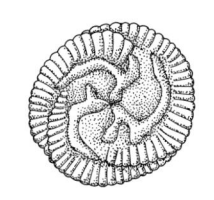

- 生物は地球の歴史の初期，おそらく38億年前以前に発生した．
- 複雑な真核細胞は27億年前に地質学の記録に登場する．
- 多細胞動物の起源がいつかについては論議があり，分子的な手法と古生物学手法とでは異なった推測が得られている．
- 光合成の発展は先カンブリア時代の大気に酸素を加えるという甚大な影響を及ぼした．

　先カンブリア時代は地球の歴史のほとんどを構成している．この時代に生物が進化し，多様化し，惑星の大気と表面を変化させはじめた．

　地球は45億5000万年前に形成され，その後6億5000万年間，地球には大隕石群が降り注いだ．これらの隕石は地球表面の液体状の水を蒸発させ，ことによると，固体の地殻を溶融できるほど十分な規模だったかもしれない．最後の劇的な衝突の後，約39億年前に大隕石の地球への衝突は途絶えた．地球表面に保存されている最古の堆積岩は約38億年前のもので，この堆積物は地球表面には液体状の水があり，大気には酸素がなかったことを示している．

　現代の生物は，ある程度まで，初期の生物がどのようなものだっただろうかに対する証拠になりうる．現生生物の最も初期の祖先を突きとめるために用いられる保守的な遺伝子配列は，現代のあらゆる生物にとっての単一の共通祖先を示唆している．この共通祖先に最も近縁な現代の類縁生物は，内部構成がほとんどない，単純な単細胞生物の原核生物である．さらに，この現代の単純な細菌類は酸素のないところに生息するのが通常で，極めて高い温度に対する耐性があり，100℃近い高温に耐性をもつこともある．したがって，単純で小さい細胞という形をとる初期の生物は，火山性の温泉の周囲あるいは深海の熱水噴出口などの高熱流量で特徴づけられる地域を探すべきかもしれない．

　先カンブリア時代の岩石の多くは化石に乏しいが，地球の生物の活動に対する証拠は豊富にある．先カンブリア時代の大気中酸素の増大には明白な証拠があるが，その過程の時期と期間については議論がある．酸素は光合成をする単細胞生物によって生産された．縞状鉄鉱層として知られる酸化鉄の莫大な堆積物が35〜18億年前に形成されたが，鉄鉱層が消費していた酸素の生物学的供給源は単細胞生物であったかもしれない．これらの堆積物が時とともに減っていたように，堆積岩中の還元鉄の存在も減り，大気中に遊離酸素が残りはじめていたことを示している．

　大気中の酸素が増大しはじめたことで，複雑な細胞をもつ生物である真核生物，そして，ついには多細胞の動植物の放散が促進された．このような生物は効率のよい呼吸のために酸素を必要とする．知られる最古の真核生物は，オーストラリアの27億年前の岩石に，特徴的な化学化石を残している．

　多細胞生物の化石記録は議論の的になっている．**グリパニア**(*Grypania*)とよばれる繊維状の化石は，たぶん多細胞植物の遺物で，14億年前までの岩石中で発見される．先カンブリア時代の最もよく知られる多細胞生物の化石の時代ははるかに新しく，5億9000万〜5億4200万年前の岩石中で発見される．これが**エディアカラ動物相**(Ediacaran fauna)——世界的な分布と独特な体型をもつ謎めいた生物の集団である．

　今日，周囲で目にする大部分の動物のように鉱化した骨格をもつ動物は，先カンブリア時代の岩石記録にはほとんどみられない．しかし，先カンブリア時代-カンブリア紀境界での，硬質部をもつ多様な型の生物の出現は，岩石中に痕跡を残してはいないが，おそらく動物がすでにかなりの期間，多様化していたことを示している．

初期生物の証拠

生物の起源の探求，そして，その初期進化の道すじに対する証拠は，古生物学で最も重要な分野のうちの2つで，この研究から他の惑星の生物探求への知識が得られるため，特に重要である．議論を発展させるために，いろいろ異なった情報源からの証拠が使われているが，まだ統一見解は出ていない．

分子による証拠は地球のあらゆる生物に対して単一の共通祖先を示しており，生物は過去に提案されたように他処からもたらされたのではなく，この地球で進化した可能性を極めて高いものにしている．次に，このことが，地球上の生物起源の時期を束縛してくる．形成時から約39億年前まで，地球には巨大隕石が降り注いでいた．生物がこのような衝突を生き延びられたとは考えにくい以上，生物は39億年前以降に進化したとすべきである．グリーンランドのイスア(Isua)から出た38億年前の岩石中の異常な炭化物は，単細胞生物の遺物であると一部の研究者は解釈している．鎖状の細胞とストロマトライトが，オーストラリアの約35億年前の岩石から報告されているが(図15.1)，現在では，これらは形は似ているが，実はシアノバクテリアがつくった構造ではないと思われている．

炭素同位体による証拠は，生物がその歴史の初期に，複雑な生化学経路を産み出す能力を進化させたことを示唆している．光合成をする現代の生物は大気中から二酸化炭素を抽出し，軽い炭素の安定同位体^{12}Cをより多く選択的に抽出している．軽い炭素同位体の特徴は光合成生物の証拠になる．これがイスアの岩石中に存在するかもしれないが，37億年前以降の岩石では確実に一般化する．光合成の重要性は一般的な副生成物が酸素だという点にある．

生物学的な証拠で生物の起源を正確に年代づけることはできないが，生物起源が高温の生活に適応している超好熱菌とよばれる単純な細菌類グループ，つまり，原核生物(図15.2)グループの内にあることを示唆している．このことは生物の起源である場所は温泉環境内とか，中央海嶺付近だったことを示すのかもしれない．

これらの種々の証拠をまとめて考えると，生物は地球が生物を十分に維持できるくらい安定した直後に進化したことを示唆している．また，生物は一連の単純な段階を急速に通過し，起源後2億年以内に複雑な代謝を産み出したことをも示唆している．

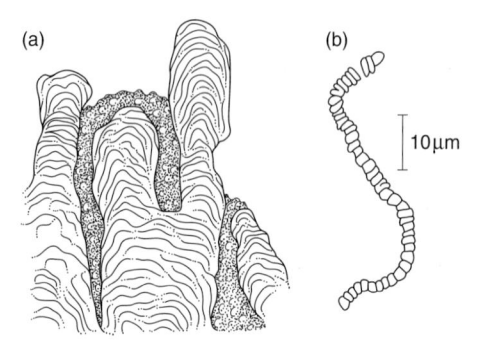

図 15.1 初期化石の候補．(a)始生代のストロマトライトの一種．(b)原核生物の細胞ともみられる一連のもの．

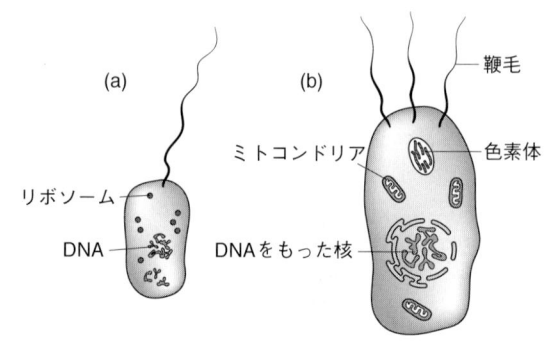

図 15.2 (a)原核生物．(b)真核生物．真核生物の内部体制とより大きな寸法に注目．

表 15.1 生命の進化の時期に関する主要分野上の証拠の要約．

地球の形成	地球は約46億年前に形成され，この時点以後に生命の進化した可能性が高い．加えて，地球と巨大隕石の断続的な衝突は約39億年前まで続いた．この証拠は，これより後の時点で生命が進化したことを想定させる．
地質学上の証拠	地表条件の証拠となる最も古い岩石は，グリーンランドから出るイスア表成岩(Isua Supracrustals)である．これらの岩石は，38億年前にはすでに，地球表面に液体状の水と，急激に減少していく大気があったことを示している．加えて，それらの岩石は異常な炭化物と同位体比の特徴を備えており，生命存在の証拠とも考えられる．しかし，これには一部の研究者の異論もある．
炭素同位体の証拠	ほとんどの生物は環境から引き出す元素の同位体を分別している．特に，光合成の過程で空気から二酸化炭素を引き出す役をする酵素は，選択的に炭素のより軽い同位体を抽出する．この同位体は植物遺物が埋もれたとき，炭素または炭酸塩として保存される．軽い炭素同位体という特徴は生物存在のいい証拠であり，37億年より新しい時代の岩石に普通にみられる．
生物学上の証拠	すべての生物が共有する遺伝暗号の部分比較から，現生生物の最後の共通祖先が生息した時代の可能性ある時点が得られる．不幸なことに，現時点での推定値は互いに大きく異なり，その幅は10億年前から60億年前になる．

複雑さの起源

小さな**原核生物**(prokaryote)は，今でも，地球で最も数の多い生物である．単細胞またはより大型の多細胞生物であり，一般的にはより大型の真核生物は原核生物より後に進化した．真核生物の起源は激しい論争の源になっている．

真核生物(eukaryote)は特殊な機能を果たす細胞小器官を内包している．エネルギーの貯蔵はミトコンドリアが受け持ち，光合成は葉緑素が，運動は繊毛または長い鞭毛が，そして繁殖と遺伝子情報の貯蔵は核内部が，それぞれ受け持っている(図15.2)．核の存在がこのグループの生物を定義づける特徴のひとつである．一部の真核生物は自分のDNAを他個体のDNAと結びつけることができる．つまり，有性生殖できることで，潜在的な遺伝子の変異性を増している．さらに，真核生物の細胞は小さい管と蛋白質からなる細胞骨格を含んでいるため，細胞は堅い外壁が不要である．この結果，真核生物は他の細胞を取り囲み消費する程度にまで，その形を変えることができる．

真核生物の起源が内部共生として知られる過程によるものだったことはほぼ間違いない．個々の原核生物が真核生物の細胞内に組み込まれ，相互依存の統一体を産み出し，その諸機能は吸収された生物に由来する特殊化した細胞小器官によってなされた(図15.3)．真核細胞のミトコンドリアと葉緑体は，独立した生物としての起源を反映する独立した遺伝暗号をもっている．さらに，現代の一部の原核生物は真核細胞の細胞小器官に著しく似ている点がある．

単細胞の真核生物のほとんどは比較的に大きく，通常，その大きさは$10 \sim 100 \mu m$になる．真核細胞が大きくなるにつれ，その表面積・体積比は不都合になってくる．拡散による細胞膜経由の分子移動が，十分に必要な速さで細胞への供給を行えないからである．それよりも，細胞の外部から物質を採り入れるためには活発な運搬機構が必要になる．細胞の大きさの増大に伴うエネルギー需要の増大は，酸化力のあるエネルギー生産の発達でみたされる．クエン酸回路(クレブズ回路)は，原始的な原核生物が使う嫌気性の解糖回路より，はるかに多くのエネルギーを産出する．真核生物の多様化は海洋と大気が酸素化された後にしか起こりえなかった．

気体の酸素は約20億年前に地球の大気中に蓄積しはじめたらしい．このことが，真核生物が地理的に広がり，新しい環境に遭遇した際に，急速に進化することができるようになった核心かもしれない．

真核生物の最古の証拠は27億年前の化学化石によっている．最古の体化石はアクリターク類で，アクリターク類は現代の渦鞭毛藻類に類似し，真核生物で浮遊性藻類の静止期だと考えられている．最古のアクリターク類は25億年前のもので，約10億年前に大放散を経験したと思われ，このころ，化石記録中でよくみられるようになった．

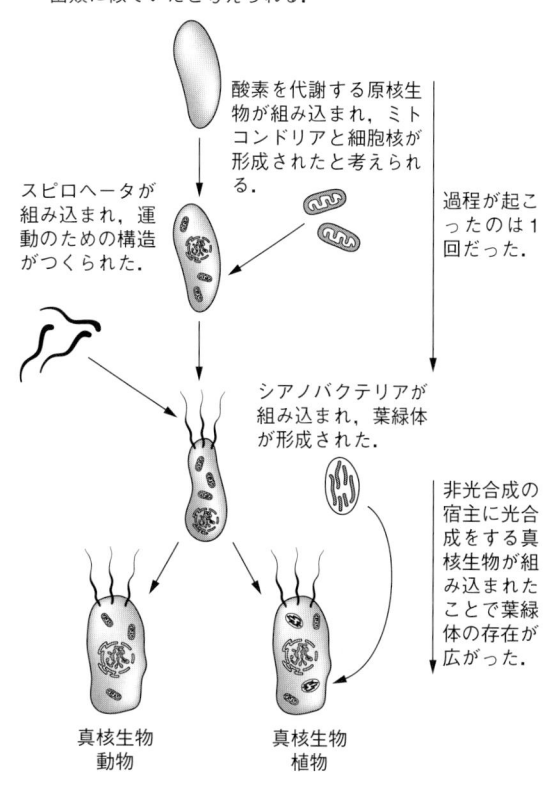

図15.3 真核生物起源の内部共生説．

多細胞動物

多細胞の動植物は真核細胞で構成されている．したがって，その起源はこのタイプの細胞の起源後でなくてはならない．すべての現生多細胞動物が単一の共通祖先を共有していることはまず確実である．分子レベルのデータからは互いに大きく異なる結果が出ているが，その共通祖先は16〜10億年前に生じたことが示唆されている．

後生動物の化石記録はより新しい時代のもので，より古い化石は専門家に疑いをもってみられることがある．よくみられ，かつ，広く認められている最古の後生動物はエディアカラ動物相のメンバーで(次ページ参照)，5億6500万〜5億4200万年前の岩石中で発見されている．

動物の分類

生物の系統樹(ほとんどの分類体系に含まれる)からは，既知の目(もく)で過去に起こったにちがいない一連の出来事の情報が得られる．したがって，後生動物の分類は，その起源と初期の歴史に関する情報を導き出す際の重要な要素になる．例えば，消化管のある動物は後生動物の歴史のうえでは比較的遅く進化したことが，今では知られている．この情報は，19億年前までの岩石から出た，消化管のある動物の出した糞粒と思われるものの発見を，極めて重要なものにしている．しかし，よくあることだが，これは激しい論争の的になっている．

近来，すべての動物について，一般的な合意が得られる分類をつくるうえで，長足の進歩があった．この分類は動物進化における初期の様々な出来事，および，その起こった順序を示している(図15.4)．分子時計から論理的に導かれた年代をこの分類に加えると，その分類によって意味される重要な出来事の時期が示唆される．この分類の主な問題は，この分類中にエディアカラの生物が占める位置である．このような分類内にエディアカラ生物が占める位置が不明な間は，動物の起源に関してこれらの生物から得られる地質学的証拠は解釈が難しいままで残る．

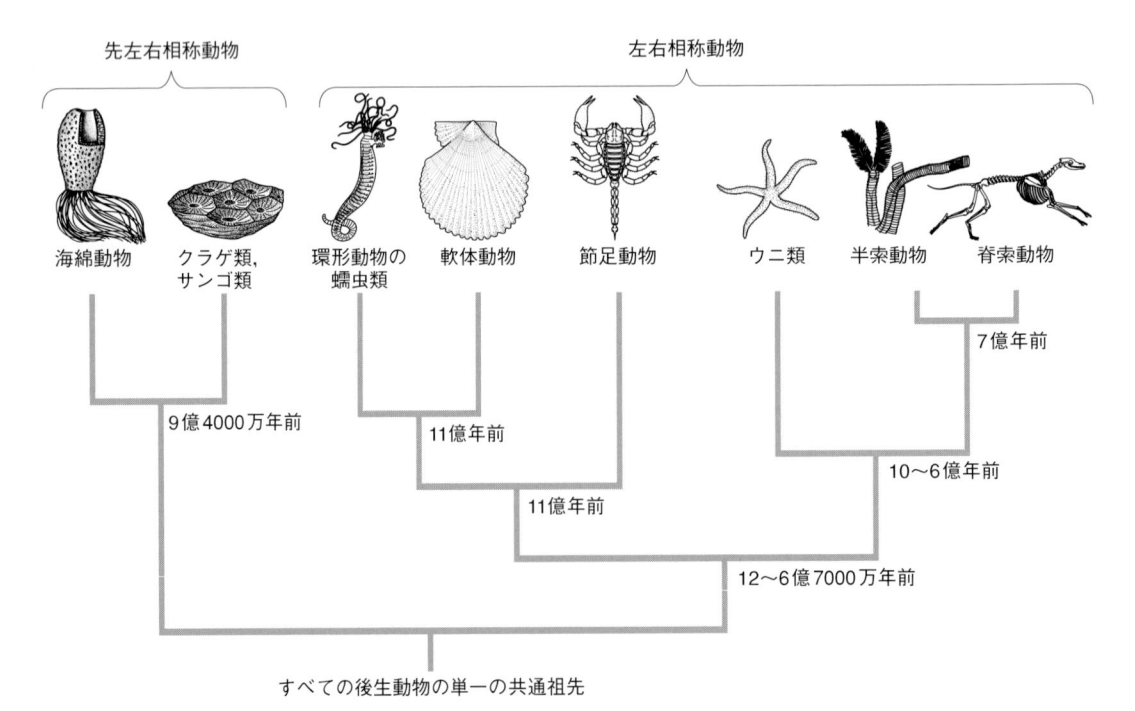

図 15.4 多細胞動物の最近の分類．この分類は動物を2つの幅の広いグループ，左右相称動物と放射相称動物に分ける．この2つのグループの間には，大きな発生上の隔たりがある．エディアカラ生物の位置はよくわからない．図表に加えた年代は分岐以来の分子時計による推定年代を示す．推測の幅が広い点に注意．

エディアカラ動物相

　エディアカラ動物相(Ediacara fauna)は最古で，よく知られた，多様な多細胞生物群を意味している．この動物群はほぼ世界中で見つかり，先カンブリア時代最後の氷河作用の氷礫岩直上から，先カンブリア時代－カンブリア紀境界に至る，あるいはそれ以降に及ぶ岩石中に分布している．エディアカラ群集のほとんどは，おそらく，5億6500万～5億4200万年前のものである．

　この動物相はすべてが軟体の動物で，30種に及ぶ生物を含んでいる．硬質部がないということは，動物が生息場所近くで化石化したことを意味すると考えられる．時間的あるいは距離的にかなり運ばれたとするには，死体がもろすぎただろうからである．事実がまさにこのとおりだとすると，この化石群集は生物の偶然な蓄積ではなく，生態系を表すことになる．

　これらの生物の分類については，互いに異なる2つの見方がある．一方は，これらは現代の生物群，特に軟質のサンゴ類とクラゲ類の初期の例を表すと提唱している．他方は，これらはヴェンド生物群(Vendobionta)とよばれる独自の界を構成し，現代の後生動物とはほとんど類縁関係がないと提唱している．

　構造上，この動物相には3つの生物グループが存在するように思われる．(i)放射相称で，クラゲ類またはサンゴ類に類縁かもしれないもの．(ii)左右相称で，蠕虫類または節足動物のような，より進歩した生物に類縁の可能性があるもの．(iii)変わった相称で，現生のグループには相当例がないかもしれないもの．この相称に基づく分類の重要性は，現代の高度な分類がこの特徴に部分的に依存していることにある(図15.4)．したがって，クラゲ類とその類縁動物は他の後生動物とは別の長い進化史をもっていると考えられる．ボディプランの相称の型が異なるからである．同じ原理をエディアカラの動物にも適用できる．もし，事実，これらの群集に3つの異なる型の相称が存在するとすれば，それらは多細胞動物の相当に進化した最終結果を表すとしなければならない．

　放射相称をもつグループの種の一例は，同心円の輪をもつ生物キクロメドゥサ(*Cyclomedusa*)で，クラゲの可能性がある．左右相称をもつグループの一例としてはスプリッギナ(*Spriggina*)がある．トリブラキディウム(*Tribrachidium*)は変わった相称，この場合は三軸相称を示す．ディッキンソニア(*Dickinsonia*)は現代のグループのメンバーとも，全く異なったものとも解釈できる生物である(図15.5)．表面的には多毛類の蠕虫に似ているが，サンゴ類のポリプにより類似しているかもしれない．しかし，体節を綿密に調べると，体節の縁が互いに重なり合い，キルトの縫い目状の支持機能をもっていたらしいことが連想される．この状態はいかなる現生生物にもみられない．これらのひどく異例な相称は，エディアカラの生物の一部がすべての現生後生動物とは別の，独自の主要グループに分類されるべきであることを意味するかもしれない．

　エディアカラの動物の生活様式と生態は，その分類と同じくらい，はっきりしない．生物のほとんどは底生だったが，一部は浮遊性だったと考えられる．エディアカラの動物はすべてに消化管がなく，比較的静穏な暮らしをし，直接，体表全体で餌の吸収と気体交換をしていたと提唱されている．今日，単純な扁形動物

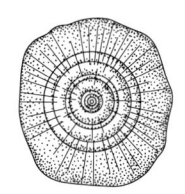

キクロメドゥサ
(*Cyclomedusa*)
漂泳性の生活様式をもつクラゲ類と考えられる．

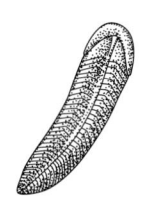

スプリッギナ
(*Spriggina*)
未発達の頭部をもつ，ある種の祖先形節足動物と考えられる．

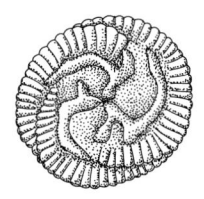

トリブラキディウム
(*Tribrachidium*)
問題のある生物のひとつで，現代の動物にはみられない三軸相称をもつ．

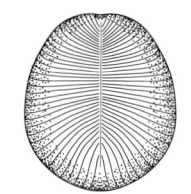

ディッキンソニア
(*Dickinsonia*)
見方によって，蠕虫とも，軟質サンゴとも，またキルト状の動物ヴェンドゾア類の完全に絶滅した代表者ともいえる．

図15.5　エディアカラ動物相の代表的なメンバーの一部の概観．

がこのような生活をしている．しかし，一部のエディアカラの動物にみられるキルトのような部分は藻類農場として使われたとか，あるいは，一部の生物は地衣類であって実は動物ではなかったとさえもいわれている．

エディアカラの動物の多様性は，先カンブリア時代-カンブリア紀境界の直前に最高に達した．カンブリア紀初期，エディアカラの動物は骨格を進化させたばかりの生物にとってかわられた．これらは見分けられるくらい現代的な生物で，海で優位を占めるようになった．カンブリア紀中期までいたエディアカラの生き残りらしいものは，これらのより多様で現代的な動物相では小さな構成要素になった．

16 顕生代の生物
Phanerozoic life

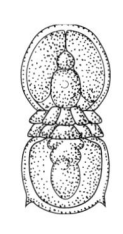

- 骨格の出現が顕生代の始まりを区分する．顕生代は「顕示された生物」という意味の用語である．
- その後，海洋生物は主要な3段階で多様化し，各段階は異なる動物相——カンブリア紀の動物相，古生代の動物相，および現代の動物相で特徴づけられる．
- 全般的な多様性は顕生代を通して増加してきたが，断続的で短期間の，大量絶滅を原因とする多様性の大幅な衰退があり，この増加はたびたび中断された．
- 顕生代における最も重要な革新は，古生代に起こった生物の陸上への進出だった．

カンブリア紀の始まり近く，多数の異なる型の動物が鉱化した骨格を進化させた．硬組織は攻撃や防護の機能を果たす．硬組織によって，生物は硬組織がない場合に比べ，より速く移動し，より大型に成長できる．数百万年以内に，世界の海洋中いたるところの多様なニッチで，生物が生息するようになっていた．

海洋では，この時点以降，生物は3回の主要な爆発的進化で多様化した．泥食の生活様式で特徴づけられるカンブリア紀の動物相は，濾過食のよりいっそう大型なグループや，より多くの捕食者を伴う古生代の動物相にとってかわられた．次いで，この古生代動物相は，多数の捕食者と防護用の穴掘りの増加傾向で特徴づけられる現代の動物相にとってかわられた．

カンブリア紀の動物相と古生代の動物相の個々は多様性の安定期に達していたように思われるが，一方，現代の動物相の多様性は，三畳紀初期の発生以降，増加してきたように思われる．これは実際の現象ではあろうが，化石記録がもつ偏りの危険性を承知しておくことが重要である．この偏りが解釈を困難にしうるからである．見覚えのある現代型の種の割合がより高いこと，またサンプルをとるうえで利用可能な岩石量が一般により多いことは，より新しい時代の化石群集の方が，より古い化石群集よりも多様にみえる一因になりうるのである．

断続的に，大規模で急速な多様性の減退があった．**大量絶滅**(mass extinction)である．成功していた多数の種が大量絶滅で一掃され，生物の新しいグループの放散を可能にした．このような絶滅事件は程度の点でも，性質の点でも，**背景絶滅**(background extinction)とは異なるように思われる．ある地方特有の環境への特殊化といった，通常時には生存に好適な種々の特徴も，大絶滅事件の場合は動物をより絶滅しやすいものにする．大部分の背景絶滅は種間の競合が生んだ結果と思われるのに対し，大量絶滅は火山噴火や隕石衝突などの非生物的な成り行きでひき起こされる．このような大事件は拡大された背景絶滅以上のもので，生態系の大規模な崩壊を伴ってくる．

種の多様性は短期間，通常は大量絶滅から1000万年以内で，以前の水準に戻る．このような種類の急速な進化は，通常起こるものとはいくつかの点で異なることもある．生物が競合に遭遇するのではなく，空になった生態的地位を埋めるように進化する機会を得るからである．

カンブリア紀の爆発的進化

よりいっそう多いデータが，鉱化した骨格の進化したカンブリア紀始めの出来事を解明するうえで役立ちつつある．世界中の少数地域では，先カンブリア時代-カンブリア紀境界の直前・直後にわたる全期間が記録されている．これらが調査されるとともに，この時代に関連する出来事の詳細な像が明らかになりつつある．

境界に関する最も重要な2つの疑問は以下のとおりである．

1 何が原因で骨格が出現したか？ 生物学的な現象だったのか，それとも，海洋または大気の変化に関連する現象だったのか？

(a) 百万年前 / カンブリア紀古地理（拡大海嶺）/ 海水面 / 気温 / δ¹³C − + / リン酸塩

510 —
520 — シベリアにおける境界区分の概要図．時代を指示できる火山性の層準と境界での岩相の変化に注目．
530 —
540 — 頁岩／砂岩
550 — 石灰岩

←カンブリア紀　先カンブリア時代→

超大陸が分裂して拡大海嶺が発達するとともに海水面が上昇．

気候は暖かくなり，世界は氷室から温室の状態へと移行する．

炭素安定同位体比 (δ¹³C) のプラス方向の偏位と高率なリン酸塩の堆積は生物の生産性の膨大な上昇を示唆している．そして，それは高まった海洋の循環に関係するかもしれない．

先カンブリア時代-カンブリア紀の境界は比較的に穏やかで，最も重要な諸事件は約1000万年後に起こった．

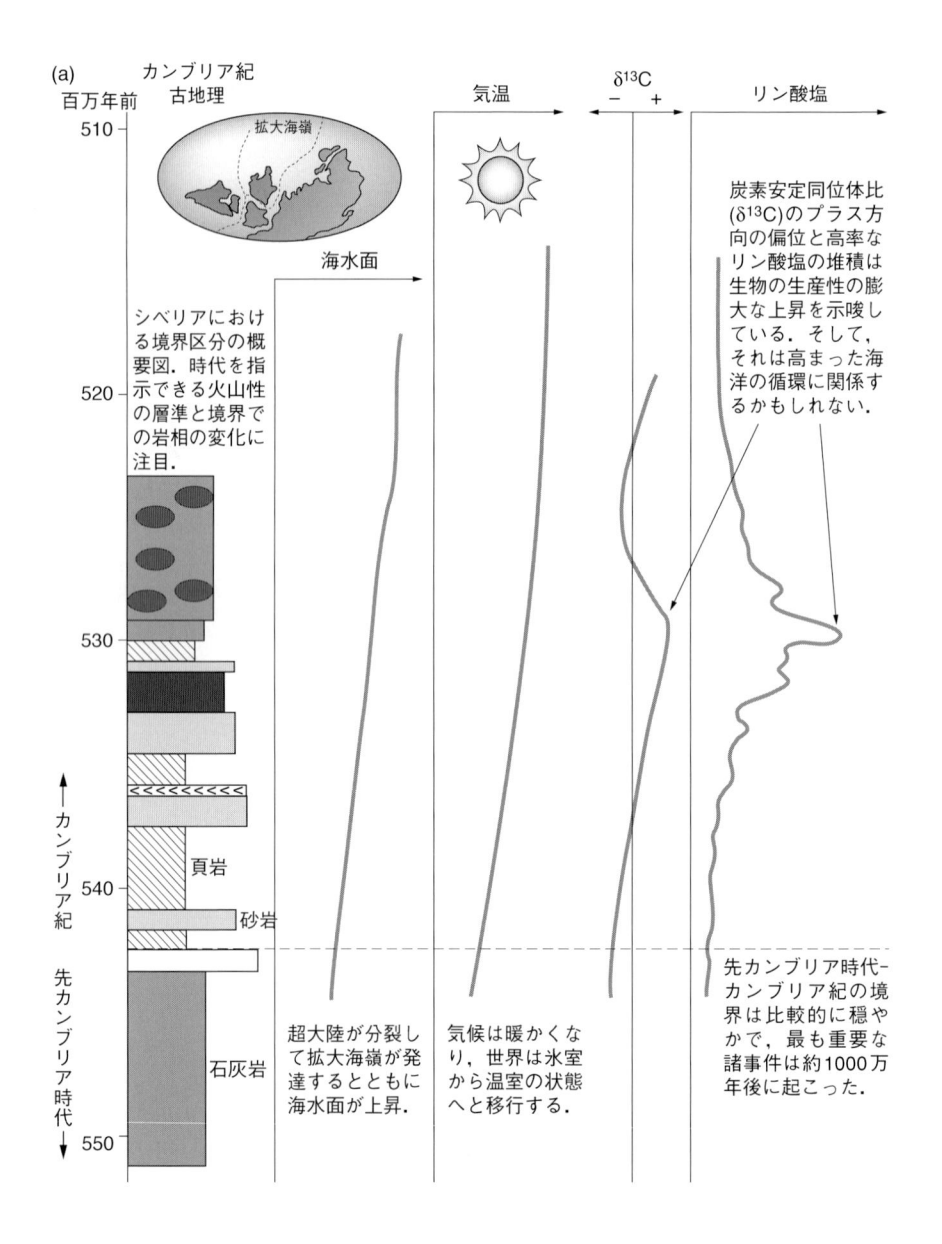

図 16.1　先カンブリア時代-カンブリア紀境界にかけての，(a)物理的な，また，(b)生物的な領域における重要な諸要素を示す概要図表．

2　多細胞動物の現代のグループが存在し，境界以前に多様だったのか？　それとも，この出来事は単に骨格の出現だけではなく，複数の動物門の現代的なグループの出現も意味するのか？

2番目の疑問に対する回答は，先カンブリア時代の間に後生動物が多様化した期間についての立派な証拠が存在することである．すべての分子時計は後生動物の起源が先カンブリア時代にあり，多くの異なる門が鉱化した骨格を短期間に進化させたことを示唆している．加えて，カンブリア紀初期の動物相は地方的で，特定の地理区に固有な種を伴っている．この地方特性がすでに発達していたとするためには，進化は鉱化作用以前に起こっていなくてはならない．

最初の疑問に対する回答にはより多くの問題があり，まだ解明されていない．先カンブリア時代‐カンブリア紀境界の主な特色を図16.1に示した．

(b)

百万年前	生痕化石	小さな有殻化石	古杯動物	三葉虫類

小さな有殻化石はカンブリア紀初期を特徴づける．異なった骨格型式のものが約1000万年にわたって現れた．

これらの殻の多くは，より大きな生物の小部分で，その骨格は鎖かたびらに似て，部分的に重なり合う構造になっていた．

リン酸塩の殻

古杯動物の礁が短期間繁栄し，次いで消滅した．

石灰質の殻

膠着質の殻

カンブリア紀が推移するにつれて，三葉虫類と他の節足動物が優占してきた．

この，より後期の動物相は比較的発展した防御用の骨格をもち，可動性をもつ傾向があった．

カンブリア紀中期までに，ほとんどの現代の動物の門が動物相の中に存在しており，多様性は約80目に達していた．

エディアカラ動物はほとんどカンブリア紀まで生き残らなかった．

珪質の殻

←カンブリア紀　先カンブリア時代→

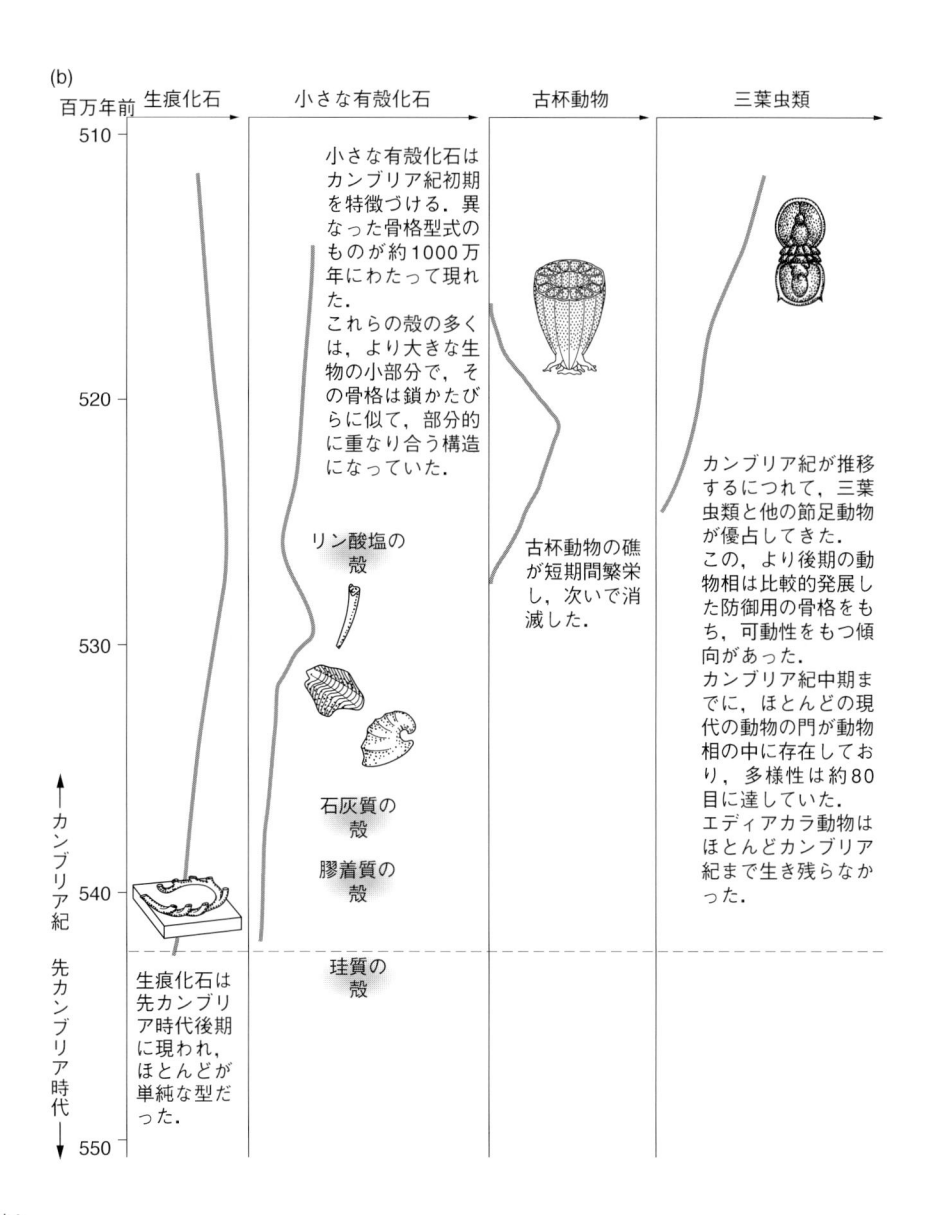

生痕化石は先カンブリア時代後期に現われ，ほとんどが単純な型だった．

図16.1　続き

顕生代の多様性

硬組織の進化により，化石記録は大きく向上した．顕生代の海における多様性パターンはジャック・セプコスキーによって詳細に記録され，通常，その結果としての図表は**セプコスキーの曲線**(Sepkoski's curve)とよばれている(図16.2)．多様性は，ある時点における種の発生から絶滅を差し引いた実生産である．

このグラフは，種の多様性は顕生代を通して全般的に増大したことを示している．カンブリア紀の約200科に対し，現在では800以上の科が知られている．しかし，この多様性の増大は一律ではなく，平衡状態と思われる期間が少なくとも2回あった．1回はカンブリア紀とオルドビス紀初期の間，もう1回はシルル紀からペルム紀の間で，この期間には多様性が一時的に上限に達したように思われる．さらに，大量絶滅の結果，種の多様性が大きく下がったこともある．この中で最大なのがペルム紀末の事件で，このときには種レベルの多様性は約95％下がり，科レベルの多様性は5割以上も下がった．

非生物的効果がこのような多様性を示す曲線形状に影響を及ぼしたように思われる．明らかな一例は超大陸**パンゲア**(Pangea)の形成と，ペルム紀末の大量絶滅の明白な関係である．中生代初期を通してのパンゲアの分裂，カンブリア紀の**ロディニア**(Rodinia)の分裂などの大規模な大陸の分裂が，適応放散が増大する結果を生んだように思われる．これは各大陸が分離していた結果として，生物相が独自に進化し，種の多様性が増したからかもしれない．逆に，超大陸が形成されるにつれて，生息域は減退し，種の多様性が減少する．氷室状態から温室状態への変化も種の多様性に影響を与えた可能性があるが，この関係はあまり明白でない．オルドビス紀後期の温室から氷室への急変は，オルドビス紀末の大量絶滅をひき起こしたかもしれない．しかし，他の似たような，例えば石炭紀などの変化は全く影響を与えなかったように思われる．

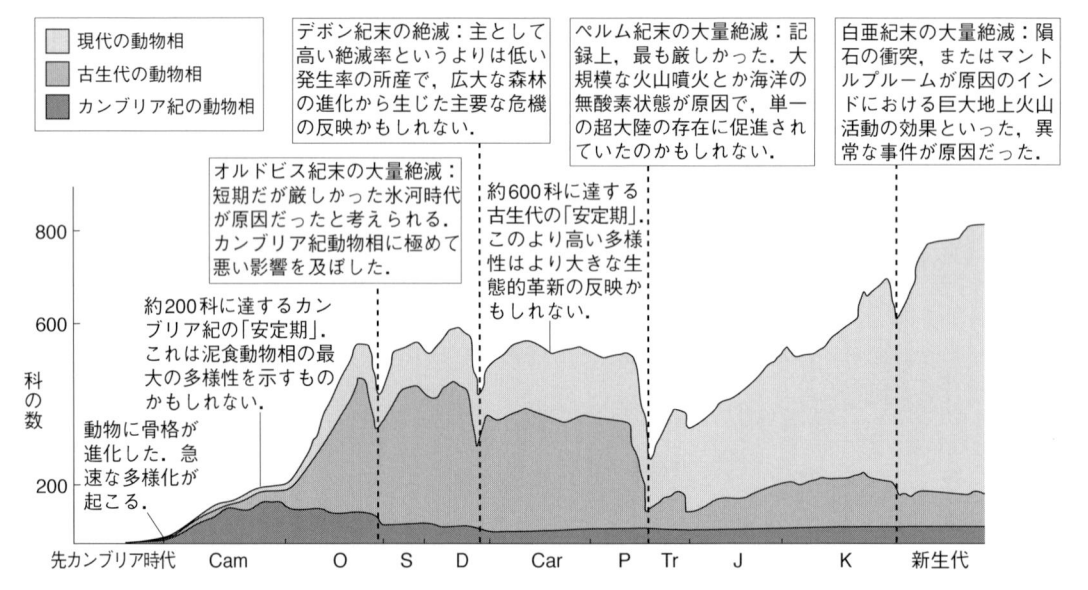

図16.2 顕生代を通しての多様性曲線(「セプコスキーの曲線」)．Cam：カンブリア紀，O：オルドビス紀，S：シルル紀，D：デボン紀，Car：石炭紀，P：ペルム紀，Tr：三畳紀，J：ジュラ紀，K：白亜紀．

(a) カンブリア紀の動物相

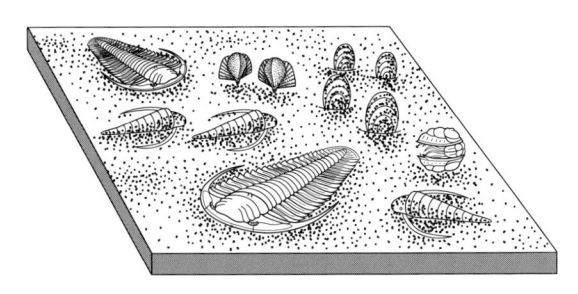

カンブリア紀の動物相は三葉虫類と他の節足動物によって，また，無関節類の腕足動物とヒオリテス類によって優位が占められた．動物相の大部分は泥食に基礎を置き，ほとんどの動物が堆積物の表面で暮らしている．しかし，動物とニッチのはるかに高い多様性が，バージェス頁岩などの例外的な保存地域に記録されている．このことはこの図が単純化しすぎであることを意味するかもしれない．

(b) 古生代の動物相

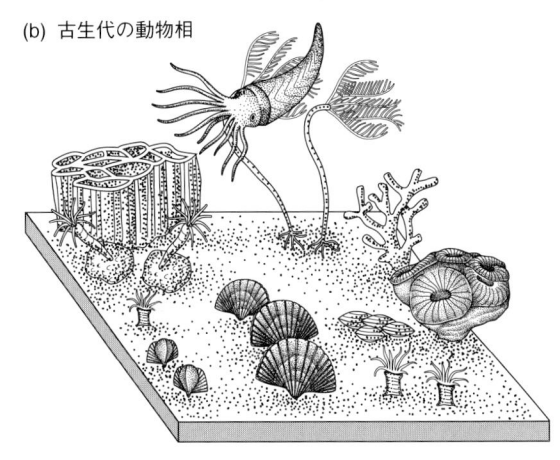

古生代の動物相はサンゴ類，ウミユリ類，腕足動物，捕食性の頭足類，また，より深い海では筆石類が優位を占めた．この動物相は海底で暮らし，その上方で成長する各種生物によって，カンブリア紀の動物相に比べると，いっそう階層的になっていた．礁や他の生物がよくみられるようになった．多くの生物は海水からの濾過食だったが，一方，堆積物表面で食物をあさるものもいた．

(c) 現代の動物相

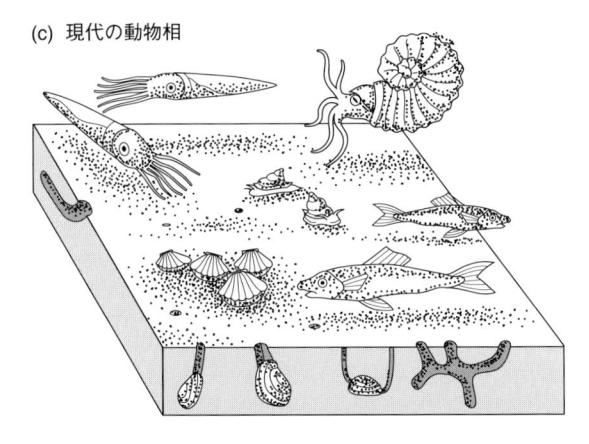

現代の動物相は二枚貝類，ウニ類，腹足類，頭足類，そして脊椎動物が優占している．穴居性と捕食性は極めて普遍的になり，動物相の階層化はさらにまた増大し，獲物種の豊富さを調節することで高度な多様性を保っている．

図 16.3 (a)カンブリア紀，(b)古生代，(c)現代の，進化による動物相の概説．

　生物学上の出来事も多様性調節のうえで極めて重要である．顕生代を通して，3つの異なる動物相が認められる（図16.3）．これらの動物相は進化と絶滅の共通の類型を分け持ち，浅海に生息する生物の進化上，実質的な群集を構成していたかもしれない．最初に出現したのはカンブリア紀の動物相で，節足動物，特に三葉虫類が優位を占めていた．よくみられる動物の多くは海底に生息する泥食者だった．オルドビス紀の間に，この動物相は濾過食者と捕食者の割合のより高い，古生代の動物相にとってかわられた．ペルム紀末の絶滅後，今度はこの動物相が攻撃的な捕食者と穴居する無脊椎動物に特徴づけられる，現代の動物相にとってかわられた．

　これら3つの動物相のそれぞれは，浅い大陸棚で利用できる潜在的なニッチの増大を活用した．活用の仕方には，海底の上下で成長することによる物理的なもの，また，採餌手段の新機軸の導入や捕食の増加による生物学的なものがあった．このような新機軸は全般的な多様性曲線にみられる多様性の3段階での増大に対するよい説明になる．

多様化

多様性は多様さの尺度で，通常は分類学のレベル，例えば，ある特定時点に生息している種や科の数で評価される．多様性は個体の多様さや DNA の多様さにさえも利用できるが，一般的に，このレベルの多様さは化石記録の解釈には用いられない．

あらゆる生物は約 38 億年前に生息していたと思われる単一の共通祖先を共有する．進化のこの段階での多様性は，どの基準からみても極めて低かったであろう．この時以来の多様性の増大は，結局，進化の作用であるにちがいなく，進化は新種が出現する手段である．

多様性はどのように増大するのか？　これは常にダーウィン淘汰によって果たされるのかもしれない．この模式的な仮説では，個体に働く選択圧の結果，表現型に変化が生じる．仮に，このような変化が動物の 1 系列に生じる場合には多様性の実質的な変化はないが，その系列が分岐すると多様性は増大してくる．系列分岐の多くは，個体群が遺伝子プールの残り部分から物理的に分離されることで生じると考えられている．これは移動の結果，あるいは地質学上の変遷によって物理的障壁ができた結果であることもあろう．

より小さい要素への大規模な大陸の分裂は，同種の個体群を物理的に分離する明白な過程である．このような大陸の分裂は多様化という出来事と直接関連するように思われる点は注目に値する（130 ページ参照）．しかし，このような分離は，より小規模には頻繁に起こるにちがいなく，例えば水位が下がって湖が二分するとか，流域のパターンが変わって 2 つの河川系に分かれるときなどがある．

多様性の増大には生物学的に重要なきっかけとなるものもある．それは新しい可能性の起源で，新しい解剖学的特徴という形をとることや，新しい生活様式という形をとることがある．例えば，現代の動物相構成員の穴居習性の始まり，鳥類による飛行力の獲得，三葉虫類における視覚——これらはすべて多様性の増大につながった．

多様性の変化速度は変化の原因と関連し，生物が経験する競合の程度とはさらにより明確に関連するように思われる．おおまかにいえば，最も急速な多様化は生態空間が空いているときに起こり，より遅い多様化はすでに環境中に生物が補充されているときに起こる．逆方向の作用では，現存多様性が高いほど資源に対する競合が大きくなり，したがって選択圧も大きくなる．このような際にはゲノムもよりいっそう多様化し，そこから革新が到来することがある．

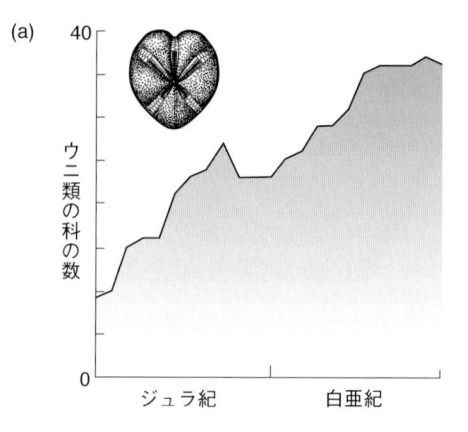

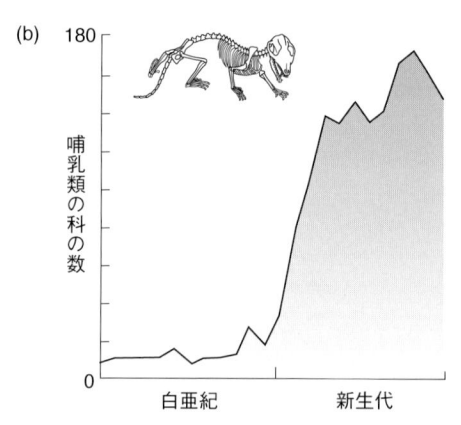

図 16.4　時の経過を通しての多様性のグラフ．(a) はジュラ紀から白亜紀のウニ類．(b) は白亜紀から新生代の脊椎動物．ウニ類の多様性は穴を掘ることに関連した生物学的な革新の結果としてゆっくり増加した．哺乳類グループは恐竜類の絶滅で空になった生態空間をみたすように放散したので，その多様性は劇的に増大した．

過去には，多様性がゆっくり増大したと思われる時期と，多様化が急速だった時期とがある．ジュラ紀と白亜紀にみられるようなゆっくりした増大は，ニッチの多様化という結果を生んだ生物学的革新の作用であるように思われる．生物が環境の諸問題に対して新しい解決策を進化させるにつれて，生物は潜在的生物多様性と現実の生物多様性を増す．この好例がウニ類の穴を掘る習性の進化で，これが全般的な多様性の増大につながった（図 16.4a）．

急速な多様化の時期は，通常，大量絶滅の後にくるように思われる．このような場合，体制に働いたばかりの巨大で非選択的な選別によって生態空間は空になり，生き残った生物が急速に進化し，ニッチの空所を埋める．恐竜類の絶滅後 1000 万年以内に，20 科を超える新しい哺乳類が進化し，樹上生息者から海生捕食者に至るまで，空になったすべての主要なニッチを埋めた（図 16.4b）．

大量絶滅

絶滅は絶えず起こるが，短期間ではあるが，絶滅率がとても高いまれな事例がある．これらの事件の絶滅率と持続期間の定義は主観的なものになるが，カンブリア紀以来，5回の大量絶滅事件が起こったとすることでは大部分の研究者間で同意が得られている．層位学者はこのような動物相の大規模な再編成を用いて，地質時代の各間隔の境界を定義している．このような再編成はオルドビス紀，デボン紀，ペルム紀，三畳紀，および白亜紀の終わりと定義されているところで起こっている（表 16.1）．

これらの大量絶滅は細部においては特有だが，以下の特徴を共有している．

1　30〜95%という高い割合で種が絶滅した．

2　様々な環境と生活様式にわたって絶滅が作用したように思われる．

3　絶滅事件は急速に起こり，単一あるいは複数の物理的要因でひき起こされたと考えられる．

大量絶滅に関する大きな問題のひとつは，因果関係を明確にすることである．その性質上，大量絶滅は諸条件が現代とはいかなる類似性も伴わない期間である．どのようにして生態系が壊滅的な進展で崩壊されうるのかはわかっていない．また，火山噴火のような狭い地域に限られる災害を拡大することで，世界的な災害の理解に役立てうるかどうかも明らかではない．大量絶滅を表す境界部分を徹底的に研究しても，明白なデータが得られることはまれである．白亜紀末の事件と大隕石衝突の間に想定される関係などのように，絶滅を特定事件と関連づけられるようにはなったが，もっともらしい事件が実際に絶滅をひき起こしたか否かといった，あらゆる不確実さを取り除くことは不可能である．

表 16.1　顕生代の主要な5回の大量絶滅事件の簡単な記載．

大量絶滅	生物学的表現	推定原因
オルドビス紀末	約70%の海生種が絶滅した．一般的に熱帯地方の動物相，特に礁が大いに損害を受けた．主に影響を受けたグループは，三葉虫類，筆石類，棘皮動物，そして腕足動物だった．	南極から広がった，突然で，大規模な氷河作用．ほとんどの熱帯は消滅した．海水面が下がって，浅い大陸棚部分が減少し，冷水動物相が低緯度に移動して，暖水の生態系を締め出した．
デボン紀末	一連の事件は約1000万年続いた．この絶滅は発生率の低いことで特徴づけられ，絶滅率それ自体はごく普通の状態に留まっていた．頭足類，魚類，そしてサンゴ類が最も影響を受けた．	最も解明されていない大量絶滅．海底の無酸素状態または地球外からの衝突が言及されている．海洋の生態系が陸上植物の興隆と二酸化炭素の一時的な枯渇によるひどい影響を受けたという示唆もある．
ペルム紀末	最大の大量絶滅で，海生種の95%，海生の科の50%以上が一掃された．三葉虫類，頭足類，サンゴ類，コケムシ類，そしてウミユリ類がひどい影響を受けた．主要な動物相と植物相が地上で滅亡した．古生代と現代の，2つの優占動物相間の境界を示している．	事件は何らかの点で超大陸パンゲアに関連し，超大陸は世界の気候と海洋条件に影響を及ぼしていたかもしれない．この時期，シベリアには陸上最大の火成区があり，ある一定期間の気候を変化させていたかもしれない．この事件境界には，異論も多いが，隕石衝突の証拠もある．
三畳紀末	再び多数の事件が起こる．最も重要な事件は陸上で起こり，植物の95%以上が滅亡した．海生種の約30%が絶滅に陥った．主として，セラタイト型アンモナイト類，腕足動物，そして二枚貝類を含む礁生息者である．	最近の研究では，広範に広がった海底火山活動が，当時の二酸化炭素レベルの膨大な上昇原因である可能性が示唆されている．この火山活動はパンゲア分裂のひとつの作用だった．［訳注：2億5000万年前からジュラ紀末まで酸素濃度が異常に低く，そのため恐竜に気嚢システムが生じたという説がある］
白亜紀末	恐竜類，海生と飛行性の爬虫類，アンモナイト類，そしてベレムナイト類が絶滅した．腕足動物，二枚貝類，そして有孔虫類がひどい影響を受けた．	最も一般的には，メキシコのユカタン(Yucatan)地方への大隕石の衝突に帰せられている．落下地点の硫酸塩と石灰岩は気化して酸性雨を生んだであろう．短期間の寒冷化（塵と二酸化硫黄による）と長期の温暖化（二酸化炭素による）をもたらした．また，インドのデカン火成区(Decan Igneous province)とも関連づけられる．

陸上の生物

顕生代の間の生物進化における最も重要な事件は、生物が陸上に住みついたことである。おそらく、先カンブリア時代初期に細菌類が淡水と湿気のある地域に侵入し、10億年前には地衣類が土壌形成の一因になってきたと考えられる。しかし、より大型の動植物はすべて、古生代の間に海から陸上に広がった。これにより、これらの動植物はこの惑星上で利用できる生活空間を急進的に増大させたのである。この都合の悪い環境に対処するように展開した革新は地球の物理的特性を変化させ、風化循環、大気組成や気候を変えた。

植物はオルドビス紀に陸上に広がりはじめた証拠がある。シルル紀までに、湿潤条件の所ではどこでも、広範に低生植物の茂みが確立され、デボン紀までには植物はより乾燥した、より高地に発展し、最初の森林を形成しはじめていた。

植物に続いて、動物がこの新しい環境に侵出したのはデボン紀と石炭紀のことだった。ヤスデ類、クモ類や他の原始的な節足動物が最初に移行した動物の一部で、昆虫類は石炭紀の陸上で進化した。蠕虫類、ナメクジ類、カタツムリ類は皆、初期の森林の落葉層にコロニーをつくった。これらの餌動物の後を追って、捕食性の四肢動物が登場した。シルル紀になると、おそらく肉鰭類の魚類は陸上で限定された動きができ、海生の捕食者や乾きつつある水たまりから逃れるため、この能力を使っていたかもしれない。最初の両生類はデボン紀の岩石中で発見される。これらの両生類は主としてほとんどの時間を水中で過ごす魚食者だったが、その類縁動物はすぐに林床で利用できる資源を活用しはじめた。最も初期の爬虫類は時代としては石炭紀のもので、その陸上での生活様式は乾いた土地に産卵できる能力で強調される。

生物のとった陸上への経路は様々だった。植物と脊椎動物は淡水から広がったと考えられているのに対し、陸生の軟体動物と節足動物は海生の祖先から進化した。蠕虫類と他の軟体の動物は軟らかい堆積物から土壌中へと、地下で移行したのかもしれない。

陸上生活の物理的な課題

水中の生活から大気中の生活に移動するとともに、動植物は類似した一連の物理的課題を克服しなければならなかった。これらの課題には支持、自身の水和状態の保持、大気との気体交換、および繁殖といった問題が含まれる（表16.2）。

生物が大気中で直立するには、水という支持になる媒体中で直立するより、はるかにより強度な支持物が必要になる。植物がリグニンやクチンなどの組織を発達させたのに対し、動物は、節足動物の場合は前適応した硬いクチクラを強化し、脊椎動物の場合は内骨格を強化した。

体内水分を多く含んだ環境を保持することはすべての陸生生物にとっての課題である。一部のものは部分的にのみこの問題を解決してきており、湿った地域、または土壌や落葉層のような、少なくとも乾燥から身を守れる地域に生息している。他の小型生物は乾燥に耐える適応をした。蘚類は乾燥への耐性が極めて強く、生息域に水分が戻ると再生する。様々なダニ類は完全に乾燥することができ、水に浸されると蘇生する。他の型は成体なら死ぬにもかかわらず、長期間の干ばつを生き延びられる卵を産む。

大部分の大型陸生生物は水分を体内に保つための防水膜を発達させた。植物には葉に蠟質のクチクラがあり、動物には脱水の危険や割合を少なくする防水性のクチクラや皮膚がある。動物は水生生物の場合に比べ、消化過程で水分損失を少なくする修正された代謝も進化させた。

この防水に伴って生じるひとつの問題は、大気との気体交換に伴う困難である。植物は光合成の際に空気から二酸化炭素を抽出し、酸素を排出する必要がある。呼吸の間に動植物は共に空気から酸素を抽出し、二酸化炭素を排出する必要がある。大部分の植物はこ

表 16.2 動植物が陸上生活での諸課題に適応した主要手段の要約.

課題	植物	動物
身体の支持	木質の組織、リグニン、クチン（紫外線の防衛に関連する先駆的分子から進化したともみられる）	節足動物の固いクチクラと四肢動物の強化された骨格。こういった動物はある程度まで陸上生活に前適応している
水分の保持	蠟質のクチクラの発達、そして水分保持のための行動手段	防水のクチクラ、水分を保持する皮膚、行動の手段、そして部分修正された排泄
気体交換	進歩した植物では気孔を通して	小型動物では拡散で、または、肺のような特殊な器官を通して
繁殖	胞子、種子を保護する莢、そして体内受精	防水された卵と体内受精

の気体交換を気孔を通して遂行している．気孔は蠟質のクチクラをもつ表皮にある，多数の小さな孔で，一組の孔辺細胞によって開閉する．［訳注：PT境界後の海退で酸素濃度が減少しはじめたことは気孔数が少なくなることでもわかる．南極ではベルチェリンという特殊鉱物が発見されるが，これは酸素のある環境ではきわめてつくられにくい．］クモ類などの小型動物は体内にある網状の管沿いでの拡散に依存できるが，より大型の動物は脊椎動物の肺などの特殊化した器官を使って大気と気体を交換する．

水中での繁殖は，運搬および配偶子のある程度までの物理的な保護を，この水という媒体に依存できる．大気中ではこれらは，例えば保護被覆の適用によって保護される必要がある．植物にとっての胞子，一部の動物にとっての羊膜卵などである．植物と動物において，陸上での繁殖諸問題に対するひとつの革新的解決策は体内受精である．そこでは，成体の適応が子孫を守っている．

陸上生物の影響

陸上生物の世界的な影響は漸進的かつ劇的で，主要な森林体系が発達するとともに，石炭紀に最も急速に変化した．

地表を広くおおった植生が，風化パターンと土壌両者の性質を変える．地表は植物によって安定化され，土壌は以前より酸性になり，より多くの水分を保持するようになる．その結果，化学的風化の速度が増し，河川と海に入る堆積物も増す．生産された堆積物は植生のない地表からのものより熟成しており，長石などの化学的に不安定な，より多くの鉱物が溶解した状態で運搬され，粘土として沈殿する．珪酸塩岩石の風化の増大で海洋にはカルシウムが加わり，さらにこれが固まって石灰岩になる．この過程で，大気中から二酸化炭素が取り除かれる．［訳注：約3億年前，酸素濃度30％の高酸素時代が訪れたとする結果が2002年に公表された．昆虫の呼吸システムは酸素を抽出する能力が低いにもかかわらず，この時代には巨大昆虫が生息できたとする主張がある．］

二酸化炭素は植物自体によっても取り除かれ，森林の生物量内に保たれる．その後，石炭あるいは天然ガス（石油はプランクトンによって形成される）などの有機物に富む堆積物の形で埋もれたりする．このことによる2つの影響は，大気から温室効果ガスを取り除くことで惑星が冷やされることと，多大な埋蔵量の化石燃料が生産されることである．

森林によって生産される有機的な炭素の一部は森林に保存され埋蔵されるが，その大部分は浸食で取り除かれ，河川によって海に運ばれる．次に，これが海洋の生産性を刺激し，酸素の需要が増大する．海洋はこのような養分に富む場所近辺では酸素を失いやすくなる．これが富栄養化として知られる作用である．富栄養化が原因で局部的に多数の海生生物が死ぬことがあり，岩石記録に黒色頁岩が堆積されることにつながることもあり，黒色頁岩の一部は埋まって石油を産出す

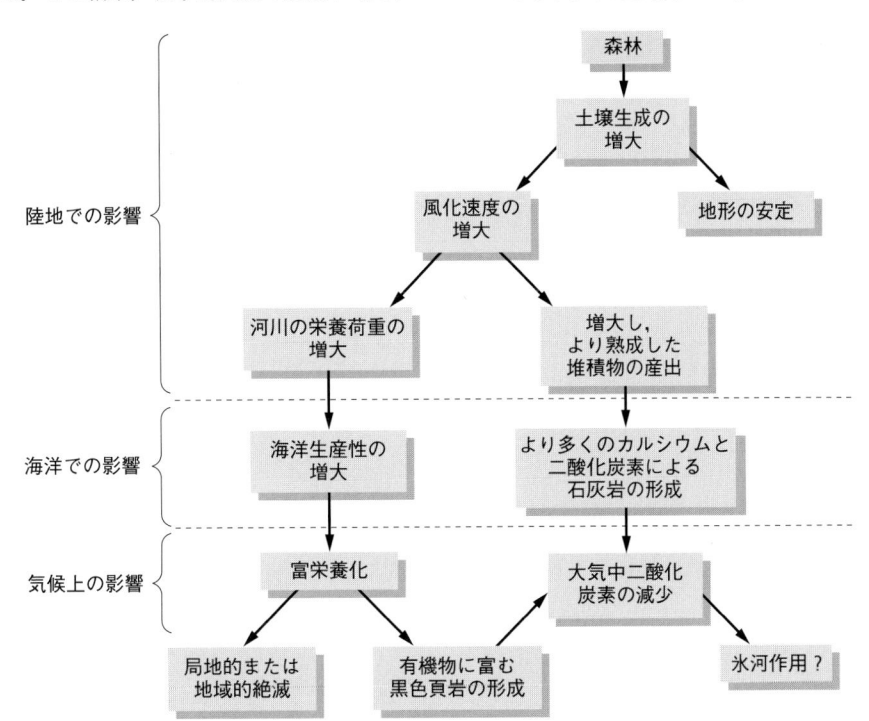

図 16.5 陸上の生物が大気と環境を変えてきた方法の一部を示すフローチャート．

る．海洋におけるこの増大した生産性は，大気中からさらにより多くの二酸化炭素を抽出し，惑星をよりいっそう冷却する傾向を生む(図16.5)．

デボン紀に，流去水が初めて海洋に大量の有機物質を運搬しはじめたとき，浮遊生物の間で長く続いた進化の危機があった．2つの出来事には関連があるかもしれない．また，議論の余地はあるが，一部の研究者は，石炭紀の間の植物による二酸化炭素の除去はペルム紀～石炭紀の大氷河時代の原因になるほど激しかったと考えている．大気中の二酸化炭素レベルがこの時代に極めて急速に下降したことを研究は示しているように思われるが，これが惑星を冷却する一因，あるいは氷河作用の主要原因であったかどうかを知ることは，不可能である．

●地質年代表
Geological timescale

● 複数の年代決定法および化石記録に基づく年代．1999 年現在．［訳注：2004 ICS に基づき放射年代数を改訂］

累代	代	紀	世	
顕生代	新生代	第四紀	完新世	現在
				1 万年前
			更新世	
				181 万年前
		第三紀	鮮新世	
				533 万年前
			中新世	
				2303 万年前
			漸新世	
				3390 万年前
			始新世	
				5580 万年前
			暁新世	
				6550 万年前
	中生代	白亜紀		
				1 億 4550 万年前
		ジュラ紀		
				1 億 9960 万年前
		三畳紀		
				2 億 5100 万年前
	古生代	ペルム紀		
				2 億 9900 万年前
		石炭紀		
				3 億 5920 万年前
		デボン紀		
				4 億 1600 万年前
		シルル紀		
				4 億 4370 万年前
		オルドビス紀		
				4 億 8830 万年前
		カンブリア紀		
				5 億 4200 万年前
原生代				
				25 億年前
始生代				
				38 億年前
冥王代				
				46 億年前

先カンブリア時代としてまとめられることもある．

［訳注：2004 年 8 月イタリアで行われた万国地質学会で提示された年代表では，新生代は漸新世以前の古第三紀（Paleogene）と中新世以降の新第三紀（Neogene）に分けられている．なお，"第四紀"は Neogene の一部と見なされ，その下限は鮮新世最後期のゲラシアンを含む 259 万年前とされる．また先カンブリア時代の最後紀は，1952 年来慣用されてきたヴェンド紀ははずされ，Ediacaran が採用されている．］

●用語解説
Glossary

●[ ]内はおもにとりあげられている章の番号を示す．

アシュール文化の道具類 あしゅーるぶんかのどうぐるい Acheulian tools
ホモ・エレクトス（*Homo erectus*）に関連する一連の道具．[11]

アスコン型 あすこんがた ascon type
海綿の体制のなかで最も簡単な程度を示す型．この動物は孔のある壁をもつ単一のコップ型を形成する．[3]

アストロフィック型 あすとろふぃっくがた astrophic
蝶番線の湾曲した腕足動物のタイプ．[6]

頭 あたま cephalon
三葉虫類の頭部．[8]

アリストテレスの提灯 ありすとてれすのちょうちん Aristotle's lantern
複雑な顎のような構造で，通常は正形ウニ類にみられるが，一部の不正形ウニ類にもみられる．[7]

合わせ目 あわせめ commissure
腕足動物の貝殻が合わさる線．[6]

維管束組織系 いかんそくそしきけい vascular tissue system
植物体中で水や有機栄養物を運搬する体系．[12]

胃腔 いこう paragaster
海綿の中央室．[3]

囲肛部 いこうぶ periproct
ウニ類の肛門まわりの部分．[7]

囲口部 いこうぶ peristome
ウニ類の口まわりの部分．[7]

異常巻き いじょうまき heteromorphs
アンモナイト類の異常型の殻．[9]

異所的種形成 いしょてきしゅけいせい allopatric speciation
親個体群が個々のグループへと物理的に隔離された結果として起こる種形成．[2]

一次生産者 いちじせいさんしゃ primary producers
「独立栄養生物」に相当．無機的素材から有機物質を産出する生物．通常，一次生産者は光合成生物である．[13]

一輪型 いちりんがた monocyclic
茎部と輻板の間に1つの輪状に並んだ小骨片．すなわち，基底板があるウミユリ類の萼部．[7]

遺伝暗号 いでんあんごう genetic code
染色体のもつ3塩基並びの分子配列で，生物の身体的特徴のほとんどを決定し，DNAまたはRNAで構成される．[15]

遺伝子配列 いでんしはいれつ gene sequences
遺伝情報を含んでいる一連のDNAまたはRNAの配列．[15]

羽枝 うし pinnule
ウミユリ類の腕にある単純な側枝．[7]

羽状類 うじょうるい pennales
左右相称の楕円形の珪藻類．[13]

枝状体 えだじょうたい stipe
筆石類の群体がつくる1本の枝で，多数の胞からできている．[10]

オルドウァイ文化の道具類 おるどうぁいぶんかのどうぐるい Oldowan tools
ホモ・ハビリス（*Homo habilis*）に関連する一連の道具．[11]

開殻筋 かいかくきん diductor muscle
殻を開くときに収縮する筋肉．[6]

外骨格 がいこっかく exoskeleton
動物の体外側にある骨格．[1]

外套腔 がいとうこう mantle cavity
軟体動物の体を覆う外套膜によって形成される空間．鰓を含む．[9]

外套線 がいとうせん pallial line
外套膜が殻に付着する場所を示す線．[9]

外套膜 がいとうまく mantle
腕足動物や軟体動物の貝殻を分泌する体組織．[6][9]

外套湾入 がいとうわんにゅう pallial sinus
引き込み式の水管の存在を示す外套線の曲がり．[9]

萼 がく theca, calyx
ウミユリ類，ウミツボミ類の板状のコップ型構造物で内臓が入る．[7]

殻頂 かくちょう umbo
腕足動物の嘴部まわりの円形部分．[6]
二枚貝類の殻の最初に形成される部分．[9]

隔壁 かくへき septum（複数形 septa）
例えばサンゴ個体中に広く放射状に配置された垂直な板．[4]
頭足類の殻にある室の壁．[9]

仮根 かこん rhizoid
通常は根茎から出た細かな毛状の広がりで，吸収器官の働きをする．[12]

仮足 かそく pseudopodia
有孔虫類で，運動や捕食目的をもつ，原形質体から出た糸状の突起．[13]

褐虫藻 かっちゅうそう zooxanthellae
造礁サンゴ類の触手や上面に共生している光合成をする藻類．[4]

花粉 かふん pollen

未熟な雄性の配偶体で，受粉を通して雌性の配偶体に運ばれる．[12]

花粉学 かふんがく palynology
胞子や花粉を研究する学問．[13]

下面レリーフ かめんれりーふ hyporelief
地層下面に保存された生痕．[14]

殻 から test
例えば棘皮動物の内骨格．[7]
有孔虫類と放散虫類の「甲」に使用される用語．[13]

殻 から frustule
珪藻類の「殻」に使用される用語．[13]

関節骨 かんせつこつ articular
爬虫類では上顎と関節している下顎骨，哺乳類では耳小骨の一部．[11]

顔線 がんせん facial suture
三葉虫骨格の継ぎ目で，通常，眼の周囲にあって脱皮を容易にする．[8]

完全レリーフ かんぜんれりーふ full relief
堆積物中に三次元で完全に保存された生痕．[14]

岩相層序 がんそうそうじょ lithostratigraphy
岩石の特徴に基づいた層序．[1]

管足 かんそく tube foot（複数形 tube feet）
棘皮動物の放射水管系側面の伸張部で運動，呼吸，採食に利用される．[7]

眼板 がんばん ocular plate
棘皮動物の頂上系を形成する2種の骨板のひとつ．この板は水管系の一部である．[7]

間歩帯 かんぽたい interambulacra
棘皮動物の対の孔のない小骨．[7]

間面 かんめん interarea
腕足動物の嘴部と蝶番線との間の部分．[6]

気孔 きこう stoma（複数形 stomata）
環境と植物体内の間で気体の交換をさせる小孔．[12]

基底板 きていばん basal plate
ウミユリ類の萼部底部を形成する輪状に並ぶ板状構造．[7]

共通組織 きょうつうそしき coenenchyme
四放サンゴ類と床板サンゴ類のサンゴ個体間に共有される硬組織．[4]

胸板 きょうばん plastron
特殊化した櫂状の棘をもつ不正形ウニ類で，口の後部にある扁平な場所．[7]

共有骨 きょうゆうこつ coenosteum
イシサンゴ類のサンゴ個体で共有される硬組織．[4]

棘魚類 きょくぎょるい acanthodians
軽装甲の有顎魚類で，前方にある棘に支えられた各鰭に特徴がある．[11]

クチクラ くちくら cuticle
水分の損失を少なくする蠟質の被膜．[12]

クレブズ回路 くれぶずかいろ Krebs cycle
グルコースから炭素への分解を達成させる化学回路．真核生物のミトコンドリア中にみられる．[15]

クロロフィル くろろふぃる chlorophyll
植物体中の緑色の色素．葉緑素．[1]

群体 ぐんたい zoarium
コケムシ類の群体の骨格．[5]

茎殻 けいかく
→腹殻

茎孔 けいこう foramen
腕足動物の肉茎が出る孔．[6]

形成層 けいせいそう cambium
多年生植物の根と茎の中に見いだされる分裂組織．[12]

珪藻土 けいそうど diatomite
石化した珪藻軟泥．[13]

系統漸進説 けいとうぜんしんせつ phyletic gradualism
進化は多少とも一定の割合で漸進するという説．種形成はこの漸進的変化の一部として起こる．[2]

系統発生 けいとうはっせい phylogeny
種または類縁種のグループの完全な進化史．[2]

ゲノム げのむ genome
生物体の遺伝物質の全体．[2]

原核生物 げんかくせいぶつ prokaryote
核と膜内小器官がない細胞からなる生物．[15]

原形質 げんけいしつ protoplasm
細胞に含まれている物質に対する極めて一般的な呼称．[13]

犬歯類 けんしるい cynodonts
ひげなどを含む多くの哺乳類的特徴をもつ哺乳類型爬虫類．[11]

減数分裂 げんすうぶんれつ meiosis
二倍体細胞から半数体細胞に変わる還元分裂．[12]

剣盤 けんばん sicula
筆石類の群体の円錐形の要素で，骨格をつくる最初の部分になる．[10]

口蓋 こうがい operculum
コケムシ類の中で，裸口類個虫の開口部を被う硬質の「ふた」．[5]

肛管 こうかん anal tube
ウミユリ類で口面から突き出た円錐形の顕著な板状構造物．肛管には肛門が含まれる．[7]

咬筋 こうきん masseter
哺乳類の大きな咀嚼用の筋肉．[11]

口孔 こうこう aperture
有孔虫類ではほとんどの軟組織が突出する孔．[13]

光合成 こうごうせい photosynthesis
光のエネルギーを化学的エネルギーに変換する生物学的過程で，できたエネルギーはグルコースや他の有機化合物中に貯えられている．[1] [15]

硬骨魚類 こうこつぎょるい osteichthyans
硬い骨をもつ魚類．[11]

後生動物 こうせいどうぶつ metazoans
食物源を外部に求める多細胞の真核生物．[15]

酵素 こうそ enzyme
代謝の割合を変化させる生体の触媒．[15]

甲皮 こうひ carapace
介形虫類の「殻」に使用される用語．[13]

剛毛 ごうもう seta（複数形 setae）
介形虫類の感覚用の毛状突起．[13]

ゴールデンスパイク ごーるでんすぱいく golden spike
ある断面図中で識別できる点で，ある層序単位の基底を示す地質時代の一瞬に相当する．[1]

古測深資料　こそくしんしりょう　palaeobathymetry
古代海洋堆積物の深さ．[13]

固着器官　こちゃくきかん　holdfast
底生の筆石類の剣盤の頂点が海底に接地できるようになった変化物．[10]

個虫　こちゅう　zooid
筆石類の胞群や翼鰓類の群体中に住んでいる動物．[10]

骨片　こっぺん　ossicle
棘皮動物の内骨格の一部を形成する板．[7]

固定頬　こていきょう　fixed cheek, fixigena
三葉虫類の頭鞍と顔線の間にある頭の一部．[8]

コドン　こどん　codon
DNAをつくる4種の分子の中の3個による集まりで，遺伝暗号の綴りを構成する．[2]

琥珀　こはく　amber
化石化した樹脂．[1]

コラーゲン　こらーげん　collagen
筆石類や翼鰓類を含め動物一般に特徴的な繊維質の蛋白質．[10]

コラムナル　こらむなる　columnal
ウミユリ類の茎をつくる小骨．[7]

根茎　こんけい　rhizome
地面上または直下にある水平な茎で，垂直な茎を支える．[12]

細管　さいかん　nema
筆石類の剣盤の先端から出ている細い糸状突起．[10]

サイコン型　さいこんがた　sycon type
海綿の体制のなかで中間程度を示す型．若干の鞭毛室が単一の胃腔に開いている．[3]

細胞小器官　さいぽうしょうきかん　organelle
真核細胞中にみられ，特別の機能のため特殊化したいくつかの構造のひとつ．膜質の亜細胞性構造．例えば，ミトコンドリアや葉緑体．[12] [15]

叉棘　さきょく　pedicellariae
ウニ類などが住みついた生物を除去する鋏のついた小さな棘．[7]

坐骨　ざこつ　ischium
骨盤の後方に向かう骨．[11]

鎖状群体　さじょうぐんたい　cateniform colony
1本の鎖状のサンゴ群体．[4]

莢　さや　calyx（複数形calyxes, calice）
サンゴ個体の頂部にあるカップ状の凹部で，中にポリプが入っている．[4]

左右相称動物　さゆうそうしょうどうぶつ　Bilateralia
体の左右が相称を示す生物．[15]

三角孔　さんかくこう　delthyrium
腕足動物の腹殻にある三角形の開孔部．[6]

三角双板　さんかくそうばん　deltidial plate
腕足動物の三角孔を閉じる複数の板．[6]

三角板　さんかくばん　deltidium
腕足動物の三角孔を閉じる単一の板．[6]

サンゴ個体　さんごこたい　corallite
単一のサンゴポリプの硬い外骨格．[4]

サンゴ体　さんごたい　corallum
単体，群体を含めたサンゴ全体の硬質部．[4]

三条溝胞子　さんじょうこうほうし　trilete
細胞の減数分裂で産出される胞子．[12]

シアノバクテリア　しあのばくてりあ　cyanobacteria
光合成によって酸素を生むクロロフィルをもつ微生物．[1]

色素体　しきそたい　plastid
葉緑体を含む真核植物の小器官．[15]

軸　じく　virgula
反転型の正筆石類の細管の棒状拡張部に使われることがある名称．[10]

軸柱　じくちゅう　columella
サンゴ個体中の中心または主軸になる構造で，一列になって床板や隔壁を含む他の内部造作で形成される．[4]

軸葉　じくよう　axial lobe
三葉虫の胸の中央部分．[8]

歯骨　しこつ　dentary
哺乳類の下顎骨で，爬虫類では下顎骨の一要素になる．[11]

自在頬　じざいきょう　free cheek, librigena
三葉虫類の顔線の外側に当たる頭の一部．[8]

歯舌　しぜつ　radula
軟体動物に特有のやすり状の舌．[9]

自然選択　しぜんせんたく　natural selection
生物の変異の選択．有利な適応は次世代のゲノムに組み込まれ，競争能力を増進させる．[2]

示帯化石　したいかせき　zone fossil
地質時代の特定の期間を示す化石種で，層序的な記録の特定範囲を特徴づける．[1] [13]

室　しつ　camera, chamber
頭足類の殻内の房．[9]
例えば，石灰質の有孔虫類の殻で繰り返し現れる要素のひとつ．[13]

嘴部　しぶ　beak
腕足動物の殻が成長し始める場所．[6]

篩部，師部　しぶ　phloem
植物体内で有機栄養物を運搬する維管束組織．[12]

種　しゅ　species
類似の解剖学的形質をもち，交配可能な生物の個体群．[2] [16]

褶（ひだ）　しゅう（ひだ）　fold
腕足動物の片方の殻の縦溝に相当するもう片方の殻前縁の隆起部．[6]

獣脚類　じゅうきゃくるい　theropods
竜盤類に属し，多くが肉食の恐竜類．[11]

獣弓類　じゅうきゅうるい　therapsids
哺乳類型爬虫類の進化したグループで，温帯と高緯度地域で特殊化していた．[11]

縦溝　じゅうこう　sulcus
片方の殻の褶に相当するもう片方の殻前縁のくぼみ．[6]

従属栄養生物　じゅうぞくえいようせいぶつ　heterotroph, consumer
他の生物または腐敗物を消費する生物．[13]

集中ラーガーシュテッテン　しゅうちゅうらーがーしゅてってん　Konzentrat-Lagerstätten

多数の化石を伴う堆積物．[1]
重複受精　じゅうふくじゅせい
　→重複受精（ちょうふくじゅせい）
種の多様性　しゅのたようせい　species diversity
　生態群集における種の数と相対的な豊かさ．[16]
準レリーフ　じゅんれりーふ　semirelief
　地層表面に形成された崩壊した巣穴などの生痕．[14]
哨　しょう　guard
　ベレムナイト類にみられる弾丸状の硬い方解石の錘り．[9]
上蓋　じょうがい　tegmen
　ウミユリ類の口面にある被いで，時に軟らかく，時に強く板状の「蓋」へ発展する．[7]
条鰭類　じょうきるい　actinopterygians
　射出骨を経て肩や腰に付く鰭条をもつ硬骨魚類で，ほとんどの現生魚類を含む．[11]
小孔　しょうこう　ostium（複数形 ostia）
　海綿の体壁にある水の通る小孔．[3]
上唇　じょうしん　hypostome
　三葉虫類の口を保護する，ほぼ骨組みだけのクチクラ構造物．[8]
小椎板　しょうついばん　spondylium
　腕足動物ペンタメルス（*Pentamerus*）に典型的な筋肉の付着場所．[6]
床板　しょうばん　tabula（複数形 tabulae）
　サンゴ個体中の水平の板．[4]
初期室　しょきしつ　initial chamber
　アンモナイト類の殻で形成される最初の室．[9]
触手冠　しょくしゅかん　lophophore
　腕足動物の採餌，呼吸のための構造．[6]
　翼鰓類がもつ濾過用触手の列で，筆石類にも想定される．[10]
植物プランクトン　しょくぶつぷらんくとん　phytoplankton
　顕微鏡でみる大きさの光合成浮遊生物．2つの主要なグループが珪藻類と渦鞭藻類である．[13]
初虫　しょちゅう　ancestrula
　コケムシ類の定着した幼生の変態によって生産される，群体創始者に当たる個虫．[5]
進化　しんか　evolution
　時代を通じての生物における変化の過程．[16]
真核生物　しんかくせいぶつ　eukaryote
　単細胞または多細胞からなる生物で，細胞膜と膜内の小器官に囲まれた核をもつ．[15]
針葉樹類　しんようじゅるい　coniferophytes
　初期（石炭紀）の種子をもった植物，例えばコルダイテス（*Cordaites*）．[12]
水管　すいかん　siphon
　腹足類や二枚貝類に発達している外套膜にある管状の伸張部．[9]
水管系　すいかんけい　water vascular system
　棘皮動物に特有の複雑な水系で，主に運動と採食に利用される．[7]
水管溝　すいかんこう　siphonal canal
　腹足類の殻において水管を支持する側溝状の伸張部．[9]

頭巾　ずきん　hood
　オウムガイ類で，動物が殻の中に引き込む際，殻口を閉じる外皮．[9]
ステレオム　すてれおむ　stereom
　棘皮動物の各種の板を形成する組織に広がっている，顕微鏡的な細枝の格子．[7]
ストロフィック型　すとろふぃっくがた　strophic
　蝶番線の直線的な腕足動物のタイプ．[6]
スプメラリア　すぷめらりあ　spumellarians
　球状の殻をもつ放散虫類．[13]
正形ウニ類　せいけいうにるい　regular echinoids
　五放射相称のウニ類．[7]
生痕種　せいこんしゅ　ichnospecies
　生痕化石の種．[14]
生痕属　せいこんぞく　ichnogenus（複数形 ichnogenera）
　生痕化石の属．[14]
生殖板　せいしょくばん　genital plates
　ウニ類の頂上系を構成する2種の骨板のひとつで，配偶子を放出する孔がある．[7]
生層序　せいそうじょ　biostratigraphy
　化石の内容に基づいた層序．[1]
生層序帯　せいそうじょたい　biozone
　化石の内容によって特徴づけられる岩石層．[1]
生態空間　せいたいくうかん　ecospace
　生物が占有利用可能な領域．一部は物理的空間であり，一部は一連の生物間の相互作用である．[16]
生物相　せいぶつそう　biota
　一定の場所の生物の全種類．[16]
生物多様性　せいぶつたようせい　biodiversity
　生物の多様さ．[16]
生物的環境　せいぶつてきかんきょう　biotic environment
　生体の活動に起因する環境要因．[16]
接合子　せつごうし　zygote
　有性生殖で配偶子の接合から生じた二倍体細胞．[12]
セリオイド　せりおいど　cerioid
　個々のサンゴ個体は壁をもっているが，相互に密接して群体をなすこと．[4]
前甲　ぜんこう　pro-ostracum
　ベレムナイト類の軟組織を支持する，へら状に広がった支持物．[9]
先左右相称動物　せんさゆうそうしょうどうぶつ　Prebilateralia
　放射相称を示す動物．[15]
前恥骨突起　ぜんちこつとっき　prepubic process
　鳥盤類の恐竜に特徴的な，前方に突き出た骨盤の一部．[11]
双弓類　そうきゅうるい　diapsids
　恐竜類，鳥類，海生爬虫類，現生爬虫類，そして翼竜類を含むグループ．頭骨の眼窩後方にある2つの孔で特徴づけられる．[11]
造礁サンゴ類　ぞうしょうさんごるい　hermatypic coral
　光合成をする褐虫藻を伴い，通常，群体になり礁をつくる．[4]
走鳥類　そうちょうるい　ratites
　飛べない大型の捕食性鳥類で，暁新世に特徴的．[11]

造胞世代　ぞうほうせだい　sporophyte generation
植物の生活史中で，二倍体の栄養胞子をつくる段階．[12]

足糸湾入　そくしわんにゅう　byssal notch
二枚貝類で足糸が通過するための隙間．[9]

続成作用　ぞくせいさよう　diagenesis
埋没した堆積物に働く物理的，化学的作用．[1]

ダーウィン淘汰　だーうぃんとうた　Darwinian selection
次世代の遺伝子プールに対する生物の相対的適応度に基づく生物の淘汰．[16]

第一触角　だいいちしょっかく　antennule
介形虫類を含む甲殻類の第一付属肢で遊泳や安定のために使われる．[13]

体管(連室細管)　たいかん(れんしつさいかん)　siphuncle
体房から初期室に伸びている水管で，溶液からイオンを除去し，頭足類の体房中の気体と海水の割合を変えることを可能にしている．[9]

大孔　だいこう　osculum
海綿の胃腔の開孔部．[3]

帯線　たいせん　fasciole
水流を発生させるウニ類の殻の部分．埋在動物としてのウニ類に一般的．[7]

大胞子(大芽胞)　だいほうし(だいがほう)　megaspores
直径が4mmまでの大型の胞子．[13]

大量絶滅　たいりょうぜつめつ　mass extinction
短期間における多数種(科の10%，種の40%を超える)の絶滅．[2]

タクソン(複数形タクサ)　たくそん(たくさ)　taxon (taxa)
動植物の公式的な分類に使用する一般的な用語．[1]

多孔板　たこうばん　madreporite
ウニ類で水管系中へ水を出入りさせる特殊化した生殖板．[7]

脱皮　だっぴ　ecdysis
ほとんどの節足動物が成長目的で断続的にその外骨格を脱ぎ替える過程．[8]

束状群体　たばじょうぐんたい　fasciculate colony
個々のサンゴ個体が互いに接触していない群体．[4]

タフォノミー　たふぉのみー　taphonomy
化石化作用の過程の研究．[1]

単弓類　たんきゅうるい　synapsids
現生の哺乳類と哺乳類型爬虫類を含むグループで，頭骨の眼窩後方にある単一の孔で特徴づけられる．[11]

単孔類　たんこうるい　monotremes
卵を産む哺乳類．[11]

炭酸塩補償深度　たんさんえんほしょうしんど　calcite compensation depth(CCD)
方解石が不安定になり溶解することがある，海洋における深度．[13]

単軸分枝　たんじくぶんし　monopodial branching
ひとつの軸が優先する二叉分枝．[12]

断続平衡　だんぞくへいこう　punctuated equilibrium
進化史上の安定期は，時に，急激な進化上の変化という出来事で中断されるとする説．[2]

恥骨　ちこつ　pubis
竜盤類の恐竜では一般に前方，鳥盤類の恐竜では後方を指す骨盤の骨．[11]

虫室　ちゅうしつ　zooecium
コケムシ類の個虫の骨格．[5]

中心類　ちゅうしんるい　centrales
放射相称を伴う円形の珪藻類．[13]

腸骨　ちょうこつ　ilium
骨盤の背面にある大型扁平状の骨．[11]

頂上系　ちょうじょうけい　apical system
棘皮動物の囲肛部をかこんでいる板でできた二重の環．[7]

鳥頭体　ちょうとうたい　avicularium(複数形 avicularia)
コケムシ類で群体を守る役割を果たすことがある特殊化した個虫．まれに，付属肢を支柱として使い，群体が「歩くように動く」ことができる．[5]

鳥盤類　ちょうばんるい　ornithischians
鳥状の骨盤をもつ恐竜類．[11]

超微化石　ちょうびかせき　nannofossil
一般に50μm未満の超顕微鏡的大きさの化石．[13]

重複受精　ちょう(じゅう)ふくじゅせい　double fertilization
発育中の種子の中で起こり，食料源(内胚乳)を伴う種子を形成する．[12]

角状コノドント　つのじょうこのどんと　coniform conodont
コノドント類の形状で尖頭型の要素．[13]

底生生物　ていせいせいぶつ　benthic organism, benthos
海底上で，または海底中に生活する生物．[1], [13]

DNA(デオキシリボ核酸)　でおきしりぼかくさん　DNA (deoxyribonucleic acid)
遺伝情報を内包し，自己複製できる二重のらせん構造の核酸．細胞蛋白質の遺伝的構造を決定する．[2] [15]

適応放散　てきおうほうさん　adaptive radiation
大規模な環境変化に対して生物が示す進化上の反応．それはそれ以前の専門型でない生物の適応を通じて占めることができるようになる新しい生態的地位を形成することになる．ある共通の祖先から異なった環境の多数種への進化．[1] [2] [16]

頭鞍　とうあん　glabella
三葉虫の頭部中央の盛り上がった部分で，腹を守っている．[8]

同位元素　どういげんそ　isotope
類似の化学的性質をもつが，中性子数の異なる元素．[15]

等殻　とうかく　equivalve
二枚貝類のザルガイなどのように類似した寸法・形状の殻．[9]

透光帯　とうこうたい　photic zone
水層で光の届く範囲．[13]

頭楯　とうじゅん　cephalic shield
現生の翼鰓類がもつ高度に適応した器官で，その骨格を分泌し，それに固着している．[10]

同所的種形成　どうしょてきしゅけいせい　sympatric speciation
集団内部での生活様式選択の変化結果としての種形成．[2]

動物プランクトン　どうぶつぷらんくとん　zooplankton
　光合成をしない浮遊生物で，植物プランクトンまたは水中に浮遊する有機物を採食している．[13]

独立栄養生物　どくりつえいようせいぶつ　autotroph, producer
　無機的な素材から有機化合物を合成する生物．[13]

突然変異　とつぜんへんい　mutation
　最終的には遺伝的多様性の原因となる遺伝子のDNA中における変異．[2]

内在底生生物　ないざいていせいせいぶつ　infauna
　堆積物中に住む生物．[1]

ナッセラリア　なっせらりあ　nassellarians
　円錐形の殻などをもつ放散虫類．[13]

ナノプランクトン　なのぷらんくとん　nannoplankton
　超顕微鏡的な大きさの浮遊生物．[13]

軟骨魚類　なんこつぎょるい　chondrichthyans
　軟骨の骨格によって特徴づけられる魚のグループで，現生のサメ類，エイ類で代表される．[11]

肉鰭類　にくきるい　sarcopterygians
　葉状の鰭をもつ魚類で，肺魚類，シーラカンス類，リピドスティア類を含む．[11]

肉茎　にくけい　pedicle
　腕足動物が基底につくために使用する肉質の茎状部．[6]

肉歯類　にくしるい　creodontids
　初期の肉食哺乳類で，今は絶滅している．[11]

二叉分枝　にさぶんし　dichotomously branched
　主軸が2つの等しい部分に分かれる．初期の維管束植物に一般的な，原始的な枝の形式．例えば，リニア (*Rhynia*)．[12]

二次口蓋　にじこうがい　secondary palate
　ある種の爬虫類と哺乳類の頭骨内部を二分する新しい口蓋で，同時に食べ，呼吸することを可能にしている．[11]

ニッチ　にっち　niche
　生態的地位ともいう．生物が利用し，利用可能なすべての環境資源の総体．[16]

二倍体細胞　にばいたいさいぼう　diploid cell
　造胞世代の栄養細胞(染色体数 $2n$)．[12]

二輪型　にりんがた　dicyclic
　よぶんの基底板の輪をもつウミユリ類の萼部で，基底板と茎の間に下基底板がある．[7]

二列型　にれつがた　biserial
　2つの枝状体をもつ筆石類で，枝状体は背中合わせにつながる．[10]

年代層序　ねんだいそうじょ　chronostratigraphy
　地質年代に基づいた層序．[1]

背殻(腕殻)　はいかく(わんかく)　dorsal (brachial) valve
　腕足動物の触手冠が付着している殻．[6]

配偶子　はいぐうし　gamete
　発育して胞子体になる，二倍体の接合子を形成するため生殖の過程で融合する半数体の生殖細胞．[12]

配偶世代　はいぐうせだい　gametophyte generation
　ある植物の生活史において，半数体の栄養配偶子を生産する段階．配偶子は融合し成長して胞子体になる．[12]

背孔　はいこう　notothyrium
　腕足動物の背殻にある三角形の開孔部．[6]

半環増殖　はんかんぞうしょく　fusellar increment
　筆石類の群体が成長する際，個虫によって付加される殻の単位で，通常，互い違いの縫合線をもつ半環がある．[10]

板状コノドント　ばんじょうこのどんと　pectiniform conodont
　基底の幅が広く咬頭状の隆起の多いコノドント類．[13]

半数体細胞　はんすうたいさいぼう　haploid cell
　配偶世代の細胞(染色体数 n)．[12]

板皮類　ばんぴるい　placoderms
　重装甲の有顎の魚類で，デボン紀に一般的だった．[11]

盤竜類　ばんりゅうるい　pelycosaurs
　哺乳類型爬虫類の原始的なグループ．[11]

非維管束植物　ひいかんそくしょくぶつ　nonvascular plants
　維管束系のない植物．[12]

ヒカゲノカズラ類　ひかげのかずらるい　lycopods
　シダ植物段階の小葉植物のひとつを代表する．[12]

被子植物　ひししょくぶつ　angiosperms
　保護用の果実の中に種子を生産する顕花植物．[12]

非生物的効果　ひせいぶつてきこうか　abiotic effect
　大陸分裂が適広放散を増大するというような，生物のいないことからくる影響．[16]

非造礁サンゴ類　ひぞうしょうさんごるい　ahermatypic coral
　共生する藻類を欠くサンゴ類．[4]

ヒト科　ひとか　hominids
　パラントロプス(*Paranthropus*)，アウストラロピテクス(*Australopithecus*)，ホモ(*Homo*)を含む種のグループで，われわれの直接の先祖を含み，かつ現生の他のグループを含まない．[訳注：DNA解析等の知見により類人猿を含める考えもある][11]

尾板　びばん　pygidium
　三葉虫の尾．[8]

漂泳生物　ひょうえいせいぶつ　pelagic organism
　海水面や水中に住む生物(浮遊または遊泳生物)．[1] [13]

表在動物　ひょうざいどうぶつ　epifauna
　堆積物の表面に住む生物．[13]

表在レリーフ　ひょうざいれりーふ　epirelief
　地層頂部に保存された生痕．[14]

腹殻(茎殻)　ふくかく(けいかく)　ventral (pedicle) valve
　腕足動物の肉茎が付着する殻．[6]

複歯状コノドント　ふくしじょうこのどんと　ramiform conodont
　刃状の多くの小歯からなるコノドント類．[13]

輻板　ふくばん　radial plate
　ウミユリ類の腕が付く側の萼部を形成する小骨板でできた上部環．[7]

腹部　ふくぶ　venter
　アンモナイト類やオウムガイ類が生活姿勢をとったときの殻の下側の端面．[9]

不正形ウニ類　ふせいけいうにるい　irregular echinoids
左右相称のウニ類．通常，埋在動物．[7]

蓋　ふた　operculum
腹足類が殻の中へ引き込むときに殻口を閉じる板．[9]

不等殻　ふとうかく　inequivalve
二枚貝類のグリファエア（*Gryphaea*）のように異なった寸法・形状の殻．[9]

浮遊生物　ふゆうせいぶつ　planktonic organism
水中の浮遊生物．[13]

プレートテクトニクス　ぷれーとてくとにくす　plate tectonics
地球の表層部は移動するプレートから形成されているとする学説．[1]

分岐図　ぶんきず　cladogram
分岐論の原理に基づいて，タクソンの間の関連を記述する分岐した図式．[2]

分岐論　ぶんきろん　cladistics
共有する派生形質の点から形質の分布の最節約に基づいて分岐パターンと順序だけからする研究方法．[2]

分子時計　ぶんしどけい　molecular clock
異なった種の指標となる分子内での構造的変化率を比較し，分子を時間をはかるものと見なす概念．すなわち進化上，いつ分岐したかを確立するためにDNA配列を比較する方法．[2][15]

分類学　ぶんるいがく　taxonomy
生物の命名と分類の科学．[16]

分裂組織　ぶんれつそしき　meristem
植物が生きている間は胚のような働きを続ける植物組織．その所産が茎と根に分化する．[12]

閉殻筋　へいかくきん　adductor muscle
腕足動物で殻を閉じるときに収縮する筋肉．[6]
二枚貝類で2枚の殻を結合している前部と後部の筋肉．[9]

壁孔　へきこう　mural pore
群体をつくるサンゴの中で，隣接するサンゴ個体間を連結する孔．[4]

ヘテロコッコリス　へてろこっこりす　heterococcoliths
各種の大きさの方解石結晶から形成されたコッコリス．[13]

鞭毛　べんもう　flagellum（複数形flagella）
細胞上の鞭状の付属肢で，動かして水流を起こすことができる．[3]

胞　ほう　theca
筆石類の個虫が入っている管．樹形類には大きさや機能の面で異なった複数種の胞があるが，正筆石類では1種類しかない．[10]

房　ぼう　alveolus
ベレムナイト類の鞘にある円錐形の空所．[9]

胞群　ほうぐん　rhabdosome
筆石類の群体全体に与えられた名称．[10]

方形骨　ほうけいこつ　quadrate
爬虫類では下顎と関節する上顎の骨，哺乳類では耳小骨のひとつになる．[11]

縫合線　ほうごうせん　suture
腹足類では2つの螺層の接合部を示す線になる．頭足類では殻と隔壁の接合部をたどる線．[9]

胞子　ほうし　spore
配偶世代を生産するために発芽する胞子体によってつくられる半数体細胞．[12]

胞子嚢　ほうしのう　sporangium（複数形sporangia）
内部で胞子が成長する嚢状構造．[12]

房錐　ぼうすい　phragmocone
頭足類の殻の室部分．[9]

泡沫組織　ほうまつそしき　dissepiment
サンゴ個体の内部に発達した，小さく外方にでっぱる板．[4]

補強皮層　ほきょうひそう　cortical bandages
筆石類の胞群に強度を与える成分で，骨格の内外に個虫によって付加される．頭楯を利用していると思われる．[10]

保存ラーガーシュテッテン　ほぞんらーがーしゅてってん　Konservat-Lagerstätten
異例に保存状態のいい化石を伴う堆積物．[1]

歩帯　ほたい　ambulacrum（複数形ambulacra）
棘皮動物の管足が出る対の孔のある板．[7]

ポリプ　ぽりぷ　polyp
単体のサンゴ虫類．[4]

ホロコッコリス　ほろこっこりす　holococcoliths
同じ大きさの方解石結晶から形成されたコッコリス．[13]

埋在動物　まいざいどうぶつ　infauna
堆積物中に住む生物．[13]

マクロコンク　まくろこんく　macroconch
性的二型による，より大型のアンモナイト類．[9]

ミクロコンク　みくろこんく　microconch
性的二型による，より小型のアンモナイト類．[9]

ミトコンドリア　みとこんどりあ　mitochondrion（複数形mitochondria）
クレブズ回路の現場として働く真核生物の小器官．[15]

耳状突起　みみじょうとっき　lappet
アンモナイト類ミクロコンクの殻口の延長部．[9]

無顎類　むがくるい　agnathan
顎のない魚類．[11]

無弓類　むきゅうるい　anapsid
現生の水陸のカメ類によって表される原始的な爬虫類で，頭骨の眼窩後方の孔がない．[訳注：1980年代以降，分岐分類学的検討から，この分類単位はほとんど使われない][11]

ムスティエ文化の道具類　むすてぃえぶんかのどうぐるい　Mousterian tools
ネアンデルタール人に関連する一連の道具．[11]

胸　むね　thorax
三葉虫の体の主要部分で体節がある．[8]

木質素（リグニン）　もくしつそ（りぐにん）　lignin
植物の細胞壁にある複雑な重合体で，特に木質の陸生植物に強固さを与え，支持を提供している．[12]

木部　もくぶ　xylem
植物体の根から他の部分へ水を運搬する維管束組織．[12]

有顎類　ゆうがくるい　gnathostomes

顎のある魚類．[11]
有胎盤類　ゆうたいばんるい　placentals
妊娠期間が長く，大きく生長した幼体を出産する哺乳類．[11]
有袋類　ゆうたいるい　marsupials
幼体を袋の中で育てる哺乳類．[11]
葉状体　ようじょうたい　thallus
植物で半数体の栄養配偶体．[12]
葉緑体　ようりょくたい　chloroplast
光合成の役を果たしている細胞の小器官．[12]
ラーガーシュテッテン　らーがーしゅてってん　Lagerstätten
多数の，および/または，異例によく保存された化石を伴う堆積物．[1]
裸子植物　らししょくぶつ　gymnosperms
通常，種子は球果中にあるが，その種子がむき出しになっている維管束のある種子植物．[12]
螺旋状腕骨　らせんじょうわんこつ　spiralia
腕足動物スピリファー（*Spirifer*）に典型的な螺旋状の腕骨．[6]
螺層　らそう　whorl
360°完全に巻いた殻のひとつの螺旋．腹足類と頭足類の殻に使われる用語．[9]
リグニン　りぐにん
→木質素

リピドスティア類　りぴどすてぃあるい　rhipidistians
肉鰭類の魚類で絶滅したグループだが，おそらく四肢動物の先祖だった．[11]
竜脚類　りゅうきゃくるい　sauropods
大型植物食恐竜類．[11]
リューコン型　りゅーこんがた　leucon type
海綿の体制のなかで最も複雑な程度を示す型．一連の鞭毛室は溝系によって共通の胃腔につながっている．[3]
鱗状骨　りんじょうこつ　squamosal
例えば哺乳類では下顎と関節する上顎の骨だが，現生爬虫類にはない．[11]
連室細管　れんしつさいかん
→体管
漏斗　ろうと　hyponome
頭足類がジェット推進する際，水を噴出するじょうご状器官．[9]
肋葉　ろくよう　pleural lobe
三葉虫類の胸部両側の要素．[8]
腕殻　わんかく
→背殻
腕骨　わんこつ　brachidium
腕足動物の触手冠の支持物．[6]
腕板　わんばん　brachial
ウミユリ類の腕を形成する小骨．[7]

●参考図書
Reading list

Ausich, W.I. and Lane, N.G. (1999) *Life of the Past*. Prentice Hall, Englewood Cliffs, NJ.
Benton, M. and Harper, D. (1997) *Basic Palaeontology*. Addison Wesley, Longman.
Brenchley, P.J. and Harper, D.A.T. (1998) *Palaeoecology: Ecosystems, Environments and Evolution*. Chapman and Hall, London.
Briggs, D.E.G. and Crowther, P.R. (1990) *Palaeobiology* I. Blackwell Science, Oxford.
Briggs, D.E.G. and Crowther, P.R. (2001) *Palaeobiology* II. Blackwell Science, Oxford.
Clarkson, E.N.K. (1998) Invertebrate *Palaeontology and Evolution*. Blackwell Science, Oxford.
Cowen, R. (2000) *History of Life*, 3rd edn. Blackwell Science, Oxford.
Doyle, P. (1996) *Understanding Fossils. An Introduction to Invertebrate Palaeontology*. Wiley, Chichester, UK.
Gee, H. (2000) *Shaking the Tree, Readings from Nature in the History of Life*. Chicago University Press, Chicago.
McKinney, F.K. (1991) *Exercises in Invertebrate Paleontology*. Blackwell Scientific Publications, Oxford.
Prothero, D.R. (1998) *Bringing Fossils to Life: an Introduction to Paleobiology*. W.C.B./McGraw-Hill, New York.

日本の読者のために，本書の内容と相補的な内容をもつ類書で，現在入手できそうな図書をいくつかあげておく．
藤山家徳，濱田隆士，山際延夫監修（1982）「学生版 日本古生物図鑑」574pp., 北隆館．
ジョヴァンニ・ピンナ著，小畠郁生監訳，二上政夫訳（2000）「図解 世界の化石大百科」238pp., 河出書房新社．
益富壽之助，濱田隆士著（1966）「原色化石図鑑」268pp., 保育社．
小畠郁生監修（1993）「ポケット図鑑 日本の化石」359pp., 成美堂出版．
C.ウォーカー，D. ウォード著，高橋啓一訳（1996）「地球自然ハンドブック完璧版 化石の写真図鑑」319pp., 日本ヴォーグ社．

日本で目にすることの多いアンモナイトなどについての参考書としては，以下のものがある．
福岡幸一著（2000）「北海道アンモナイト博物館」277pp., 北海道新聞社．
早川浩司著（2003）「北海道 化石が語るアンモナイト」255pp., 北海道新聞社．
国立科学博物館編，重田康成著（2001）「アンモナイト学 絶滅生物の知・形・美」国立科学博物館叢書(2)，東海大学出版会．
田代正之著（1992）「化石図鑑 日本の中生代白亜紀二枚貝」307pp., 自費出版．

●謝辞
Acknowledgments

　原稿を読み，ていねいに手直ししてくださった以下の方々に感謝いたします．クリス・セトル(Chris Settle)，クリス・ポール(Chris Paul)，リズ・ハイド(Liz Hide)，ポール・テイラー，(Paul Taylor)，ロビン・コックス(Robin Cocks)，グラハム・バッド(Graham Budd)，リズ・ハーパー(Liz Harper)，イヴァン・サンソム(Ivan Sansom)，ジェイソン・ヒルトン(Jason Hilton)，ブリジェット・ウェイド(Bridget Wade)，サイモン・ブラディ(Simon Braddy)，ニック・バターフィールド(Nick Butterfield)，サラ・ガボット(Sarah Gabbott)．

　さらに，本書の執筆中，しばしば気晴らしをさせてくれるとともに，惜しみなく支え続けてくれた家族マウリツィオ・バルトッツィ(Maurizio Bartozzi)とマイケル(Michael)，ピーター(Peter)，トム・フラー(Tom Fuller)に感謝します．

図の出典

Figure 1.1: from *Treatise on Invertebrate Paleontology*, part O, Geol. Soc. Amer. and Univ. Kansas Press (Figure 159.6, O218); Crimes, T.P., Legg, I., Marcos, A. and Arboleya, M., 1977, in Crimes, T.P. and Harper, J.C. (eds) *Trace Fossils 2*, Seel House Press, Liverpool (Figure 10, p. 134). Figure 1.2: based on Williams, S.H., 1986, in Hughes, C.P. and Rickards, R.B., *Palaeoecology and Biostratigraphy of Graptolites*, Geological Society Special Publication 20 (Figure 1, pp. 166-7) and Barnes, C.R. and Williams, S.H., 1990, in Briggs, D.E.G. and Crowther, P.R. (eds) *Palaeobiology: A Synthesis*, Blackwell Scientific Publications (Figure 1, p. 479). Figure 1.3: based on various sources. Figure 1.4: modified and redrawn from Campbell, N.A., 1996, *Biology*, 4th edn (Figure 23-10, p. 468). Figure 1.5: modified and redrawn from Brenchley, P.J. and Harper, D.A.T., 1998, *Palaeoecology: Ecosystems, Environment and Evolution* (Figure 6.5, p. 184). Figure 1.6: modified and redrawn from Anderton, R., Bridges, P.H., Leeder, M.R. and Sellwood, B.W., 1993, *A Dynamic Stratigraphy of the British Isles: A Study in Crustal Evolution* (Figure 3.5, p. 34) and Williams, G.E., 1969, *Journal of Geology*, 77, 183-207. Figure 1.9: redrawn and modified from Seilacher, A., Reif, W.-E. and Westphal, F., 1985, *Philosophical Transactions of the Royal Society of London*, B11, 5-23. Figure 1.10: redrawn from *Treatise on Invertebrate Paleontology*, part A, Geol. Soc. Amer. and Univ. Kansas Press (Figure 7, A13). Figure 1.11: redrawn from Milsom, C.V. and Sharp, T., 1995, *Geology Today*, 11, 22-6.

　Figure 2.2: redrawn from *British Mesozoic Fossils*, British Museum (Natural History) (Plate 28(2)). Figure 2.3: modified and redrawn from Campbell, N.A., 1996, *Biology*, 4th edn (Figure 23-15, p. 476). Figure 2.4: modified and redrawn from Skeleton, P., 1993, *Evolution: A Biological and Palaeontological Approach*, Addison Wesley (Figure 11.1, p. 512).

　Figure 3.1a, b: redrawn from Benton, M. and Harper, D., 1997, *Basic Palaeontology*, Addison Wesley Longman (Figure 5.10); Figure 3.1c, d: redrawn and simplified from McKinney, F.K., 1991, *Exercises in Invertebrate Paleontology*, Blackwell Scientific Publications (Figures 4.1, 4.2). Figure 3.2: redrawn and simplified from Prothero, D.R., 1998, *Bringing Fossils to Life*, W.C.B./McGraw-Hill USA (Figure 12.7). Figure 3.3: redrawn and simplified from Clarkson, E.N.K., 1998, *Invertebrate Palaeontology and Evolution*, Chapman and Hall, London (Figure 4.16a). *Siphonia, Rhaphidonema*: from Clarkson, E.N.K., 1998, *Invertebrate Palaeontology and Evolution*, Chapman and Hall, London (Figure 4.6a, d).

　Figure 4.2: simplified from Clarkson, E.N.K., 1998, *Invertebrate Palaeontology and Evolution*, Chapman and Hall, London (Figure 5.20). Figure 4.3: redrawn from McKinney, F.K., 1991, *Exercises in Invertebrate Paleontology*, Blackwell Scientific Publications (Figure 5.2d). Figure 4.4a: redrawn from

McKinney, F.K., 1991, *Exercises in Invertebrate Paleontology*, Blackwell Scientific Publications (Figure 5.6); Figure 4.4b: redrawn from various sources. Figure 4.5: after McKinney, F.K., 1991, *Exercises in Invertebrate Paleontology*, Blackwell Scientific Publications (Figures 5.4, 5.6). Figure 4.6: redrawn and simplified from Prothero, D.R., 1998, *Bringing Fossils to Life*, W.C.B./McGraw-Hill USA (Figure 12.13). Figure 4.7: redrawn from *British Palaeozoic Fossils*, British Museum (Natural History) (Plate 3 (7)). Figure 4.8: simplified from Clarkson, E.N.K., 1998, *Invertebrate Palaeontology and Evolution*, Chapman and Hall, London (Figure 5.7f). Figure 4.9: based on various sources. *Favosites, Halysites*: redrawn from *British Palaeozoic Fossils*, British Museum (Natural History) (Plate 15(1,3)). *Palaeosmilia*: redrawn from *British Palaeozoic Fossils*, British Museum (Natural History) (Plate 44(6)). *Isastraea, Montlivaltia, Thecosmilia*: redrawn from *British Mesozoic Fossils*, British Museum (Natural History) (Plate 3(2,4,6)). *Lithostrotion, Dibunophyllum*: redrawn from *British Palaeozoic Fossils*, British Museum (Natural History) (Plate 43(1,2)).

Figure 5.1a, c: simplified and redrawn from Benton, M. and Harper, D., 1997, *Basic Palaeontology*, Addison Wesley Longman (Figure 6.34); Figure 5.1b: redrawn from McKinney, F.K., 1991, *Exercises in Invertebrate Paleontology*, Blackwell Scientific Publications (Figure 12.3). Figure 5.2: simplified from Clarkson, E.N.K., 1998, *Invertebrate Palaeontology and Evolution*, Chapman and Hall, London (Figure 6.7). *Fenestella*: redrawn from *British Palaeozoic Fossils*, British Museum (Natural History) (Plate 4(1)). *Stomatopora*: redrawn from Clarkson, E.N.K., 1998, *Invertebrate Palaeontology and Evolution*, Chapman and Hall, London (Figure 6.11d).

Figure 6.1a: redrawn and modified from Prothero, D.R., 1998, *Bringing Fossils to Life*, W.C.B./ McGraw-Hill, USA (Figure 13.2C, p. 228); Figure 6.1b : redrawn and modified from Clarkson, E.N.K., 1998, *Invertebrate Palaeontology and Evolution*, Chapman and Hall, London (Figure 7.1e, f, p. 159). Figure 6.2a: redrawn and modified from Clarkson, E.N.K., 1998, *Invertebrate Palaeontology and Evolution*, Chapman and Hall, London (Figure 7.1a, b, p. 159); Figure 6.2b: redrawn and modified from Clarkson, E.N.K., 1998, *Invertebrate Palaeontology and Evolution*, Chapman and Hall, London (Figure 7.5a, p. 165). Figure 6.3: based on Ziegler, A.M., Cocks, L.R.M. and Bambach, R.K., 1968, *Lethaia*, 1, 1–27. *Lingula*: redrawn from Black, R., 1979, *The Elements of Palaeontology*, Cambridge University Press (Figure 91a, p. 149). *Megellania*: redrawn from Clarkson, E.N.K., 1998, *Invertebrate Palaeontology and Evolution*, Chapman and Hall, London (Figure 7.1d, p. 159). *Gigantoproductus*: redrawn from *British Palaeozoic Fossils*, British Museum (Natural History) (Plate 47(6)). *Pentamerus*: redrawn from *British Palaeozoic Fossils*, British Museum (Natural History) (Plate 17(10)). *Spirifer*: redrawn from Black, R., 1979, *The Elements of Palaeontology*, Cambridge University Press (Figure 93a, d, p. 152). *Prorichthofenia*: redrawn from Black, R., 1979, *The Elements of Palaeontology*, Cambridge University Press (Figure 92j, p. 151). *Tetrarynchia*: redrawn from Black, R., 1979, *The Elements of Palaeontology*, Cambridge University Press (Figure 94a, b, p. 155). *Colaptomena*: redrawn from McKinney, F.K., 1991, *Exercises in Invertebrate Palaeontology*, Blackwell Scientific Publications (Figure 11.7, p. 160).

Figure 7.1: courtesy of H. Hess; Hess, H., Ausich, W.I., Brett, C.E. and Simms, M.J., 1999, *Fossil Crinoids*, Cambridge University Press (Figure 90, p. 78). Figure 7.2: redrawn and modified from Clarkson, E.N.K., 1998, *Invertebrate Palaeontology and Evolution*, Chapman and Hall, London (Figure 9.34b, p. 265). Figure 7.3: redrawn and modified from Moore, J., 2001, *Introduction to the Invertebrates*, Cambridge University Press (Figure 17.4ei, p. 271). Figure 7.4: redrawn from McKinney, F.K., 1991, *Exercises in Invertebrate Palaeontology*, Blackwell Scientific Publications (Figure 13.1, p. 186). Figure 7.5: based on McKinney, F.K., 1991, *Exercises in Invertebrate Palaeontology*, Blackwell Scientific Publications (Figure 13.6, p. 192). Figure 7.6: redrawn and modified from Moore, J., 2001, *Introduction to the Invertebrates*, Cambridge University Press (Figure 17.4eii, p. 271). Figure 7.7: based on various sources. All echinoderms redrawn from *British Palaeozoic Fossils*, British Museum (Natural History) (Plates 59(8,9); 60(3)); *British Mesozoic Fossils*, British Museum (Natural History) (Plates 42 (1,2), 44(1), 45(2), 69(1), 70(3)).

Figure 8.1: based on various sources. Figure 8.3: based on various sources. *Paradoxides, Trinucleus, Agnostus, Dalmanites, Calymene, Cyclopyge, Phillipsia, Deiphon*: redrawn from *British Palaeozoic Fossils*, British Museum (Natural History).

Figure 9.1: redrawn and modified from Moore, J., 2001, *Introduction to the Invertebrates*, Cambridge University Press (Figure 10.1a, p. 132). Figure 9.2: based on various sources. Figure 9.3a, b: redrawn and modified from Prothero, D.R., 1998, *Bringing Fossils to Life*, W.C.B./McGraw-Hill, USA (Figure

15.11F, G, p. 288); Figure 9.3c: redrawn and modified from Moore, J., 2001, *Introduction to the Invertebrates*, Cambridge University Press (Figure 11.1d, p. 153). Figure 9.4: based on various sources. Figure 9.5: based on Clarkson, E.N.K., 1998, *Invertebrate Palaeontology and Evolution*, Chapman and Hall, London (Figure 8.11, p. 211). Figures 9.6, 9.7: redrawn and modified from Stanley, S.M., 1968, *Journal of Paleontology*, 42, 214–29 (Figures 6 and 4, respectively). Figure 9.10: redrawn and modified from Boss, K.J., 1982, in Parker, S.P. (ed.) *Synopsis and Classification of Living Organisms*, McGraw-Hill, New York (p. 968). Figure 9.8: redrawn and modified from Moore, J., 2001, *Introduction to the Invertebrates*, Cambridge University Press (Figure 11.4a, p. 160). Figure 9.9: redrawn from Doyle, P., 1996, *Understanding Fossils*, Wiley and Sons, UK (Figure 9.12, p. 172). Figure 9.10: redrawn and modified from Boss, K.J., 1982, in Parker, S.P. (ed.) *Synopsis and Classification of Living Organisms*, McGraw-Hill, New York (p. 1088). Figure 9.11: redrawn and modified from Clarkson, E.N.K., 1998, *Invertebrate Palaeontology and Evolution*, Chapman and Hall, London (Figure 8.21a, p. 231). Figure 9.12: redrawn and modified from Clarkson, E.N.K., 1998, *Invertebrate Palaeontology and Evolution*, Chapman and Hall, London (Figure 8.24c, p. 239). Figure 9.14: redrawn from Callomon, J.H., 1963, *Transactions of the Leicester Literary and Philosophical Society*, 57, 21–6. Figure 9.15: redrawn from Clarkson, E.N.K., 1998, *Invertebrate Palaeontology and Evolution*, Chapman and Hall, London (Figure 8.30, p. 29); *Treatise on Invertebrate Paleontology*, part L, Geol. Soc. Amer. and Univ. Kansas Press. Figure 9.16: redrawn and modified from Benton, M. and Harper, D. 1997, *Basic Palaeontology*, Addison Wesley Longman (Figure 8.31a, p. 188). Figure 9.17: redrawn and modified from Prothero, D. R., 1998, *Bringing Fossils to Life*, W.C.B./McGraw-Hill, USA (Figure 15.27, p. 304); Batt, R.J., 1989, *Palaios*, 4, 32–42. Figure 9.18: redrawn and modified from Brusca, R.C. and Brusca, G.J., 1990, *Invertebrates*, Sinauer Associates, USA (Figure 13G, p. 712). Figure 9.19: redrawn from Clarkson, E.N.K., 1998, *Invertebrate Palaeontology and Evolution*, Chapman and Hall, London (Figure 8.32a–c, p. 253). *Mya: British Caenozoic Fossils*, British Museum (Natural History) (Plate 38(11)). *Ensis*: redrawn from Clarkson, E.N.K., 1998, *Invertebrate Palaeontology and Evolution*, Chapman and Hall, London (Figure 8.11m, p. 211). *Teredo*: redrawn and modified from Black, R.M., 1970, *The Elements of Palaeontology*, Cambridge University Press (Figure 21b, p. 44). *Radiolites*: redrawn from Clarkson, E.N.K., 1998, *Invertebrate Palaeontology and Evolution*, Chapman and Hall, London (Figure 8.13j). *Turritella, Planorbis, Hygromia: British Caenozoic Fossils*, British Museum (Natural History) (Plates 39(5), 41(15), 42(2)). *Patella*: redrawn and modified from Black, R.M., 1970, *The Elements of Palaeontology*, Cambridge University Press (Figure 35a, p. 64). *Ammonites*: redrawn from *British Mesozoic Fossils*, British Museum (Natural History) (Plates 30(2), 32(1,2), 37(4), 66(2)) and *British Palaeozoic Fossils*, British Museum (Natural History) (Plate 58(6)). *Neohibolites: British Mesozoic Fossils*, British Museum (Natural History) (Plate 67(4)).

Figure 10.1: based on various sources.

Figures 11.1, 11.2, 11.5, 11.7, 11.9, 11.10: original diagrams, with cartoons of skeletons redrawn from a variety of sources, most commonly from Benton, M., 1997, *Vertebrate Palaeontology*, Chapman and Hall. Figure 11.3: simplified from Benton, M., 1997, *Vertebrate Palaeontology*, Chapman and Hall (Figure 9.6d). Figure 11.4: redrawn from Benton, M. and Harper, D., 1997, *Basic Palaeontology*, Addison Wesley Longman. Figures in Table 11.1: redrawn from Black, R., 1979, *The Elements of Palaeontology*, Cambridge University Press (Figure 188). Figure 11.11: redrawn from Prothero, D.R., 1998, *Bringing Fossils to Life*, W.C.B./McGraw-Hill USA (Figure 17.46).

Figure 12.1: redrawn and modified from Benton, M. and Harper, D., 1997, *Basic Palaeontology*, Addison Wesley Longman (Figure 10.8, p. 232). Figure 12.3: redrawn from Andrews, H.N.Jr., 1960, *Palaeobotanist*, 7, 85–9. Figure 12.4: courtesy of Edwards, D., 1970, *Palaeontology*, 13, 150–5. Figure 12.5: redrawn from Edwards, D.S., 1980, *Reviews of Paleobotany and Palynology*, 29, 177–88. Figure 12.6: redrawn from Andrews, H.N. and Kasper, A.E., 1970, *Maine State Geological Survey Bulletin*, 23, 3–16 (Figure 6). Figure 12.7: redrawn and modified from Eggert, D.A., 1974, *American Journal of Botany*, 61, 405–13. Figure 12.8: based on various sources. Figure 12.9a: redrawn and modified from Bold, H.C., Alexopoulos, C.J. and Delevoryas, T., 1987, *Morphology of Plants and Fungi*, Harper International Edition (Figure 25-16, p. 613). Figure 12.9b: redrawn from Stewart, W.N. and Delevoryas, T., 1956, *Botanical Review*, 22, 45–80 (Figure 9). Figure 12.10: redrawn from Andrews, H.N., 1961, *Studies in Paleobotany*, Wiley & Sons, New York (Figure 11-1). Figure 12.11: redrawn from Delevoryas, T., 1971, *Proceedings of the North American Paleontological Convention*, 1, 1660–74. Figure 12.12: redrawn and modified from Bold, H.C., Alexopoulos, C.J. and Delevoryas, T., 1987, *Morphology of*

Plants and Fungi, Harper International Edition (Figure 24–2, p. 584). Figure 12.13: redrawn from Crane, P.R. and Lidgard, S., 1989, *Science*, 246, 675–8. Figure 12.14: courtesy of Sun, G., Ji, Q., Dilcher, D.L., Zheng, S., Nixon, K.C. and Wang, X., 2002, *Science*, 296, 899–904 (Figure 3). All fossil plants from *British Palaeozoic Fossils*, British Museum (Natural History) (Plates 38(1,2,3,5), 39(2,4,5), 40 (3)).

Figure 13.1a, b: redrawn from Lipps, J.H., 1993, *Fossil Prokaryotes and Protists*, Blackwell Scientific Publications (Figure 6.2G and 6.2I, respectively, p. 79); Figure 13.1c: redrawn from Wall, D., 1962, *Geological Magazine*, 99, 353–62. Figure 13.2: redrawn and modified from Brasier, M.D., 1980, *Microfossils*, Chapman and Hall, London (Figure 4.2d, p. 23); Wall, D. and Dale, B., 1968, *Micropalaeontology*, 14, 265–304. Figure 13.3a: redrawn from Lipps, J.H., 1993, *Fossil Prokaryotes and Protists*, Blackwell Scientific Publications (Figure 11.3B, p. 171). Figure 13.5: based on various sources. Figure 13.6: modified and redrawn from various sources. Figure 13.7: redrawn from Brasier, M.D., 1980, *Microfossils*, Chapman and Hall, London (Figure 13.1a, p. 90). Figure 13.8: based on various sources. Figure 13.9: redrawn from Brasier, M.D., 1980, *Microfossils*, Chapman and Hall, London (Figure 14.1a). Figure 13.10: based on various sources. Figure 13.11: redrawn from Brasier, M.D., 1980, *Microfossils*, Chapman and Hall, London (Figure 14.10b, p. 134). Figure 13.12: based on various sources. Figure 13.13a–c: based on Brasier, M.D., 1980, *Microfossils*, Chapman and Hall, London (Figure 16.5–7, pp. 157–8); Figure 13.13d: redrawn from McKinney, F.K., 1991, *Exercises in Invertebrate Palaeontology*, Blackwell Scientific Publications (Figure 16.2a, p. 242); Boardman, R.S., Cheetham, A.H. and Rowell, A.J. (eds), 1987, *Fossil Invertebrates*, Blackwell Scientific Publications. Figure 13.14: redrawn and modified from Briggs, D.E.G., Clarkson, E.N.K. and Smith, M.P., 1983, *Lethaia*, 16, 1–14 (Figure 2). Figure 13.15: redrawn from Goudie, A., 1982, *Environmental Change*, Oxford University Press (Figure 2.7A, p. 51). *Hystrichosphaeridium*: redrawn from Brasier, M.D., 1980, *Microfossils*, Chapman and Hall, London (Figure 4.3g, p. 26); Tschudy, R.H. and Scott, R.A. (eds), 1969, *Aspects of Palynology*, Wiley-Interscience, New York. *Coscinodiscus*: redrawn from Lipps, J.H., 1993, *Fossil Prokaryotes and Protists*, Blackwell Scientific Publications (Figure 10.5B, p. 159). *Bathropyramis*: redrawn from Brasier, M.D., 1980, *Microfossils*, Chapman and Hall, London (Figure 12.7c, p. 87). *Globigerina and Bolivina*: redrawn from Prothero, D.R., 1998, *Bringing Fossils to Life*, W.C.B./McGraw-Hill USA (Figure 11.7, p. 194). *Beyrichia*: redrawn from Brasier, M.D., 1980, *Microfossils*, Chapman and Hall, London (Figure 14.10c, p. 134). *Cypridina*: redrawn from McKinney, F.K., 1991, *Exercises in Invertebrate Palaeontology*, Blackwell Scientific Publications (Figure 6.7, p. 87). *Cypris*: redrawn from Brasier, M.D., 1980, *Microfossils*, Chapman and Hall, London (Figure 14.7, p. 129). *Bythocertina*: redrawn from Brasier, M.D., 1980, *Microfossils*, Chapman and Hall, London (Figure 14.18c, p. 141).

Figure 14.1: based on Frey, R.W., Pemberton, S.G. and Saunders, T.D.A., 1984, *Bulletin of Canadian Petroleum Geology*, 33, 72–115 (Figure 7). Figure 14.2: based on Frey, R.W., Pemberton, S.G. and Saunders, T.D.A., 1990, *Journal of Paleontology*, 64(1), 155–8 (Figure 1); Brenchley, P.R. and Harper, D.A.T., 1998, *Palaeoecology: Ecosystems, Environments and Evolution*, Chapman and Hall (Figure 5.6, p. 155).

Figure 15.1b: redrawn and simplified from Benton, M. and Harper, D., 1997, *Basic Palaeontology*, Addison Wesley Longman (Figure 4.4). Figure 15.4: redrawn and modified from Benton, M. and Harper, D., 1997, *Basic Palaeontology*, Addison Wesley Longman (Figure 4.7). Figure 15.5: based on various sources.

索 引
Index

▼ア行

アウストラロピテクス・アファレンシス　89
赤潮　106
アカントステガ　82
アグノストゥス　50,51,53
アクリターク類　104
アスコン級　16
アステリアキテス　118,119
アステロケラス・オプトゥスム　11
アストロフィック型　34
アニソグラプトゥス類動物相　75
アピオクリニテス　46
アマルテウス　70
アムピクス　51
アムフォラクリヌス　46
アルカエオキダリス　47
アルカエオプテリス　94
アルカエフルトゥス　101
アルキメデス類　30
アレニコリテス　119
安定同位元素　25
安定同位体分析　110
アンヌラリア　102
アンモナイト類　56

イアペトス海　76
維管束系　97
維管束種子植物　95
イクチオステガ　82,83
イサストラエア　26
イシサンゴ類　24
異所的種形成　13
イスア表成岩　122
イソグラプトゥス　75
イチョウ類　95
移動痕　118
隕石衝突　91

ヴァルグラ　111
ウェストロチアナ　84
ヴェンド生物群　125
ウェンロック石灰岩　25
羽枝　40

渦鞭毛藻類　104
ウニ類　40
ウミウシ類　57
ウミユリ類　40

エオコエリア　36
エディアカラ動物相　121,125
エフェドラ　101
エミリアナ　116
エルフィディウム　115
エンシス　68
円錐形（放散虫の殻の）　108
円石藻類　106
エントビア　119

オウムガイ類　56
　——の形態　63
オキナエビス類　57
オザルコディナ　113
オピペウテル　51
オフィオモルファ　119
オレヌス　51

▼カ行

外群　11
介形虫類　104
海成生痕相　119
海綿動物　15
カウロストレプシス　119
化学化石　2
殻孔　34
隔壁の逐次的発展　23
火山噴火　91
ガストリオセラス　70
化石　1
化石ラーガーシュテッテン　8
花粉　97,104
花粉学　114
下面レリーフ　117
殻の形状の用語　65
カラミテス　99,102
カリストフィトン　100
カリメネ　50,51,54
管口類　30
顔線　50

完全レリーフ　117
岩相層序　3
管足　40
間歩帯　44

ギガントプロダクタス　37
キクロピゲ　54
キクロメドゥサ　125
気孔　97
気候の指標　25
キプリス　112,116
キプリデイス　112
キプリディナ　112,116
キベロイデス　51
キャニング盆地　23
球形（放散虫の殻の）　108
休息痕　118
狭口類　28
共生藻類　17
共有形質　11
共有派生形質　11
棘魚類　80
棘皮動物　39
居住痕　118
キルトグラプトゥス　75,78

クェルクス　116
クチクラ　97
クックソニア　94,97
グネツム類　95
クモヒトデ類　40
クラニア類　32,35,36
グラントン・シュリンプ層　113
グリパニア　121
グリプトグラプトゥス型　73
クリペウス　47
クリマコグラプトゥス　75,78
クリマコグラプトゥス型　73
クルジアナ　118
グレートバリアーリーフ　24
クロッソポディア　119
クロノグラプトゥス　75
グロビゲリナ　115
クロリンダ　36
群体サンゴ類　22

珪質海綿類　17
珪藻土　107
珪藻軟泥　107
珪藻類　104
系統漸進説　13
ゲノム　12
ケファロディスクス　74
原核生物　122
顕花植物　95
原始腹足類　57
減数分裂　96
顕生代　127
原裸子植物　94

古環境　5
コキプロダクタス　35
コケムシ類　28
苔類　94
後鰓類　57
コスキノディスクス　115
コストリックランディア　36
コスモセラス　71
コスモラフェ　119
古生態学　4
古生代前期の礁　23
固着器官　16
コッコスフェア　106
コッコリス　106
コッコリソフォア類　104
コドノフィルム　25
コノステゲス　35
コノドント　80, 104, 113
古杯動物　15
コラプトメナ　38
コラムナル　42
コルダイテス　99
ゴールデンスパイク　3
コンドリテス　118
コンフサストラエア　24

▼サ行

サイコン級　16
サウドニア　94, 98
サエトグラプトゥス　75
サッココマ　9
鞘形類　56
左右相称動物　124
サンゴ類　19
三葉虫類　48

シアノバクテリア　5
シカデオイデア　95, 101
シギラリア　99, 103
軸葉　50
シスト　105

自然選択　12
自然分類　10
示帯化石　3
シダ種子類　95
シダ類　95
櫛口類　30
シフォニア　18
四放サンゴ類　22
刺胞動物　19
姉妹群　11
獣脚類　90
集中ラーガーシュテッテン　8
周辺成長　21
収斂　57
種形成　4
種子　97
主竜類　90
準レリーフ　117
上唇　50
小進化　13
床板サンゴ類　21
食住痕　118
触手冠　29
植物（微化石）　114
人為分類　10, 94
真核生物　122
唇口類　30
真骨魚類　81
新腹足目類　57
針葉樹　95

水管系　39
スカフィテス　71
スコットグナトス・ティピクス　113
スコリトス　118, 119
スタウログラプトゥス　75
スティグマリア　99, 102
ステレオム構造　41
ストマトポラ　31
ストロフィック型　34
スピリファー　38
スピログラプトゥス　75
スピロラフェ　118, 119
スフェノフィルム　102
スフェノプテリス　103
スプメラリア　108
スプリッギナ　125
スポロゴニテス　97

正形ウニ類　44
生痕化石　2, 117
生痕種　117
生痕属　117
生層序　4
生層序帯　4

脊椎動物　79
世代交代　19
石灰海綿類　15
摂食移動痕　118
切椎類　82
絶滅　4
セプコスキーの曲線　130
セリオイド　26
セレノペルティス　50
先カンブリア時代　121
前鰓類　57
先左右相称動物　124
蘚類　94

双弓類　90
層孔虫類　15
相称　39
層序学　3
続成作用　6
ゾステロフィルム類　94, 98
ソテツ類　95
ゾーフィコス　119, 120
ゾルンホーフェン石版石石灰岩　9

▼タ行

体化石　2
大進化　14
大量絶滅　4, 127, 133
ダクティリオセラス　70
多孔板　40
タコノマクラ類　40
タフォノミー　6
タフレルミントプシス　119
多毛類　118
タラッシノイデス　118, 119
ダルマニテス　53
単弓類　90
炭酸塩補償深度　108
断続平衡　13
単体サンゴ類　22
炭竜類　82

地層累重　3
中央成長　21
中腹足類　57
鳥頭体　28
鳥盤類　90
チョーク　106

ツノゴケ類　94

ディクティオドラ　118
ディクティオネマ　77
ディクラノグラプトゥス　75, 77
ディクラノグラプトゥス型　73

ディケログラプトゥス　75
ディコグラプトゥス類動物相　75
定在摂食痕　118
底生有孔虫類　109
停滞堆積物　8
ディッキンソニア　125
ディディモグラプトゥス　75,77
デイフォン　54
ディプノフィルム　27
ディプリクニテス　118
ディプロクラテリオン　118,119
ディプログラプトゥス　75
ディプログラプトゥス類動物相　75
ディメトロドン　86
ティラノサウルス・レックス　91
適応放散　4,14
テコスミリア　27
テチス海　88
テトラグラプトゥス　77
テトラリンキア　38
テレド　68

頭鞍　50
同所的種形成　13
頭足類　56
逃避痕　118
トゥリテラ　69
ドゥンクレオステウス　81
トクサ類　95
トリナクソドン　86
トリヌクレウス　50,53
トリパニテス　119
トリブラキディウム　125
トレプチクヌス・ペドゥム　120

▼ナ行

内骨格　39
ナッセフリア　108
ナノプランクトン　106
ナノリス　106
ナマコ類　40
軟体動物　55

肉鰭類　80,81
ニナ類　57
二枚貝類　56,118
　　——の形態　58
　　——の歯列の型　59

根　97
ネアンデルタール人　88
ネオヒボリテス　71
ネレイテス　118
年代層序　3

農耕痕　118
囊子　105
ノルマログラプトゥス　75

▼ハ行

葉　97
配偶体段階　96
背景絶滅　127
バイ類　57
爬型類　82
バージェス頁岩　9
バスロピラミス　115
パテラ　70
パラエオスミリア　26
パラドキシデス　53
パラドクソストマ　112
パラントロプス・ボイセイ　89
ハリシテス　21,26
バルト海琥珀　9
パレイアサウルス類　85
パレオディクティオン　118,119,
　　120
ハロポラ類　30
パンゲア　130
板皮類　80

非維管束植物　94
ピカイア　79
ヒカゲノカズラ類　94
微化石　104
ピクノクリヌス　42
ヒグロミア　69
被子植物　95,101
ヒストリコスファエリディウム
　　115
ビター・スプリングス・チャート
　　97
ビトケラチナ　112,116
ヒトデ類　40
ピヌス・スクニフェラ　9
表在性　40
表在レリーフ　117
ヒルドセラス　71
ヒロノムス　83,84

ファヴォシテス　21,26
フィコシフォン　118
フィコデス　119
フィリプシア　54
フィログラプトゥス　75
フェネステラ　31
フォリデルペトン　82
腹足類　56
　　——の形態　57
不正形ウニ類　44

普通海綿類　15
ブッキナム　69
筆石類　72
浮遊性有孔虫類　110
プラノルビス　69
プリキクロピゲ　51
プロエトゥス　51
プロコロフォン類　85
プロトギリヌス　82
プロリヒトホーフェニア　38
フロンド　99
分岐図　11
分岐論　11
分子時計　12
糞石　2

平衡痕　118
ベイリキア　116
ベネティテス類　95
ヘミキダリス　47
ヘミントイダ　119
ヘリオリテス　21
ベルガミア　51
ヘルツィナ　113
ベレムナイト類　67
ペンタクリニテス　46
ペンタメルス類　33,37

放散虫類　104
胞子　97,104
胞子体段階　96
保守痕　118
保存トラップ　8
保存ラーガーシュテッテン　8
歩帯　44
哺乳類型爬虫類　90
ボヘモグラプトゥス　78
ホモ・エレクトゥス　89
ホモ・サピエンス・サピエンス　89
ホモ・サピエンス・ネアンデルター
　　レンシス　89
ホモ・ハビリス　89
ボリヴィナ　115
ポリグナトス　113
ポリプ　19
　　——の断面図　20
ホルネオフィトン　98

▼マ行

マイア　68
埋在性　40
埋積堆積物　8
マイマイ類　57
マキガイ類　57
マクロコンク　65

マグラニア 37
マリオプテリス 103
マルスピテス 46

ミクラスタ 47
ミクロコンク 65
ミレレッタ類 85

無顎類 80
無性生殖 19

メドゥロサ 100

木質素 97
模式断面 3
モノグラプトゥス 75
モノグラプトゥス型 73
モノグラプトゥス類動物相 75
モントリヴァルチア 27

▼ヤ行

有顎類 80
有孔虫類 104

遊在類 41
有性生殖 19
有肺類 57
有柄類 41
有羊膜類 84

羊膜卵 84
羊膜類 84
翼竜類 90

▼ラ行

ライニー・チャート 98
裸口類 28
裸子植物 95, 100
ラストリテス 78
ラディオリテス 68
螺板類 41
ラフィドネマ 18, 75
ラフィネスクイナ 35
ラブドプレウラ 74

陸生植物 93
リグニン 97

リゾコラリウム 119
リトストロチオン 27
リニア 98
リピドスティア類 82
竜脚類 90
リューコン級 16
リンギュラ類 32, 37
リンコネラ類 32, 36

累層 3
ルソフィクス 118

レチオリテス 75
レピドデンドロン 99, 103

六放海綿類 15
肋葉 50
ロディニア 130
ロレンジニア 119

▼ワ行

腕足動物 32

監訳者

小 畠 郁 生
おばた いくお

1929 年　福岡県に生まれる
1956 年　九州大学大学院（理学研究科）博士課程中退
　　　　国立科学博物館地学研究部長
　　　　大阪学院大学国際学部教授を経て
現　在　国立科学博物館名誉館員・理学博士

訳　者

舟 木 嘉 浩
ふなき よしひろ

舟 木 秋 子
ふなき しゅうこ

ひとめでわかる化石のみかた　　　　　　定価はカバーに表示

2005 年 4 月 10 日　　初版第 1 刷
2007 年 7 月 30 日　　　　第 2 刷

監訳者　小　畠　郁　生
訳　者　舟　木　嘉　浩
　　　　舟　木　秋　子
発行者　朝　倉　邦　造
発行所　株式会社　朝　倉　書　店
　　　　東京都新宿区新小川町 6-29
　　　　郵便番号　　162-8707
　　　　電　話　03（3260）0141
　　　　Ｆ Ａ Ｘ　03（3260）0180
　　　　http://www.asakura.co.jp

〈検印省略〉

© 2005〈無断複写・転載を禁ず〉　　　　壮光舎印刷・渡辺製本

ISBN 978-4-254-16251-6　C 3044　　　　Printed in Japan

小畠郁生編
化石鑑定のガイド〈新装版〉
16247-9 C3044　　B 5 判 216頁 本体4800円

特に古生物学や地質学の深い知識がなくても，自分で見つけ出した化石の鑑定ができるよう，わかりやすく解説した化石マニア待望の書。〔内容〕I.野外ですること，II.室内での整理のしかた，III.化石鑑定のこつ。初版1979年

D.E.G.ブリッグス他著　大野照文監訳
鈴木寿志・瀬戸口美恵子・山口啓子訳
バージェス頁岩化石図譜
16245-5 C3044　　A 5 判 248頁 本体5400円

カンブリア紀の生物大爆発を示す多種多様な化石のうち主要な約85の写真に復元図をつけて簡潔に解説した好評の"The Fossils of the Burgess Shale"の翻訳。わかりやすい入門書として，また化石の写真集としても楽しめる。研究史付

日本古生物学会編
化 石 の 科 学〈普及版〉
16230-1 C3044　　B 5 判 136頁 本体5800円

本書は日本古生物学会創立50周年の記念事業の一つとして，古生物の一般的な普及を目的に編集された。数多くの興味ある化石のカラー写真を中心に，わかりやすい解説を付す。〔内容〕化石とは／古生物の研究／化石の応用

横国大 間嶋隆一・前静岡大 池谷仙之著
古 生 物 学 入 門
16236-3 C3044　　A 5 判 192頁 本体3900円

古生物学の概説ではなく全編にわたって「化石をいかに科学するか」を追求した実際的な入門書。〔内容〕古生物学とは／目的／関連科学／未来／化石とは／定義／概念／身近かな化石の研究／貝化石の産状の研究／微化石の研究／論文の書き方

前千葉大 西田　孝・千葉大 宮路茂樹・千葉大 山口寿之・
東大 大澤雅彦・前千葉大 栗田子郎著
自 然 史 概 説
10187-4 C3040　　A 5 判 184頁 本体2900円

自然界のすべての諸現象を対象に時間軸を中心として，総合的に把握しようとするのが自然史である。その中から，宇宙の歴史，地球の歴史，化石（古生物）の自然史，植生の自然誌，霊長類の歴史について，わかりやすくていねいに解説した

町田　洋・大場忠道・小野　昭・
山崎晴雄・河村善也・百原　新編著
第 四 紀 学
16036-9 C3044　　B 5 判 336頁 本体7500円

現在の地球環境は地球史の現代（第四紀）の変遷史研究を通じて解明されるとの考えで編まれた大学の学部・大学院レベルの教科書。〔内容〕基礎的概念／第四紀地史の枠組み／地殻の変動／気候変化／地表環境の変遷／生物の変遷／人類史／展望

◆ 古生物の科学〈全5巻〉 ◆
古生物学の視野を広げ，レベルアップを成し遂げる

前東大 速水　格・前東北大 森　啓編
古生物の科学1
古 生 物 の 総 説・分 類
16641-5 C3344　　B 5 判 264頁 本体12000円

科学的理論・技術の発展に伴い変貌し，多様化した古生物学を平易に解説。〔内容〕古生物学の研究・略史／分類学の原理・方法／モネラ界／原生生物界／海綿動物門／古杯動物門／刺胞動物門／腕足動物門／軟体動物門／節足動物門／他

東大 棚部　成・前東北大 森　啓編
古生物の科学2
古 生 物 の 形 態 と 解 析
16642-2 C3344　　B 5 判 232頁 本体12000円

化石の形態の計測とその解析から，生物の進化や形態形成等を読み解く方法を紹介。〔内容〕相同性とは何か／形態進化の発生的側面／形態測定学／成長の規則と形の形成／構成形態学／理論形態学／バイオメカニクス／時間を担う形態

前静岡大 池谷仙之・東大 棚部一成編
古生物の科学3
古 生 物 の 生 活 史
16643-9 C3344　　B 5 判 292頁 本体13000円

古生物の多種多様な生活史を，最新の研究例から具体的に解説。〔内容〕生殖（性比・性差）／繁殖と発生／成長（絶対成長・相対成長・個体発生・生活環）／機能形態／生活様式（二枚貝・底生生物・恐竜・脊椎動物）／個体群の構造と動態／生物地理他

前京大 瀬戸口烈司・名大 小澤智生・前東大 速水　格編
古生物の科学4
古 生 物 の 進 化
16644-6 C3344　　B 5 判 272頁 本体12000円

生命の進化を古生物学の立場から追求する最新のアプローチを紹介する。〔内容〕進化の規模と様式／種分化／種間関係／異時性／分子進化／生体高分子／貝殻内部構造とその系統・進化／絶滅／進化の時間から「いま・ここ」の数理的構造へ／他

前京大 鎮西清高・国立科学博 植村和彦編
古生物の科学5
地 球 環 境 と 生 命 史
16645-3 C3344　　B 5 判 264頁 本体12000円

地球史・生命史解明における様々な内容をその方法と最新の研究と共に紹介。〔内容〕〈古生物学と地球環境〉化石の生成／古環境の復元／生層序／放散虫と古海洋学／海洋生物地理学／同位体〈生命の歴史〉起源／動物／植物／生物事変／群集／他

D.パーマー著　小畠郁生監訳　加藤 珪訳 **化　石　革　命** —世界を変えた発見の物語— 16250-9 C3044　　A5判 232頁 本体3600円	化石の発見・研究が自然観や生命観に与えた「革命」的な影響を8つのテーマに沿って記述。〔内容〕初期の発見／絶滅した怪物／アダム以前の人間／地質学の成立／鳥から恐竜へ／地球と生命の誕生／バージェス頁岩と哺乳類／DNAの復元
R.M.ウッド著　法大谷本　勉訳 科学史ライブラリー **地　球　の　科　学　史** —地質学と地球科学の戦い— 10574-2 C3340　　A5判 288頁 本体4800円	大陸移動説とプレートテクトニクスを中心に，地球に関するアイデアの変遷史を，生き生きと描く〔内容〕新石器時代／巨大なリンゴ／大陸移動説論争／破綻／可動説vs静止説／海洋の征服／プレートテクトニクス／地球の年齢／地質学の没落／他
P.J.ボウラー著 三重大 小川眞里子・中部大 財部香枝他訳 科学史ライブラリー **環 境 科 学 の 歴 史 Ⅰ** 10575-9 C3340　　A5判 256頁 本体4800円	地理学・地質学から生態学・進化論にいたるまで自然的・生物的環境を扱う科学をすべて網羅する総合的・包括的な「環境科学」の初の本格的通史。〔内容〕認識の問題／古代と中世の時代／ルネサンスと革命／地球の理論／自然と啓蒙／英雄時代他
P.J.ボウラー著 三重大 小川眞里子・阪大 森脇靖子他訳 科学史ライブラリー **環 境 科 学 の 歴 史 Ⅱ** 10576-6 C3340　　A5判 256頁 本体4800円	Ⅱ巻ではダーウィンによる進化論革命，生態学の誕生と発展，プレートテクトニクスによる地球科学革命，さらに現代の環境危機・環境主義まで幅広く解説。〔内容〕進化の時代／地球科学／ダーウィニズムの勝利／生態学と環境主義／文献解題他
K.A.フリックヒンガー著　小畠郁生監訳 舟木嘉浩・舟木秋子訳 **ゾルンホーフェン化石図譜Ⅰ** 16255-4 C3644　　B5判 224頁 本体14000円	ドイツの有名な化石産地ゾルンホーフェン産出の化石カラー写真集。Ⅰ巻ではジュラ紀後期の植物と無脊椎動物化石など約600点を掲載。〔内容〕概説／海綿／腔腸動物／腕足動物／軟体動物／蠕虫類／甲殻類／昆虫／棘皮動物／半索動物
K.A.フリックヒンガー著　小畠郁生監訳 舟木嘉浩・舟木秋子訳 **ゾルンホーフェン化石図譜Ⅱ** 16256-1 C3644　　B5判 196頁 本体12000円	ドイツの有名な化石産地ゾルンホーフェン産出のカラー化石写真集。Ⅱ巻では記念すべき「始祖鳥」をはじめとする脊椎動物化石など約370点を掲載。〔内容〕魚類／爬虫類／鳥類／生痕化石／プロブレマティカ／ゾルンホーフェンの地質
日本古生物学会編 **古　生　物　学　事　典** 16232-5 C3544　　A5判 496頁 本体18000円	古生物学に関する重要な用語を，地質，岩石，脊椎動物，無脊椎動物，中古生代植物，新生代植物，人物などにわたって取り上げて解説した五十音順の事典（項目数約500）。巻頭には日本の代表的な化石図版を収録し，化石図鑑として用いることができ，巻末には系統図，五界説による生物分類表，地質時代区分，海陸分布変遷図，化石の採集法・処理法などの付録，日本語・外国語・分類群名の索引を掲載して，研究者，教育者，学生，同好者にわかりやすく利用しやすい編集を心がけている
R.スチール・A.P.ハーベイ編 小畠郁生監訳 **古 生 物 百 科 事 典**（普及版） 16248-6 C3544　　B5判 264頁 本体9500円	大英博物館などに所属する23名の第一線研究者により執筆された古生物関連の項目を五十音順に配列して大項目主義によって解説。地球の成り立ちや古生物の進化・生態を，豊富な図版を挿入しながら専門研究者にも利用できる高いレベルを保ちつつ，初心者にも理解できるように解説。化石などに関心をもつ多くの人々が楽しみながら興味深く読めるように配慮された百科事典。項目には生物名のほか主要な人名・地名・博物館名等を含め，索引を付した。初版1982年
J.O.ファーロウ・M.K.ブレット-サーマン編 小畠郁生監訳 **恐 竜 大 百 科 事 典** 16238-7 C3544　　B5判 648頁 本体24000円	恐竜は，あらゆる時代のあらゆる動物の中で最も人気の高い動物となっている。本書は「一般の読者が読むことのできる，一巻本で最も権威のある恐竜学の本をつくること」を目的として，専門の恐竜研究者47名の手によって執筆された。最先端の恐竜研究の紹介から，テレビや映画などで描かれる恐竜に至るまで，恐竜に関するあらゆるテーマを，多数の図版をまじえて網羅した百科事典。〔内容〕恐竜の発見／恐竜の研究／恐竜の分類／恐竜の生態／恐竜の進化／恐竜とマスメディア

上記価格（税別）は 2007 年 6 月現在

生命と地球の進化アトラス

I 地球の起源からシルル紀
A4変型判148ページ
ISBN978-4-254-16242-4 C3044

1 はじめに──地球史の始まり
地球の起源と特質
- 化石のでき方　●化学循環

生命の起源と特質
- 五つの界

始生代(45億5000万年前－25億年前)
- 藻類の進化

原生代(25億年前－5億4500万年前)
- 初期無脊椎動物の進化

2 古生代前期──生命の爆発的進化
カンブリア紀(5億4500万年前－4億9000万年前)
- 節足動物の進化

オルドビス紀(4億9000万年前－4億4300万年前)
- 三葉虫類の進化

シルル紀(4億4300万年前－4億1700万年前)
- 脊索動物の進化

II デボン紀から白亜紀
A4変型判148ページ
ISBN978-4-254-16243-1 C3044

3 古生代後期──生命の上陸
デボン紀(4億1700万年前－3億5400万年前)
- 魚類の進化

石炭紀前期(3億5400万年前－3億2400万年前)
- 両生類の進化

石炭紀後期(3億2400万年前－2億9500万年前)
- 昆虫類の進化

ペルム紀(2億9500万年前－2億4800万年前)
- 哺乳類型爬虫類の進化

4 中生代──爬虫類が地球を支配
三畳紀(2億4800万年前－2億500万年前)
- 爬虫類の進化

ジュラ紀(2億500万年前－1億4400万年前)
- アンモナイト類の進化　●恐竜類の進化

白亜紀(1億4400万年前－6500万年前)
- 顕花植物の進化　●鳥類の進化

III 第三紀から現代
A4変型判148ページ
ISBN978-4-254-16244-8 C3044

5 第三紀──哺乳類の台頭
古第三紀(6500万年前－2400万年前)
- 哺乳類の進化　●肉食哺乳類の進化

新第三紀(2400万年前－180万年前)
- 有蹄類の進化　●霊長類の進化

6 第四紀──現代に至るまで
更新世(180万年前－1万年前)
- 人類の進化

完新世(1万年前－現在)
- 現代の絶滅

朝倉書店
〒162-8707東京都新宿区新小川町6-29／振替00160-9-8673
電話03-3260-7631／FAX03-3260-0180
http://www.asakura.co.jp　eigyo@asakura.co.jp